© Houghton Mifflin Harcourt Publishing Company • Cover Image Credits: (Ring-Necked Pheasant) ©Stephen Muskie/E+/Getty Images; (Field, Wisconsin) ©Image Studios/UpperCut Images/Getty Images

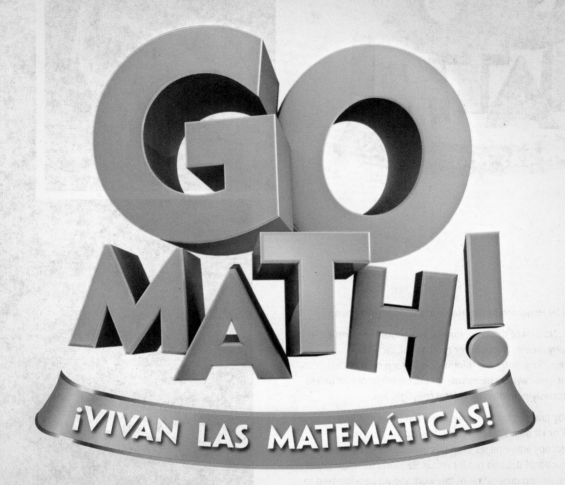

GO MATH!

¡VIVAN LAS MATEMÁTICAS!

Volumen 2

Hecho en los Estados Unidos
Impreso en papel reciclado

Houghton Mifflin Harcourt

GO MATH!

¡VIVAN LAS MATEMÁTICAS!

Printed in the U.S.A.

ISBN 978-1-328-99519-3

3 4 5 6 7 8 9 10 0029 24 23 22 21 20 19

4500746280   A B C D E F G

Estimados estudiantes y familiares:

Bienvenidos a **Go Math! ¡Vivan las Matemáticas!** para 5.º grado. En este interesante programa de matemáticas encontrarán actividades prácticas y problemas del mundo real que tendrán que resolver. Y lo mejor de todo es que podrán escribir sus ideas y sus respuestas directamente en el libro. Escribir y dibujar en las páginas de **Go Math! ¡Vivan las Matemáticas!** les ayudará a percibir de manera detallada lo que están aprendiendo y ¡entenderán muy bien las matemáticas!

A propósito, todas las páginas de este libro están impresas en papel reciclado. Queremos que sepan que al participar en el programa **Go Math! ¡Vivan las Matemáticas!**, están ayudando a proteger el medio ambiente.

Atentamente,
Los autores

Hecho en los Estados Unidos
Impreso en papel reciclado

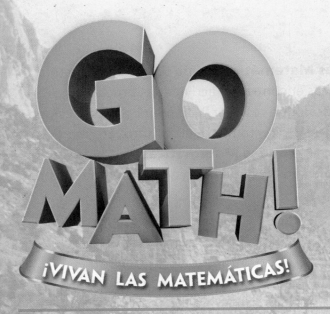

Autores

Juli K. Dixon, Ph.D.
Professor, Mathematics Education
University of Central Florida
Orlando, Florida

Edward B. Burger, Ph.D.
President, Southwestern University
Georgetown, Texas

Steven J. Leinwand
Principal Research Analyst
American Institutes for
   Research (AIR)
Washington, D.C.

Contributor

Rena Petrello
Professor, Mathematics
Moorpark College
Moorpark, California

Matthew R. Larson, Ph.D.
K-12 Curriculum Specialist for
   Mathematics
Lincoln Public Schools
Lincoln, Nebraska

Martha E. Sandoval-Martinez
Math Instructor
El Camino College
Torrance, California

English Language Learners Consultant

Elizabeth Jiménez
CEO, GEMAS Consulting
Professional Expert on English
   Learner Education
Bilingual Education and
   Dual Language
Pomona, California

VOLUMEN 1

Fluidez con números enteros y números decimales

La gran idea Ampliar la comprensión de la multiplicación y división por números de 1 y 2 dígitos y evaluar expresiones numéricas. Desarrollar una comprensión conceptual del valor de posición decimal y operaciones con decimales.

© Houghton Mifflin Harcourt Publishing Company

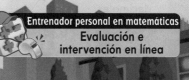
v

Presentación del Capítulo 4

En este capítulo explorarás y descubrirás las respuestas a las siguientes **Preguntas esenciales:**

• ¿Cómo puedes resolver problemas de multiplicación con números decimales?

• ¿En qué se parecen la multiplicación con números decimales y la multiplicación con números enteros?

• ¿Cómo pueden ayudarte los patrones, modelos y dibujos a resolver problemas de multiplicación con números decimales?

• ¿Cómo sabes dónde ubicar el punto decimal en el producto?

• ¿Cómo sabes el número correcto de lugares decimales de un producto?

Presentación del Capítulo 5

En este capítulo explorarás y descubrirás las respuestas a las siguientes **Preguntas esenciales:**

• ¿Cómo puedes resolver problemas de división con números decimales?

• ¿En qué se parecen la división con números decimales y la división con números enteros?

• ¿Cómo te pueden ayudar los patrones, modelos y dibujos a resolver problemas de división con números decimales?

• ¿Cómo sabes dónde ubicar el punto decimal en el cociente?

• ¿Cómo sabes el número correcto de lugares decimales en el cociente?

VOLUMEN 2

Operaciones con fracciones

La gran idea Ampliar la comprensión mediante el uso de fracciones equivalentes como una estrategia de suma y resta de fracciones y números mixtos. Aplicar la comprensión previa de multiplicación y división a fin de desarrollar una comprensión conceptual de la multiplicación y división de fracciones.

En el mundo Proyecto Seguir el ritmo **348**

APRENDE EN LÍNEA

¡Aprende en línea! Tus lecciones de matemáticas son interactivas. Usa iTools, Modelos matemáticos animados y el Glosario multimedia.

Presentación del Capítulo 6

En este capítulo explorarás y descubrirás las respuestas a las siguientes **Preguntas esenciales:**

• ¿Cómo puedes sumar y restar fracciones con denominadores distintos?

• ¿Cómo te ayudan los modelos a hallar la suma y la resta de fracciones?

• ¿Cuándo usas el mínimo común denominador para sumar y restar fracciones?

Entrenador personal en matemáticas
Evaluación e intervención en línea

© Houghton Mifflin Harcourt Publishing Company

7 Multiplicar fracciones 419

Presentación del Capítulo 7

En este capítulo explorarás y descubrirás las respuestas a las siguientes **Preguntas esenciales:**
- ¿Cómo se multiplican las fracciones?
- ¿Cómo puedes representar la multiplicación de fracciones?
- ¿Cómo puedes comparar los factores y los productos de las fracciones?

Práctica y tarea

Repaso de la lección y Repaso en espiral en cada lección

8 Dividir fracciones 489

Presentación del Capítulo 8

En este capítulo explorarás y descubrirás las respuestas a las siguientes **Preguntas esenciales:**
- ¿Qué estrategias puedes usar para resolver problemas de división con fracciones?
- ¿Cuál es la relación entre la multiplicación y la división y cómo puedes usarla para resolver problemas de división?
- ¿Cómo puedes usar fracciones, diagramas, ecuaciones y problemas para representar la división?
- ¿Cómo se relacionan el dividendo, el divisor y el cociente cuando divides un número entero entre una fracción o una fracción entre un número entero?

Geometría y medición

La gran idea Ampliar los conceptos de medición haciendo conversiones entre unidades de diferentes tamaños, desarrollando patrones numéricos y representando conjuntos de datos de medidas en forma de fracciones. Desarrollar la comprensión de los conceptos de volumen y relacionarlo a la multiplicación y a la suma.

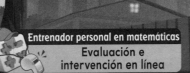

Convertir unidades de medida **583**

Presentación del Capítulo 10

En este capítulo explorarás y descubrirás las respuestas a las siguientes **Preguntas esenciales:**

• ¿Qué estrategias puedes usar para comparar y convertir medidas?

• ¿Cómo puedes saber si debes multiplicar o dividir para convertir medidas?

• ¿Cómo puedes organizar la solución cuando resuelves un problema de medición de varios pasos?

• ¿En qué se diferencia la conversión de medidas métricas de la conversión de medidas del sistema usual?

Práctica y tarea

Repaso de la lección y Repaso en espiral en cada lección

Presentación del Capítulo 11

En este capítulo explorarás y descubrirás las respuestas a las siguientes **Preguntas esenciales:**

- ¿Cómo te ayudan los cubos unitarios a construir cuerpos geométricos y a comprender el volumen de un prisma rectangular?
- ¿Cómo puedes identificar, describir y clasificar las figuras tridimensionales?
- ¿Cómo puedes hallar el volumen de un prisma rectangular?

Geometría y volumen 635

Actividades de ciencia, tecnología, ingeniería y matemáticas (STEM) . . STEM 1

Operaciones con fracciones

LA GRAN IDEA Ampliar la comprensión mediante el uso de fracciones equivalentes como una estrategia de suma y resta de fracciones y números mixtos. Aplicar la comprensión previa de multiplicación y división a fin de desarrollar una comprensión conceptual de la multiplicación y división de fracciones.

Operador de tablero en un estudio de grabación ▶

Seguir el ritmo

Tanto en las matemáticas como en la música, encontramos números y patrones de cambio. En la música, estos patrones se denominan ritmo. Escuchamos el ritmo como un número de tiempos.

número de tiempos en 1 compás

tipo de nota que ocupa 1 tiempo

4 cuartos = 2 mitades = 1 entero = 2 cuartos + 4 octavos

Para comenzar   ESCRIBE *Matemáticas*

La marca de tiempo que aparece al principio de la línea de un pentagrama se parece a una fracción. Indica el número de tiempos de cada compás y el tipo de nota que completa 1 tiempo. Cuando la marca de tiempo es $\frac{4}{4}$, cada nota de $\frac{1}{4}$, o negra, equivale a 1 tiempo.

En la siguiente melodía, cada compás está compuesto por diferentes tipos de notas. Los compases no están marcados. Comprueba la marca de tiempo. Luego dibuja líneas para marcar cada compás.

Datos importantes

$$\text{♩} = \frac{1}{2}$$

$$\text{♩} = \frac{1}{4}$$

$$\text{♪} = \frac{1}{8}$$

$$\text{♪} = \frac{1}{16}$$

Capítulo 6

Sumar y restar fracciones con denominadores distintos

✓ Muestra lo que sabes

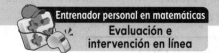

Entrenador personal en matemáticas
Evaluación e intervención en línea

Comprueba si comprendes las destrezas importantes.

Nombre _____

▶ **Parte de un entero** Escribe una fracción para indicar la parte sombreada.

1.   número de partes sombreadas _____

   número de partes en total _____

   fracción _____

2.   número de partes sombreadas _____

   número de partes en total _____

   fracción _____

▶ **Sumar y restar fracciones** Escribe la suma o la diferencia en su mínima expresión.

3. $\frac{3}{6} + \frac{1}{6} =$ _____

4. $\frac{4}{10} + \frac{1}{10} =$ _____

5. $\frac{7}{8} - \frac{3}{8} =$ _____

6. $\frac{9}{12} - \frac{2}{12} =$ _____

▶ **Múltiplos** Escribe los primeros seis múltiplos distintos de cero.

7. 5 _____

8. 3 _____

9. 7 _____

Matemáticas En el mundo

Hay 30 senadores y 60 miembros de la Cámara de Representantes en la Legislatura de Arizona. Imagina que 20 senadores y 25 representantes asistieron a una reunión de comité. Escribe una fracción para comparar el número de legisladores que asistieron con el número total de legisladores.

▶ **Visualízalo** •••••••••••••••••••••••••••••••

Usa las palabras marcadas con ✓ para completar el diagrama en forma de H.

Suma y resta fracciones con		Suma y resta fracciones con
_____ semejantes		distintos

Palabras de repaso

✓ denominadores
✓ diferencia
✓ fracciones equivalentes
✓ mínima expresión
✓ múltiplo común
✓ numeradores
  número mixto
  punto de referencia
✓ suma

Palabras nuevas

✓ denominador común

▶ **Comprende el vocabulario** ••••••••••••••••••••

Dibuja líneas para emparejar las palabras con sus definiciones.

1. múltiplo común

2. punto de referencia

3. mínima expresión

4. número mixto

5. denominador común

6. fracciones equivalentes

• Un número formado por un número entero y una fracción

• Un número que es múltiplo de dos o más números

• Un múltiplo común de dos o más denominadores

• La forma de una fracción en la que 1 es el único factor común del numerador y el denominador

• Un número conocido que se usa como punto de partida

• Fracciones que nombran la misma cantidad o parte

APRENDE EN LÍNEA

• **Libro interactivo del estudiante**
• **Glosario multimedia**

Vocabulario del Capítulo 6

denominador común

common denominator

18

múltiplo común

common multiple

45

denominador

denominator

17

diferencia

difference

20

fracciones equivalentes

equivalent fractions

36

número mixto

mixed number

48

numerador

numerator

46

mínima expresión

simplest form

44

Número que es múltiplo de dos o más números

Ejemplo: $4 \times 3 = \boxed{12}$
$6 \times 2 = \boxed{12}$

Múltiplo común de dos o más denominadores

Ejemplo: $\frac{3}{8}$ ←— denominador común —→ $\frac{7}{8}$

Resultado de una resta

Ejemplo:

$75 - 13 = 62$
↑
diferencia

$\begin{array}{r} 75 \\ -\ 13 \\ \hline 62 \end{array}$
diferencia →

Número que está debajo de la barra en una fracción y que indica cuántas partes iguales hay en el entero o en el grupo

Ejemplo: $\frac{3}{4}$ ← denominador

Número formado por un número entero y una fracción

Ejemplo:

parte del número entero —→ $5\frac{1}{2}$ ←— parte fraccionaria

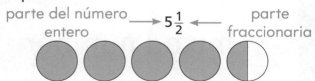

Fracciones que nombran la misma cantidad o la misma parte

Ejemplo: $\frac{1}{2}$ y $\frac{4}{8}$ son equivalentes.

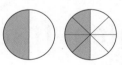

Una fracción está en su mínima expresión cuando el numerador y el denominador solamente tienen al número 1 como factor común.

Ejemplos: $\frac{1}{2}$, $\frac{2}{3}$, $\frac{8}{15}$

Número que está arriba de la barra en una fracción y que indica cuántas partes iguales de un entero o de un grupo se consideran

Ejemplo: $\frac{3}{4}$ ← numerador

Juego

Visita a Chicago

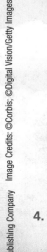

Para 2 a 4 jugadores

Materiales

- 1 de cada una según sea necesario: fichas de juego rojas, azules, verdes o amarillas
- 1 cubo numerado
- Tarjetas de pistas

Instrucciones

1. Cada jugador coloca una ficha de juego en la SALIDA.
2. Cuando sea tu turno, lanza la ficha de juego. Avanza ese número de espacios.
3. Si caes en uno de los siguientes espacios:

   Espacio verde Sigue las instrucciones del espacio.

   Espacio amarillo Expresa la mínima expresión de la fracción. Si tu respuesta es correcta, avanza 1 espacio.

   Espacio azul Usa un término matemático para nombrar lo que se muestra. Si tu respuesta es correcta, avanza 1 espacio.

   Espacio rojo El jugador que está a tu derecha saca una Tarjeta de pista y te lee la pregunta. Si tu respuesta es correcta, avanza 1 espacio. Coloca la tarjeta debajo de la pila.

4. Ganará la partida el primer jugador que alcance la LLEGADA.

Recuadro de palabras

denominador

denominador común

diferencia

fracciones equivalentes

mínima expresión

múltiplo común

numeradores

número mixto

INSTRUCCIONES Cada jugador coloca una ficha de juego en la SALIDA. • Cuando sea tu turno, lanza el cubo numerado. Avanza ese número de espacios. • Si caes en uno de los siguientes espacios: Espacio verde: Sigue las instrucciones del espacio. Espacio amarillo: Expresa la mínima expresión de la fracción. Si tu respuesta es correcta, avanza 1 espacio. • Espacio azul: Usa un término matemático para nombrar lo que se muestra. Si tu respuesta es correcta, avanza 1 espacio. • Espacio rojo: El jugador que está a tu derecha saca una Tarjeta de pista y te lee la pregunta. Si tu respuesta es correcta, avanza 1 espacio. Coloca la tarjeta debajo de la pila. • Ganará la partida el primer jugador que alcance la LLEGADA.

SALIDA

Tomas la línea L del metro. Avanza 1 espacio.

$\frac{4}{6}$

PISTA

$\frac{3}{5}$ ←

Visitas la torre Willis. Retrocede 1 espacio.

$\frac{5}{10}$

PISTA

Vas a un partido de béisbol en Wrigley Field. Pierdes un turno.

$\frac{9}{14}$ ←

PISTA

LLEGADA

$\dfrac{16}{20}$

$\dfrac{1}{8} = \dfrac{4}{32}$

PISTA

Visitas el acuario Shedd. Intercambia posiciones con otro jugador.

$\dfrac{6}{24}$

PISTA

$8\dfrac{2}{3}$

$\dfrac{20}{100}$

Te subes a la rueda de la fortuna en Navy Pier. Vuelve a jugar.

Diario

Escríbelo

Reflexiona

Elige una idea. Escribe sobre ella.

- Escribe un párrafo en el que se usen al menos tres de estas palabras o frases.

  denominador   **número mixto**   **numerador**   **mínima expresión**

- Una familia se comió 6 de las 8 porciones de una pizza. Explica cómo expresar la cantidad que comieron y la cantidad que se sobró en dos fracciones. Asegúrate de escribir las fracciones en su mínima expresión.

- Ricardo necesita mezclar $\frac{2}{3}$ de taza de fresas, $\frac{1}{4}$ de taza de frambuesas y $\frac{1}{2}$ taza de arándanos para preparar un batido. Explica cómo Ricardo puede saber la cantidad total de fruta que necesita.

- Explica cómo hallar la diferencia: $10\frac{4}{5} - 8\frac{1}{2}$

Nombre _____

La suma con denominadores distintos

Pregunta esencial ¿Cómo puedes usar modelos para sumar fracciones que tienen denominadores distintos?

Objetivo de aprendizaje Usarás modelos de fracciones visuales para sumar fracciones con denominadores distintos y usarás tiras fraccionarias de 1 entero para saber si una suma es mayor que o menor que 1.

Investigar

Manos a la obra

Hilary está haciendo una bolsa de las compras para su amiga. Usa $\frac{1}{2}$ de yarda de tela azul y $\frac{1}{4}$ de yarda de tela roja. ¿Cuánta tela usa Hilary?

Materiales ■ tiras fraccionarias ■ tablero de matemáticas

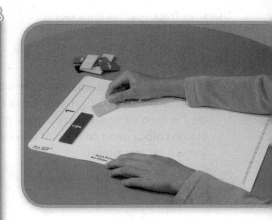

A. Halla $\frac{1}{2} + \frac{1}{4}$. Coloca una tira de $\frac{1}{2}$ y una tira de $\frac{1}{4}$ debajo de la tira de 1 entero en tu tablero de matemáticas.

B. Halla tiras fraccionarias con el mismo denominador que sean equivalentes a $\frac{1}{2}$ y $\frac{1}{4}$ y que encajen exactamente debajo de la suma $\frac{1}{2} + \frac{1}{4}$. Usa denominadores semejantes para anotar los sumandos.

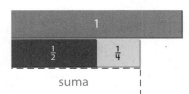

C. Anota la suma en su mínima expresión. $\frac{1}{2} + \frac{1}{4} =$ _____

Entonces, Hilary usa _____ de yarda de tela.

Sacar conclusiones

Charla matemática

PRÁCTICAS Y PROCESOS MATEMÁTICOS ④

Usa modelos ¿Cómo sabes si la suma de las fracciones es menor que 1?

1. Describe cómo determinarías qué tiras fraccionarias con el mismo denominador encajarían exactamente debajo de $\frac{1}{2} + \frac{1}{3}$. ¿Cuáles son?

_____

_____

_____

2. **PRÁCTICAS Y PROCESOS MATEMÁTICOS ⑤** **Usa un modelo concreto** Explica la diferencia entre hallar tiras fraccionarias con el mismo denominador para $\frac{1}{2} + \frac{1}{3}$ y $\frac{1}{2} + \frac{1}{4}$.

_____

_____

Hacer conexiones

A veces, la suma de dos fracciones es mayor que 1. Al sumar fracciones con denominadores distintos, puedes usar la tira de 1 entero como ayuda para determinar si una suma es mayor o menor que 1.

Usa tiras fraccionarias para resolver. $\frac{3}{5} + \frac{1}{2}$

PASO 1

Trabaja con otro estudiante. Coloca tres tiras fraccionarias de $\frac{1}{5}$ debajo de la tira de 1 entero en tu tablero de matemáticas. Luego coloca una tira fraccionaria de $\frac{1}{2}$ junto a las tres tiras de $\frac{1}{5}$.

PASO 2

Halla tiras fraccionarias con el mismo denominador que sean equivalentes a $\frac{3}{5}$ y $\frac{1}{2}$. Coloca las tiras fraccionarias debajo de la suma. A la derecha, haz un dibujo del modelo y escribe las fracciones equivalentes.

$$\frac{3}{5} = \underline{\hspace{1cm}} \qquad \frac{1}{2} = \underline{\hspace{1cm}}$$

PASO 3

Suma las fracciones con denominadores semejantes. Usa la tira de 1 entero para convertir la suma a su mínima expresión.

Piensa: ¿Cuántas tiras fraccionarias con el mismo denominador equivalen a 1 entero?

$$\frac{3}{5} + \frac{1}{2} = \underline{\hspace{1cm}} + \underline{\hspace{1cm}}$$

$$= \underline{\hspace{1cm}} \ o \ \underline{\hspace{1cm}}$$

Charla matemática

PRÁCTICAS Y PROCESOS MATEMÁTICOS ⑥

¿En qué paso descubriste que el resultado es mayor que 1? Explica.

Comparte y muestra

Usa tiras fraccionarias para hallar la suma. Escribe el resultado en su mínima expresión.

1.

$$\frac{1}{2} + \frac{3}{8} = \underline{\hspace{1cm}} + \underline{\hspace{1cm}} = \underline{\hspace{1cm}}$$

2.

$$\frac{1}{2} + \frac{2}{5} = \underline{\hspace{1cm}} + \underline{\hspace{1cm}} = \underline{\hspace{1cm}}$$

Nombre _____

Usa tiras fraccionarias para hallar la suma. Escribe el resultado en su mínima expresión.

3.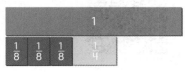

$\frac{3}{8} + \frac{1}{4} =$ _____ + _____ = _____

4.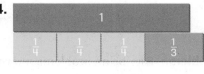

$\frac{3}{4} + \frac{1}{3} =$ _____ + _____ = _____

Usa tiras fraccionarias para hallar la suma. Escribe el resultado en su mínima expresión.

5. $\frac{2}{5} + \frac{3}{10} =$ _____

6. $\frac{1}{4} + \frac{1}{12} =$ _____

7. $\frac{1}{2} + \frac{3}{10} =$ _____

8. $\frac{2}{3} + \frac{1}{6} =$ _____

9. $\frac{5}{8} + \frac{1}{4} =$ _____

10. $\frac{1}{2} + \frac{1}{5} =$ _____

Resolución de problemas • Aplicaciones

11. **ESCRIBE** ▸*Matemáticas* Explica cómo pueden usarse las tiras fraccionarias con denominadores semejantes para sumar fracciones con denominadores distintos.

_____

_____

12. **MÁS AL DETALLE** Luis está haciendo dos bandejas de panecillos para una merienda escolar. Para hacer una bandeja de panecillos necesita $\frac{1}{4}$ de taza de avena y $\frac{1}{3}$ de taza de harina. ¿Qué cantidad de avena y harina necesita Luis para las dos bandejas? Explica cómo usas las tiras fraccionarias para resolver el problema.

_____

_____

_____

_____

13. **PIENSA MÁS** María mezcla $\frac{1}{3}$ de taza de nueces surtidas, $\frac{1}{4}$ de taza de frutas disecadas y $\frac{1}{6}$ de taza de trocitos de chocolate para hacer una mezcla de frutos secos. ¿Cuál es la cantidad total de ingredientes que lleva su mezcla de frutos secos?

_____

14. **Plantea un problema** Escribe un problema nuevo con cantidades diferentes de ingredientes de las que María usó. Cada cantidad debe ser una fracción con un denominador de 2, 3 o 4.

_____

_____

_____

15. **PRÁCTICAS Y PROCESOS MATEMÁTICOS ④** **Usa diagramas** Resuelve el problema que escribiste. Dibuja las tiras fraccionarias que usas para resolver el problema.

_____

16. Explica por qué elegiste esas cantidades para el problema.

_____

_____

_____

_____

Entrenador personal en matemáticas

17. **PIENSA MÁS** Alexandria mezcló $\frac{1}{2}$ de taza de uvas y $\frac{2}{3}$ de taza de fresas para hacer un bocadillo de frutas. ¿Cuántas tazas de uvas y fresas usó? Usa las fichas para completar el modelo de tiras fraccionarias y mostrar cómo hallaste la respuesta. Las fracciones pueden usarse más de una vez o no usarse.

$\frac{1}{2}$	$\frac{1}{3}$
$\frac{2}{3}$	$\frac{1}{6}$
$\frac{3}{4}$	1

_____ tazas de uvas y fresas

La suma con denominadores distintos

Objetivo de aprendizaje Usarás modelos de fracciones visuales para sumar fracciones con denominadores distintos y usarás tiras fraccionarias de 1 entero para saber si una suma es mayor que o menor que 1.

Usa tiras fraccionarias para hallar la suma. Escribe el resultado en su mínima expresión.

1. $\frac{1}{2} + \frac{3}{4}$

$\frac{1}{2} + \frac{3}{4} = \frac{2}{4} + \frac{3}{4} = \frac{5}{4}$ o $1\frac{1}{4}$

$1\frac{1}{4}$
_____

2. $\frac{1}{3} + \frac{1}{4}$

_____

3. $\frac{3}{5} + \frac{1}{2}$

_____

4. $\frac{3}{8} + \frac{1}{2}$

_____

5. $\frac{1}{4} + \frac{5}{8}$

_____

6. $\frac{2}{3} + \frac{3}{4}$

_____

7. $\frac{1}{2} + \frac{2}{5}$

_____

8. $\frac{2}{3} + \frac{1}{2}$

_____

9. $\frac{7}{8} + \frac{1}{2}$

_____

Resolución de problemas En el mundo

10. Para hacer salchichas, Brandus compró $\frac{1}{3}$ de libra de carne de pavo molida y $\frac{3}{4}$ de libra de carne de res molida. ¿Cuántas libras de carne compró?

_____

11. Para pasar una cinta alrededor de un sombrero y armar un moño, Stacey necesita $\frac{5}{6}$ de yarda de cinta negra y $\frac{2}{3}$ de yarda de cinta roja. ¿Cuánta cinta necesita en total?

_____

12. **ESCRIBE** ▸*Matemáticas* Escribe un problema de suma de fracciones con denominadores distintos. Incluye la solución.

_____

_____

Repaso de la lección

1. Hernán comió $\frac{5}{8}$ de una pizza mediana. Elizabeth comió $\frac{1}{4}$ de la pizza. ¿Cuánta pizza comieron entre los dos?

2. Bill comió $\frac{1}{4}$ de libra de frutos secos surtidos en la primera parada de una excursión. En la segunda parada, comió $\frac{1}{6}$ de libra. ¿Cuántas libras de frutos secos surtidos comió durante las dos paradas?

Repaso en espiral

3. En el número 782,341,693, ¿qué dígito ocupa el lugar de las decenas de millar?

4. Matt corrió 8 vueltas en 1,256 segundos. Si corrió cada vuelta en la misma cantidad de tiempo, ¿cuántos segundos tardó en correr 1 vuelta?

5. Gilbert compró 3 camisas por $15.90 cada una, incluidos los impuestos. ¿Cuánto gastó?

6. Julia tiene 14 libras de frutos secos. Una libra contiene 16 onzas. ¿Cuántas onzas de frutos secos tiene Julia?

PRACTICA MÁS CON EL
Entrenador personal
en matemáticas

Nombre _____

La resta con denominadores distintos

Pregunta esencial ¿Cómo puedes usar modelos para restar fracciones que tienen denominadores distintos?

Objetivo de aprendizaje Usarás modelos de fracciones visuales para restar fracciones con denominadores distintos usando tiras fraccionarias de 1 entero que quepan exactamente bajo la diferencia.

Investigar

El viernes, Mario llena un comedero para colibríes con $\frac{3}{4}$ de taza de agua azucarada. El lunes, Mario observa que queda $\frac{1}{8}$ de taza de agua azucarada. ¿Cuánta agua azucarada bebieron los colibríes?

Materiales ■ tiras fraccionarias ■ tablero de matemáticas

A. Halla $\frac{3}{4} - \frac{1}{8}$. Coloca tres tiras de $\frac{1}{4}$ debajo de la tira de 1 entero en tu tablero de matemáticas. Luego coloca una tira de $\frac{1}{8}$ debajo de las tiras de $\frac{1}{4}$.

B. Halla tiras fraccionarias con el mismo denominador que encajen exactamente debajo de la diferencia $\frac{3}{4} - \frac{1}{8}$.

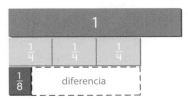

C. Anota la diferencia. $\frac{3}{4} - \frac{1}{8} =$ _____

Entonces, los colibríes bebieron _____ de taza de agua azucarada.

Charla matemática

PRÁCTICAS Y PROCESOS MATEMÁTICOS ②

Razona de forma cuantitativa ¿Cómo sabes si la diferencia de las fracciones es menor que 1? Explica.

Sacar conclusiones

1. Describe cómo determinaste qué tiras fraccionarias con el mismo denominador encajarían exactamente debajo de la diferencia. ¿Cuáles son?

_____

_____

_____

2. **PRÁCTICAS Y PROCESOS MATEMÁTICOS ⑤ Usa herramientas adecuadas** Explica si podrías haber usado tiras fraccionarias con cualquier otro denominador para hallar la diferencia. Si así fuera, ¿cuál es el denominador?

_____

_____

Hacer conexiones

A veces puedes usar diferentes conjuntos de tiras fraccionarias con el mismo denominador para hallar la diferencia. Todos los resultados serán correctos.

Resuelve. $\frac{2}{3} - \frac{1}{6}$

A Halla tiras fraccionarias con el mismo denominador que encajen exactamente debajo de la diferencia $\frac{2}{3} - \frac{1}{6}$.

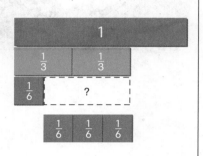

$$\frac{2}{3} - \frac{1}{6} = \frac{3}{6}$$

B Halla otro conjunto de tiras fraccionarias con el mismo denominador que encajen exactamente debajo de la diferencia $\frac{2}{3} - \frac{1}{6}$. Dibuja las tiras fraccionarias que usaste.

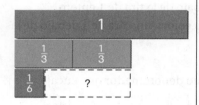

$$\frac{2}{3} - \frac{1}{6} = \underline{\quad\quad}$$

C Halla otras tiras fraccionarias con el mismo denominador que encajen exactamente debajo de la diferencia $\frac{2}{3} - \frac{1}{6}$. Dibuja las tiras fraccionarias que usaste.

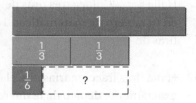

$$\frac{2}{3} - \frac{1}{6} = \underline{\quad\quad}$$

Aunque los resultados son diferentes, todos se pueden simplificar a _____.

Comparte y muestra

Charla matemática

PRÁCTICAS Y PROCESOS MATEMÁTICOS 4

Usa modelos ¿Qué otras tiras fraccionarias con el mismo denominador podrían encajar exactamente debajo de la diferencia $\frac{2}{3} - \frac{1}{6}$?

Usa tiras fraccionarias para hallar la diferencia. Escribe el resultado en su mínima expresión.

1.

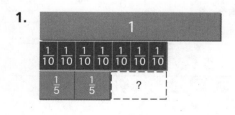

$$\frac{7}{10} - \frac{2}{5} = \underline{\quad\quad}$$

2.

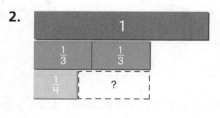

$$\frac{2}{3} - \frac{1}{4} = \underline{\quad\quad}$$

Nombre _____

Usa tiras fraccionarias o *i*Tools en español para hallar la diferencia. Escribe el resultado en su mínima expresión.

3.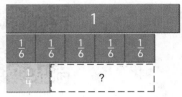

$\frac{5}{6} - \frac{1}{4} =$ _____

4.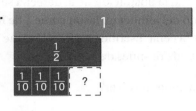

$\frac{1}{2} - \frac{3}{10} =$ _____

5.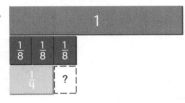

$\frac{3}{8} - \frac{1}{4} =$ _____

6.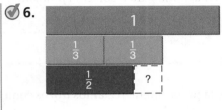

$\frac{2}{3} - \frac{1}{2} =$ _____

Usa tiras fraccionarias para hallar la diferencia. Escribe el resultado en su mínima expresión.

7. $\frac{3}{5} - \frac{3}{10} =$ _____

8. $\frac{5}{12} - \frac{1}{3} =$ _____

9. $\frac{3}{5} - \frac{1}{2} =$ _____

Resolución de problemas • Aplicaciones

10. **PRÁCTICAS Y PROCESOS ❸** **Compara representaciones** Explica de qué manera tu modelo de $\frac{3}{5} - \frac{1}{2}$ se diferencia de tu modelo de $\frac{3}{5} - \frac{3}{10}$.

_____

_____

11. **MÁS AL DETALLE** La parte sombreada del diagrama representa lo que a Tina le sobró de una yarda de tela. Ahora está usando $\frac{1}{3}$ de yarda para un proyecto y $\frac{1}{6}$ de yarda para otro proyecto. ¿Qué cantidad de tela de la yarda original le sobrará a Tina después de terminar los dos proyectos? Escribe el resultado en su mínima expresión.

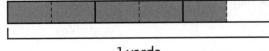

1 yarda

Soluciona el problema En el mundo

12. PIENSA MÁS   En la ilustración de la derecha se muestra la cantidad de pizza que quedó del almuerzo. Jason come $\frac{1}{4}$ de la pizza entera durante la cena. Escribe una fracción que represente la cantidad de pizza que queda después de la cena.

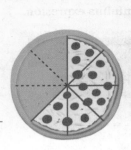

a. ¿Qué problema debes resolver? _____

_____

b. ¿Cómo usarás el diagrama para resolver el problema? _____

_____

_____

c. Jason come $\frac{1}{4}$ de la pizza entera. ¿Cuántos trozos come? _____

d. Dibuja nuevamente el diagrama de la pizza. Sombrea las secciones de pizza que quedan después de que Jason cena.

e. Completa la oración.

Quedan _____ de pizza después de la cena.

---

13. PIENSA MÁS   La parte sombreada del diagrama representa lo que le sobró a Margie de un rollo de cartulina que medía una yarda. Usará $\frac{3}{4}$ de yarda de cartulina para hacer un póster. Quiere determinar qué cantidad de cartulina le sobrará después de hacer el póster. En los números 13a a 13c, elige Verdadero o Falso para cada oración.

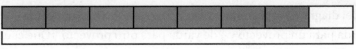

1 yd

13a. Para determinar cuánta cartulina le sobrará
después de hacer el póster, Margie debe hallar $1 - \frac{3}{4}$.   ○ Verdadero   ○ Falso

13b. Las fracciones $\frac{3}{4}$ y $\frac{6}{8}$ son equivalentes.   ○ Verdadero   ○ Falso

13c. A Margie le sobrará $\frac{1}{8}$ de yarda de cartulina.   ○ Verdadero   ○ Falso

La resta con denominadores distintos

Objetivo de aprendizaje Usarás modelos de fracciones visuales para restar fracciones con denominadores distintos usando tiras fraccionarias que quepan exactamente bajo la diferencia.

Usa tiras fraccionarias para hallar la diferencia. Escribe el resultado en su mínima expresión.

1. $\dfrac{1}{2} - \dfrac{1}{3}$

$\dfrac{1}{2} - \dfrac{1}{3} = \dfrac{3}{6} - \dfrac{2}{6} = \dfrac{1}{6}$

$\dfrac{1}{6}$
_____

2. $\dfrac{3}{4} - \dfrac{3}{8}$

_____

3. $\dfrac{7}{8} - \dfrac{1}{2}$

_____

4. $\dfrac{1}{2} - \dfrac{1}{5}$

_____

5. $\dfrac{2}{3} - \dfrac{1}{4}$

_____

6. $\dfrac{4}{5} - \dfrac{1}{2}$

_____

7. $\dfrac{3}{4} - \dfrac{1}{3}$

_____

8. $\dfrac{5}{8} - \dfrac{1}{2}$

_____

9. $\dfrac{7}{10} - \dfrac{1}{2}$

_____

Resolución de problemas

10. A Ámber le quedaron $\frac{3}{8}$ de un pastel que hizo para su fiesta. Envolvió $\frac{1}{4}$ del pastel original para dárselo a su mejor amiga. ¿Qué parte fraccionaria le quedó a Ámber?

_____

11. Wesley compró $\frac{1}{2}$ libra de clavos para un proyecto. Cuando terminó el proyecto, le quedó $\frac{1}{4}$ de libra de los clavos. ¿Cuántas libras de clavos usó?

_____

12. **ESCRIBE** ▸*Matemáticas* Explica en qué se diferencia la representación de la resta con tiras fraccionarias de la representación de la suma con tiras fraccionarias.

_____

_____

Repaso de la lección

1. Según una receta para hacer un pastel de carne, se necesita $\frac{7}{8}$ de taza de miga de pan para el pastel y la cobertura. Si se usa $\frac{3}{4}$ de taza para el pastel, ¿qué fracción de taza se usa para la cobertura?

2. Hannah compró $\frac{3}{4}$ de yarda de fieltro para un proyecto. Usó $\frac{1}{8}$ de yarda. ¿Qué fracción de yarda de fieltro le quedó?

_____

_____

Repaso en espiral

3. Jasmine corrió una carrera en 34.287 minutos. Redondea ese tiempo al décimo de minuto más próximo.

4. El Club de Arte realizará un evento para juntar fondos al que asistirán 198 personas. Si a cada mesa pueden sentarse 12 personas, ¿cuál es la menor cantidad de mesas que se necesitan?

_____

_____

5. En un día, Sam gastó $4.85 en el almuerzo. También compró 2 libros por $7.95 cada uno. Al final del día, a Sam le quedaban $8.20. ¿Cuánto dinero tenía al comienzo del día?

6. ¿Cuál es el producto de 7.5 y 1,000?

_____

_____

PRACTICA MÁS CON EL
Entrenador personal
en matemáticas

Nombre _____

Estimar sumas y diferencias de fracciones

Pregunta esencial ¿Cómo puedes hacer estimaciones razonables de sumas y diferencias de fracciones?

🔑 Soluciona el problema En el mundo

Este año, Kimberly irá a la escuela en bicicleta. La distancia entre su casa y el final de la calle es $\frac{1}{6}$ de milla. La distancia entre el final de la calle y la escuela es $\frac{3}{8}$ de milla. ¿Aproximadamente a qué distancia está la casa de Kimberly de la escuela?

Puedes redondear fracciones a 0, $\frac{1}{2}$ o 1 y usarlas como puntos de referencia para hallar estimaciones razonables.

De una manera Usa una recta numérica.

Estima. $\frac{1}{6} + \frac{3}{8}$

PASO 1 Coloca un punto en $\frac{1}{6}$ sobre la recta numérica.

La fracción está entre _____ y _____.

La fracción $\frac{1}{6}$ está más cerca del punto de

referencia _____.

Redondea a _____.

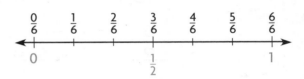

PASO 2 Coloca un punto en $\frac{3}{8}$ sobre la recta numérica.

La fracción está entre _____ y _____.

La fracción $\frac{3}{8}$ está más cerca del punto

de referencia _____.

Redondea a _____.

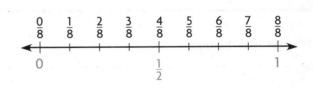

PASO 3 Suma las fracciones redondeadas.

$$\frac{1}{6} \rightarrow \quad$$

$$+ \frac{3}{8} \rightarrow \quad +$$

Entonces, la casa de Kimberly está aproximadamente a _____ milla de la escuela.

De otra manera Usa el cálculo mental.

Puedes comparar el numerador y el denominador para redondear una fracción y hallar una estimación razonable.

Estima. $\frac{9}{10} - \frac{5}{8}$

PASO 1 Redondea $\frac{9}{10}$. **Piensa:** El numerador es casi igual al denominador.

Redondea la fracción $\frac{9}{10}$ a _____.

Recuerda

Una fracción con el mismo numerador y denominador, como $\frac{2}{2}$, $\frac{5}{5}$, $\frac{12}{12}$ o $\frac{96}{96}$, es igual a 1.

PASO 2 Redondea $\frac{5}{8}$. **Piensa:** El numerador es alrededor de la mitad del denominador.

Redondea la fracción $\frac{5}{8}$ a _____.

PASO 3 Resta.

$$\frac{9}{10} \rightarrow$$

$$-\frac{5}{8} \rightarrow -$$

Charla matemática

PRÁCTICAS Y PROCESOS MATEMÁTICOS ⑥

Explica otra manera de usar puntos de referencia para estimar $\frac{9}{10} - \frac{5}{8}$.

Entonces, $\frac{9}{10} - \frac{5}{8}$ es aproximadamente _____.

 ¡Inténtalo! Estima.

A $2\frac{7}{8} - \frac{2}{5}$

B $1\frac{8}{9} + 4\frac{8}{10}$

Nombre _____

Estima la suma o la diferencia.

1. $\frac{5}{6} + \frac{3}{8}$

    a. Redondea $\frac{5}{6}$ al punto de referencia más próximo. _____

    b. Redondea $\frac{3}{8}$ al punto de referencia más próximo. _____

    c. Suma para hallar la estimación. _____ + _____ = _____

2. $\frac{5}{9} - \frac{3}{8}$ **3.** $\frac{6}{7} + 2\frac{4}{5}$ **4.** $\frac{5}{6} + \frac{2}{5}$

Por tu cuenta

Estima la suma o la diferencia.

> **Charla matemática**
>
> PRÁCTICAS Y PROCESOS MATEMÁTICOS ❷
>
> **Razona de forma cuantitativa**
> Explica cómo sabes si tu estimación para $\frac{9}{10} + 3\frac{6}{7}$ sería mayor o menor que la suma real.

5. $\frac{5}{8} - \frac{1}{5}$ **6.** $\frac{1}{6} + \frac{3}{8}$ **7.** $\frac{6}{7} - \frac{1}{5}$

8. $\frac{11}{12} + \frac{6}{10}$ **9.** $\frac{9}{10} - \frac{1}{2}$ **10.** $\frac{3}{6} + \frac{4}{5}$

11. _MÁS AL DETALLE_ Lisa y Valerie hicieron una merienda al aire libre en el Parque Estatal Trough Creek, en Pennsylvania. Lisa llevó una ensalada que hizo con $\frac{3}{4}$ de taza de fresas, $\frac{7}{8}$ de taza de duraznos y $\frac{1}{6}$ de taza de arándanos. Comieron $\frac{11}{12}$ de taza de ensalada. ¿Cuántas tazas de ensalada de fruta sobraron?

_____

Resolución de problemas • Aplicaciones

12. **PIENSA MÁS** En el Parque Estatal Trace, en Mississippi, hay un sendero para bicicletas de 40 millas. Tommy recorrió $\frac{1}{2}$ sendero el sábado y $\frac{1}{5}$ del sendero el domingo. Él estima que recorrió más de 22 millas los dos días en total. ¿Es razonable la estimación de Tommy?

_____

_____

13. **PRÁCTICAS Y PROCESOS MATEMÁTICOS ❸** **Argumenta** Explica cómo sabes que $\frac{5}{8} + \frac{6}{10}$ es mayor que 1.

_____

_____

_____

14. **ESCRIBE** ▸*Matemáticas* Nick estimó que $\frac{5}{8} + \frac{4}{7}$ es aproximadamente 2. Explica cómo sabes que su estimación no es razonable.

_____

_____

15. **PIENSA MÁS** Aisha pintó durante $\frac{5}{6}$ de hora en la mañana y $2\frac{1}{5}$ horas en la tarde. Estima durante cuánto tiempo pintó Aisha. En los números 15a a 15c, elige el número que hace que la oración sea verdadera.

15a. Aisha pintó durante aproximadamente
$$\begin{array}{c} 0 \\ \frac{1}{2} \\ 1 \end{array}$$
hora en la mañana.

15b. Aisha pintó durante aproximadamente
$$\begin{array}{c} 1 \\ 2 \\ 2\frac{1}{2} \\ 3 \end{array}$$
hora(s) en la tarde.

15c. Aisha pintó durante aproximadamente
$$\begin{array}{c} 1 \\ 2 \\ 2\frac{1}{2} \\ 3 \end{array}$$
horas en la mañana y en la tarde.

Nombre _____

Estimar sumas y diferencias de fracciones

Objetivo de aprendizaje Estimarás sumas y diferencias de fracciones mediante puntos de referencia en una recta numérica y cálculos mentales para redondear fracciones comparando el numerador y denominador.

Estima la suma o la diferencia.

1. $\frac{1}{2} - \frac{1}{3}$

Piensa: $\frac{1}{3}$ está más cerca de $\frac{1}{2}$ que de 0.

Estimación: ____0____

2. $\frac{1}{8} + \frac{1}{4}$

Estimación: _____

3. $\frac{4}{5} - \frac{1}{2}$

Estimación: _____

4. $2\frac{3}{5} - 1\frac{3}{8}$

Estimación: _____

5. $\frac{1}{5} + \frac{3}{7}$

Estimación: _____

6. $\frac{2}{5} + \frac{2}{3}$

Estimación: _____

7. $2\frac{2}{3} + \frac{3}{4}$

Estimación: _____

8. $1\frac{7}{8} - 1\frac{1}{2}$

Estimación: _____

9. $4\frac{1}{8} - \frac{3}{4}$

Estimación: _____

Resolución de problemas En el mundo

10. Para hacer una ensalada de frutas, Jenna mezcló $\frac{3}{8}$ de taza de pasas, $\frac{7}{8}$ de taza de naranjas y $\frac{3}{4}$ de taza de manzanas. ¿Aproximadamente cuántas tazas de frutas hay en la ensalada?

_____

_____

11. Tyler tiene $2\frac{7}{16}$ yardas de tela. Usa $\frac{3}{4}$ de yarda para hacer un chaleco. ¿Aproximadamente cuánta tela le queda?

_____

_____

12. **ESCRIBE** ▸ *Matemáticas* Escribe un ejemplo para hallar una estimación de suma o resta de fracciones en vez de una respuesta exacta.

_____

_____

Repaso de la lección

1. La casa de Helen está ubicada en un terreno rectangular que mide $1\frac{1}{8}$ millas por $\frac{9}{10}$ de milla. Estima la distancia alrededor del terreno.

2. Keith compró un paquete de $2\frac{9}{16}$ libras de carne molida para hacer hamburguesas. Le quedan $\frac{2}{5}$ de libra de carne molida. ¿Aproximadamente cuántas libras de carne molida usó para hacer las hamburguesas?

Repaso en espiral

3. Jason compró dos cajas de clavos idénticas. Una caja pesa 168 onzas. ¿Cuál es el peso total en onzas de los clavos que compró Jason?

4. Hank quiere repartir 345 trozos de cartulina en partes iguales entre sus 23 compañeros. ¿Cuántos trozos quedarán sin repartir?

5. ¿Cuál es la estimación más razonable para $23.63 \div 6$?

6. ¿Cuál es la regla para la siguiente secuencia?

1.8, 2.85, 3.90, 4.95, 6

© Houghton Mifflin Harcourt Publishing Company

PRACTICA MÁS CON EL
Entrenador personal en matemáticas

Nombre _____

Denominadores comunes y fracciones equivalentes

Pregunta esencial ¿Cómo puedes volver a escribir un par de fracciones para que tengan un denominador común?

Objetivo de aprendizaje Hallarás denominadores comunes y luego usarás el mínimo común denominador para escribir las fracciones equivalentes de un par de fracciones.

Soluciona el problema

Sara plantó dos jardines de 1 acre. Uno tenía 3 secciones de flores y el otro tenía 4 secciones de flores. Planea dividir ambos jardines en más secciones para que tengan el mismo número de secciones de igual tamaño. ¿Cuántas secciones tendrá cada jardín?

Puedes usar un **denominador común** o un múltiplo común de dos o más denominadores para escribir fracciones que indiquen la misma parte de un entero.

De una manera Multiplica los denominadores.

PIENSA

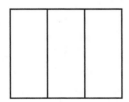 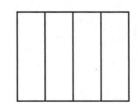

Divide cada $\frac{1}{3}$ en cuartos y cada $\frac{1}{4}$ en tercios; cada entero quedará dividido en partes del mismo tamaño, doceavos.

ANOTA

- Multiplica los denominadores para hallar un denominador común.

  Un denominador común de $\frac{1}{3}$ y $\frac{1}{4}$ es _____.

- Usa el denominador común para escribir $\frac{1}{3}$ y $\frac{1}{4}$ como fracciones equivalentes.

  $\frac{1}{3} = \boxed{}$ $\frac{1}{4} = \boxed{}$

Entonces, ambos jardines tendrán _____ secciones.

De otra manera Usa una lista.

- Haz una lista de los primeros ocho múltiplos de 3 y 4 que sean distintos de cero.

  Múltiplos de 3: 3, 6, 9, _____, _____, _____, _____, _____

  Múltiplos de 4: 4, 8, _____, _____, _____, _____, _____, _____

- Encierra en un círculo los múltiplos comunes.

- Usa uno de los múltiplos comunes como denominador común y escribe fracciones equivalentes para $\frac{1}{3}$ y $\frac{1}{4}$.

  $\frac{1}{3} = \frac{\boxed{}}{\underline{}}$ $\frac{1}{4} = \frac{\boxed{}}{\underline{}}$

Entonces, ambos jardines pueden tener _____ o _____ secciones.

Charla matemática

PRÁCTICAS Y PROCESOS MATEMÁTICOS ⑥

Usa vocabulario matemático Explica qué representa un denominador común de dos fracciones.

Mínimo común denominador Halla el mínimo común múltiplo de dos o más números
para hallar el mínimo común denominador de dos o más fracciones.

🔑 Ejemplo Usa el mínimo común denominador.

Halla el mínimo común denominador de $\frac{3}{4}$ y $\frac{1}{6}$. Usa el mínimo común
denominador y escribe una fracción equivalente para cada fracción.

PASO 1 Haz una lista de los múltiplos distintos de cero de los denominadores.
Halla el mínimo común múltiplo.

Múltiplos de 4: _____

Múltiplos de 6: _____

Entonces, el mínimo común denominador de $\frac{3}{4}$ y $\frac{1}{6}$ es _____.

PASO 2 Usa el mínimo común denominador para escribir una fracción
equivalente para cada fracción.

Piensa: ¿Qué número multiplicado por el denominador de la
fracción dará como resultado el mínimo común denominador?

$$\frac{3}{4} = \frac{?}{12} = \frac{3 \times 3}{4 \times 3} = \underline{\quad} \quad \leftarrow \text{mínimo común denominador}$$

$$\frac{1}{6} = \frac{?}{12} = \frac{1 \times}{6 \times} = \underline{\quad} \quad \leftarrow \text{mínimo común denominador}$$

$\frac{3}{4}$ se puede volver a escribir como _____ y $\frac{1}{6}$ se puede volver a escribir como _____.

Comparte y muestra MATH BOARD

Charla matemática PRÁCTICAS Y PROCESOS MATEMÁTICOS ⑥

Explica dos métodos para hallar el denominador común de dos fracciones.

1. Halla el denominador común de $\frac{1}{6}$ y $\frac{1}{9}$. Vuelve a escribir el
par de fracciones con el denominador común.

   • Multiplica los denominadores.
     Un denominador común de $\frac{1}{6}$ y $\frac{1}{9}$ es _____

   • Vuelve a escribir el par de fracciones con el denominador común.

   $$\frac{1}{6} = \underline{\quad} \qquad \frac{1}{9} = \underline{\quad}$$

**Usa un denominador común para escribir una fracción equivalente
para cada fracción.**

✓ 2. $\frac{1}{3}, \frac{1}{5}$ denominador
      común: _____

3. $\frac{2}{3}, \frac{5}{9}$ denominador
   común: _____

✓ 4. $\frac{2}{9}, \frac{1}{15}$ denominador
      común: _____

Nombre _____

Práctica: Copia y resuelve Usa el mínimo común denominador y escribe una fracción equivalente para cada fracción.

5. $\frac{5}{9}, \frac{4}{15}$ **6.** $\frac{1}{6}, \frac{4}{21}$ **7.** $\frac{5}{14}, \frac{8}{42}$ **8.** $\frac{7}{12}, \frac{5}{18}$

PRÁCTICAS Y PROCESOS MATEMÁTICOS ② **Razona** **Álgebra** Escribe el número desconocido para cada ■.

9. $\frac{1}{5}, \frac{1}{8}$ mínimo común

denominador: ■

■ = _____

10. $\frac{2}{5}, \frac{1}{■}$ mínimo común

denominador: 15

■ = _____

11. $\frac{3}{■}, \frac{5}{6}$ mínimo común

denominador: 42

■ = _____

12. **PIENSA MÁS** Arnold tenía tres hilos de diferentes colores y todos tenían la misma longitud. Arnold cortó el hilo azul en 2 pedazos de la misma longitud. Cortó el hilo rojo en 3 pedazos de la misma longitud, y el hilo verde en 6 pedazos de la misma longitud. Debe cortar los hilos de modo que cada color tenga la misma cantidad de partes de la misma longitud. ¿Cuál es la cantidad mínima de pedazos de la misma longitud de cada color que podrían tener los hilos de colores?

_____

13. **MÁS AL DETALLE** Una bandeja de barras de granola se cortó en 4 partes iguales. Una segunda bandeja se cortó en 12 partes iguales, y una tercera se cortó en 8 partes iguales. Jan quiere seguir cortando hasta que las tres bandejas tengan la misma cantidad de partes. ¿Cuántas partes habrá en cada bandeja?

_____

14. **MÁS AL DETALLE** El señor Nickelson pide a la clase que dupliquen el mínimo común denominador por $\frac{1}{2}$, $\frac{3}{5}$ y $\frac{9}{15}$ para hallar el número del día. ¿Qué número es el número del día?

_____

🔑 Soluciona el problema (En el mundo)

15. Katie hizo dos tartas para la feria de pastelería. Una la cortó en 3 trozos iguales y, la otra, en 5 trozos iguales. Seguirá cortando las tartas hasta que ambas tengan igual número de trozos del mismo tamaño. ¿Cuál es el menor número de trozos del mismo tamaño que podría tener cada tarta?

a. ¿Qué información tienes? _____

_____

b. ¿Qué problema debes resolver? _____

_____

c. Cuando Katie corte las tartas aún más, ¿podrá cortar cada tarta el mismo número

de veces y lograr que todos los trozos tengan el mismo tamaño? Explícalo.

_____

_____

d. Usa el diagrama para mostrar los pasos que seguiste para resolver el problema.

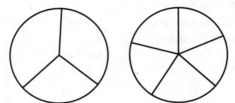

e. Completa las oraciones.

El mínimo común denominador de

$\frac{1}{3}$ y $\frac{1}{5}$ es _____ .

Katie puede cortar cada trozo de la primera

tarta en _____ y cada trozo de la segunda

tarta en _____ .

Significa que Katie puede cortar cada

tarta en trozos que sean _____ de la tarta entera.

---

16. PIENSA MÁS Mindy compró $\frac{5}{8}$ de libra de almendras y $\frac{3}{4}$ de libra de nueces.
Selecciona los pares de fracciones que son equivalentes a la cantidad que compró Mindy.
Marca todas las opciones que correspondan.

(A) $\frac{5}{8}$ y $\frac{6}{8}$ **(B)** $\frac{10}{16}$ y $\frac{14}{16}$ **(C)** $\frac{20}{32}$ y $\frac{23}{32}$ **(D)** $\frac{15}{24}$ y $\frac{18}{24}$

Nombre _____

Denominadores comunes y fracciones equivalentes

Objetivo de aprendizaje Hallarás denominadores comunes y luego usarás el mínimo común denominador para escribir las fracciones equivalentes de un par de fracciones.

Usa un denominador común y escribe una fracción equivalente para cada fracción.

1. $\frac{1}{5}, \frac{1}{2}$ denominador común: __10__

Piensa: 10 es múltiplo de 5 y de 2. Halla fracciones equivalentes con denominador 10.

2. $\frac{1}{4}, \frac{2}{3}$ denominador común: _____

3. $\frac{5}{6}, \frac{1}{3}$ denominador común: _____

_____   _____   _____

4. $\frac{3}{5}, \frac{1}{3}$ denominador común: _____

5. $\frac{1}{2}, \frac{3}{8}$ denominador común: _____

6. $\frac{1}{6}, \frac{1}{4}$ denominador común: _____

_____   _____   _____

Usa el mínimo común denominador y escribe una fracción equivalente para cada fracción.

7. $\frac{5}{6}, \frac{2}{9}$

8. $\frac{1}{12}, \frac{3}{8}$

9. $\frac{5}{9}, \frac{2}{15}$

_____   _____   _____

Resolución de problemas

10. Elena toca el piano $\frac{2}{3}$ de hora cada día. También corre $\frac{1}{2}$ hora. ¿Cuál es el mínimo común denominador de las fracciones?

11. En un experimento de ciencias, una planta creció $\frac{3}{4}$ de pulgada una semana y $\frac{1}{2}$ pulgada la semana siguiente. Usa un denominador común y escribe una fracción equivalente para cada fracción.

_____   _____

12. **ESCRIBE** *Matemáticas* Describe cómo volverías a escribir las fracciones $\frac{1}{6}$ y $\frac{1}{4}$ con un mínimo común denominador.

_____

Repaso de la lección

1. Escribe un par de fracciones que usen el mínimo común denominador y sean equivalentes a $\frac{9}{10}$ y $\frac{5}{6}$.

_____

_____

2. Joseph dice que quedan $\frac{5}{8}$ de un sándwich de jamón y $\frac{1}{2}$ de un sándwich de pavo. ¿Qué par de fracciones NO son equivalentes a $\frac{5}{8}$ y $\frac{1}{2}$?

_____

_____

Repaso en espiral

3. Matthew hizo los siguientes tiempos en dos carreras: 3.032 minutos y 3.023 minutos. Usa >, < o = para hacer que el enunciado sea verdadero.

$$3.032 \bigcirc 3.023$$

_____

4. Los estudiantes de la clase de Olivia juntaron 3,591 tapas de botellas en 57 días. En promedio, ¿cuántas tapas de botellas juntaron por día?

_____

5. Elizabeth multiplicó 0.63 por 1.8. ¿Cuál es el producto correcto?

6. ¿Cuál es el valor de $(17 + 8) - 6 \times 2$?

PRACTICA MÁS CON EL
Entrenador personal en matemáticas

Sumar y restar fracciones

Pregunta esencial ¿Cómo puedes usar un denominador común para sumar y restar fracciones con denominadores distintos?

Objetivo de aprendizaje Sumarás y restarás fracciones con denominadores distintos usando primero un denominador común para escribir fracciones equivalentes con denominadores semejantes.

RELACIONA Puedes usar lo que has aprendido sobre los denominadores comunes para sumar o restar fracciones con denominadores distintos.

Soluciona el problema En el mundo

Malia compró cuentas de conchas y cuentas de vidrio para aplicar diseños en sus canastas. Compró $\frac{1}{4}$ de libra de cuentas de conchas y $\frac{3}{8}$ de libra de cuentas de vidrio. ¿Cuántas libras de cuentas compró?

- Subraya la pregunta que debes responder.
- Encierra en un círculo la información que vas a usar.

🔑 **Suma.** $\frac{1}{4} + \frac{3}{8}$ **Escribe el resultado en su mínima expresión.**

De una manera

Multiplica los denominadores para hallar un denominador común.

$4 \times 8 =$ _____ ← denominador común

Usa el denominador común para escribir fracciones equivalentes con denominadores semejantes. Luego suma y escribe el resultado en su mínima expresión.

$$\frac{1}{4} = \frac{1 \times }{4 \times } = $$

$$+ \frac{3}{8} = + \frac{3 \times }{8 \times } = +$$

$$=$$

De otra manera

Halla el mínimo común denominador.

El mínimo común denominador de

$\frac{1}{4}$ y $\frac{3}{8}$ es _____.

$$\frac{1}{4} = \frac{1 \times }{4 \times } = $$

$$+ \frac{3}{8} \qquad +$$

Entonces, Malia compró _____ de libra de cuentas.

1. **PRÁCTICAS Y PROCESOS MATEMÁTICOS ①** **Evalúa si es razonable** Explica cómo sabes si tu resultado es razonable.

_____

_____

🔑 Ejemplo

Para restar dos fracciones con denominadores distintos, sigue los mismos pasos que seguiste al sumar dos fracciones, pero en lugar de sumar las fracciones, réstalas.

Resta. $\frac{9}{10} - \frac{2}{5}$ **Escribe el resultado en su mínima expresión.**

$$\frac{9}{10} =$$

$$-\frac{2}{5} =$$
_____

Describe los pasos que seguiste para resolver el problema.

_____

_____

_____

_____

2. **PRÁCTICAS Y PROCESOS MATEMÁTICOS ①** **Evalúa si es razonable** Explica cómo sabes si tu resultado es razonable.

_____

_____

Comparte y muestra

Halla la suma o la diferencia. Escribe el resultado en su mínima expresión.

1. $\frac{5}{12} + \frac{1}{3}$

2. $\frac{2}{5} + \frac{3}{7}$

✓3. $\frac{1}{6} + \frac{3}{4}$

4. $\frac{3}{4} - \frac{1}{8}$

5. $\frac{1}{4} - \frac{1}{7}$

✓6. $\frac{9}{10} - \frac{1}{4}$

Charla matemática **PRÁCTICAS Y PROCESOS MATEMÁTICOS ②**

Usa el razonamiento ¿Por qué es importante comprobar si tu resultado es razonable?

Nombre _____

Práctica: Copia y resuelve Halla la suma o diferencia. Escribe el resultado en su mínima expresión.

7. $\frac{1}{3} + \frac{4}{18}$

8. $\frac{3}{5} + \frac{1}{3}$

9. $\frac{3}{10} + \frac{1}{6}$

10. $\frac{1}{2} + \frac{4}{9}$

11. $\frac{1}{2} - \frac{3}{8}$

12. $\frac{5}{7} - \frac{2}{3}$

13. $\frac{4}{9} - \frac{1}{6}$

14. $\frac{11}{12} - \frac{7}{15}$

PRÁCTICAS Y PROCESOS MATEMÁTICOS ❷ Usa el razonamiento **Álgebra** Halla el número desconocido.

15. $\frac{9}{10} - \blacksquare = \frac{1}{5}$

16. $\frac{5}{12} + \blacksquare = \frac{1}{2}$

$\blacksquare =$ _____

$\blacksquare =$ _____

Resolución de problemas • Aplicaciones

Usa la ilustración para resolver los problemas 17 y 18.

17. Sara está usando el diseño de cuentas que se muestra en la ilustración para hacer un llavero. ¿Qué fracción de las cuentas de su diseño son rojas o azules?

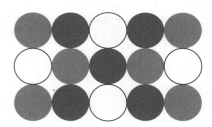

_____

18. **PIENSA MÁS** Para hacer el llavero, Sara usa 3 veces el diseño de cuentas. Una vez que el llavero esté terminado, ¿cuál será la fracción de cuentas blancas y azules juntas del llavero?

_____

19. **MÁS AL DETALLE** Tom tiene $\frac{7}{8}$ de taza de aceite de oliva. Usa $\frac{1}{2}$ taza para hacer un aderezo para ensaladas y $\frac{1}{4}$ de taza para hacer salsa de tomate. ¿Cuánto aceite de oliva le queda a Tom?

_____

20. **MÁS AL DETALLE** El viernes, la banda escolar se probó los uniformes durante $\frac{1}{6}$ del tiempo del ensayo. La banda practicó cómo desfilar durante $\frac{1}{4}$ del tiempo del ensayo. Durante el tiempo que quedó del ensayo, tocaron música. ¿Qué fracción del tiempo de ensayo tocaron música?

_____

21. **PRÁCTICAS Y PROCESOS MATEMÁTICOS 3** **Verifica el razonamiento de otros** Jaime tenía $\frac{4}{5}$ de una bobina de cordel. Luego usó $\frac{1}{2}$ bobina de cordel para hacer nudos de la amistad. Jaime dice que le quedan $\frac{3}{10}$ de la bobina de cordel original. Explica cómo sabes si la afirmación de Jaime es razonable.

_____

_____

_____

_____

_____

22. **PIENSA MÁS** El Sr. Barber usó $\frac{7}{9}$ de yarda de alambre para colocar un ventilador de techo. Usó $\frac{1}{3}$ de yarda de alambre para fijar un interruptor.

Completa los siguientes cálculos para escribir fracciones equivalentes con un denominador común.

$$\frac{7}{9} = \frac{7 \times \quad}{9 \times \quad} = \frac{\quad}{\quad} \qquad \frac{1}{3} = \frac{1 \times \quad}{3 \times \quad} = \frac{\quad}{\quad}$$

¿Qué cantidad de alambre usó en total el Sr. Barber para colocar el ventilador de techo y para fijar el interruptor? Explica cómo hallaste el resultado.

_____

_____

_____

Sumar y restar fracciones

Objetivo de aprendizaje Sumarás y restarás fracciones con denominadores distintos usando primero un denominador común para escribir fracciones equivalentes con denominadores semejantes.

Halla la suma o la diferencia. Escribe el resultado en su mínima expresión.

1. $\dfrac{1}{2} - \dfrac{1}{7}$

$$\dfrac{1}{2} \rightarrow \dfrac{7}{14}$$
$$-\dfrac{1}{7} \rightarrow -\dfrac{2}{14}$$
$$\dfrac{5}{14}$$

2. $\dfrac{7}{10} - \dfrac{1}{2}$

_____

3. $\dfrac{1}{6} + \dfrac{1}{2}$

_____

4. $\dfrac{5}{8} + \dfrac{2}{5}$

_____

5. $\dfrac{9}{10} - \dfrac{1}{3}$

_____

6. $\dfrac{3}{4} - \dfrac{2}{5}$

_____

7. $\dfrac{5}{7} - \dfrac{1}{4}$

_____

8. $\dfrac{7}{8} + \dfrac{1}{3}$

_____

9. $\dfrac{5}{6} + \dfrac{2}{5}$

_____

Resolución de problemas

13. Kaylin mezcló dos líquidos para un experimento de ciencias. Un recipiente contenía $\dfrac{7}{8}$ de taza y el otro contenía $\dfrac{9}{10}$ de taza. ¿Cuál es la cantidad total de la mezcla?

_____

14. Henry compró $\dfrac{1}{4}$ de libra de tornillos y $\dfrac{2}{5}$ de libra de clavos para construir una rampa para patinetas. ¿Cuál es el peso total de los tornillos y los clavos?

_____

12. **ESCRIBE** ▸ *Matemáticas* ¿Cómo $\dfrac{1}{2} + \dfrac{1}{4}$ se puede resolver diferente de $\dfrac{1}{2} + \dfrac{1}{3}$?

_____

_____

Repaso de la lección

1. Lyle compró $\frac{3}{8}$ de libra de uvas rojas y $\frac{5}{12}$ de libra de uvas verdes. ¿Cuántas libras de uvas compró?

2. Jennifer tenía un cartón que medía $\frac{7}{8}$ de pie. Cortó un trozo de $\frac{1}{4}$ de pie para un proyecto. En pies, ¿cuánto cartón quedó?

Repaso en espiral

3. Iván tiene 15 yardas de fieltro verde y 12 yardas de fieltro azul para hacer 3 edredones. Si Iván usa la misma cantidad total de yardas para cada edredón, ¿cuántas yardas de fieltro usa para cada edredón?

4. Ocho camisas idénticas cuestan en total $152. ¿Cuánto cuesta una camisa?

5. Melissa compró un lápiz por $0.34, una goma de borrar por $0.22 y un cuaderno por $0.98. ¿Cuál es la estimación más razonable para la cantidad de dinero que gastó Melissa?

6. Los 12 integrantes del club de caminatas de Dante se repartieron 176 onzas de frutos secos surtidos en partes iguales. ¿Cuántas onzas de frutos secos surtidos recibió cada integrante del club?

PRACTICA MÁS CON EL
Entrenador personal
en matemáticas

Nombre _____

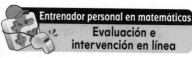
✓ Revisión de la mitad del capítulo

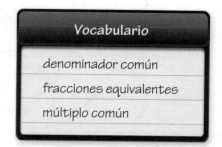

Vocabulario

Vocabulario
denominador común
fracciones equivalentes
múltiplo común

Elige el término del recuadro que mejor corresponda.

1. Un _____ es un número
   que es múltiplo de dos o más números. (pág. 369)

2. Un _____ es un múltiplo
   común de dos o más denominadores. (pág. 369)

Conceptos y destrezas

Estima la suma o la diferencia.

3. $\frac{8}{9} + \frac{4}{7}$

4. $3\frac{2}{5} - \frac{5}{8}$

5. $1\frac{5}{6} + 2\frac{2}{11}$

Usa un denominador común para escribir una fracción equivalente para cada fracción.

6. $\frac{1}{6}, \frac{1}{9}$ denominador

   común: _____

   _____

7. $\frac{3}{8}, \frac{3}{10}$ denominador

   común: _____

   _____

8. $\frac{1}{9}, \frac{5}{12}$ denominador

   común: _____

   _____

Usa un mínimo común denominador para escribir una fracción equivalente para cada fracción.

9. $\frac{2}{5}, \frac{1}{10}$ mínimo común
   denominador: _____

   _____

10. $\frac{5}{6}, \frac{3}{8}$ mínimo común
    denominador: _____

    _____

11. $\frac{1}{3}, \frac{2}{7}$ mínimo común
    denominador: _____

    _____

Halla la suma o la diferencia. Escribe el resultado en su mínima expresión.

12. $\frac{11}{18} - \frac{1}{6}$

13. $\frac{2}{7} + \frac{2}{5}$

14. $\frac{3}{4} - \frac{3}{10}$

15. La Sra. Vargas hornea una tarta para la reunión de su club de lectura. La parte sombreada del siguiente diagrama representa la cantidad de tarta que queda después de la reunión. Esa noche, el Sr. Vargas se come $\frac{1}{4}$ de la tarta entera. ¿Qué fracción representa la cantidad de tarta que queda?

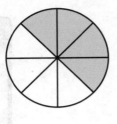

_____

16. MÁS AL DETALLE Keisha prepara un sándwich grande para una merienda familiar. Lleva $\frac{1}{2}$ sándwich a la merienda. Durante la merienda, su familia come $\frac{3}{8}$ del sándwich. ¿Qué fracción del sándwich entero tiene Keisha al regresar de la merienda?

_____

17. Mike mezcla pintura para las paredes. Mezcla $\frac{1}{6}$ de galón de pintura azul y $\frac{5}{8}$ de galón de pintura verde en un recipiente grande. ¿Qué fracción representa la cantidad total de pintura que mezcla Mike?

_____

Nombre _____

Sumar y restar números mixtos

Pregunta esencial ¿Cómo puedes sumar y restar números mixtos con denominadores distintos?

Objetivo de aprendizaje Sumarás y restarás números mixtos con denominadores distintos usando primero un denominador común para escribir fracciones equivalentes con denominadores semejantes.

🔑 Soluciona el problema (En el mundo)

Denise mezcló $1\frac{4}{5}$ de onzas de pintura azul con $2\frac{1}{10}$ de onzas de pintura amarilla. ¿Cuántas onzas de pintura mezcló Denise en total?

- ¿Qué operación debes usar para resolver el problema?

_____

- ¿Las fracciones tienen el mismo denominador?

_____

🔑 **Suma.** $1\frac{4}{5} + 2\frac{1}{10}$

Puedes usar un denominador común para hallar la suma de números mixtos con denominadores distintos.

PASO 1 Estima la suma. _____

PASO 2 Halla un denominador común. Usa el denominador común para escribir fracciones equivalentes con denominadores semejantes.

PASO 3 Suma las fracciones. Luego suma los números enteros. Escribe el resultado en su mínima expresión.

$$1\frac{4}{5} =$$

$$+\,2\frac{1}{10} = +$$

Entonces, Denise mezcló _____ onzas de pintura en total.

 Charla matemática

PRÁCTICAS Y PROCESOS MATEMÁTICOS ②

Relaciona símbolos y palabras ¿Usaste el mínimo común denominador? Explica.

1. **PRÁCTICAS Y PROCESOS MATEMÁTICOS ①** **Evalúa si es razonable** Explica cómo sabes si tu resultado es razonable.

_____

_____

2. ¿Qué otro denominador común podrías haber usado?

_____

🔑 Ejemplo

Resta. $4\frac{5}{6} - 2\frac{3}{4}$

También puedes usar un denominador común para hallar la diferencia entre números mixtos con denominadores distintos.

PASO 1 Estima la diferencia. _____

PASO 2 Halla un denominador común. Usa el denominador común para escribir fracciones equivalentes con denominadores semejantes.

PASO 3 Resta las fracciones. Resta los números enteros. Escribe el resultado en su mínima expresión.

$$4\frac{5}{6} = $$

$$-2\frac{3}{4} = -$$

---

3. **PRÁCTICAS Y PROCESOS MATEMÁTICOS ①** **Evalúa si es razonable** Explica cómo sabes si tu resultado es razonable.

_____

_____

Comparte y muestra · MATH BOARD

1. Usa un denominador común para escribir fracciones equivalentes con denominadores semejantes y luego halla la suma. Escribe el resultado en su mínima expresión.

$$7\frac{2}{5} = $$

$$+4\frac{3}{4} = +$$

Halla la suma. Escribe el resultado en su mínima expresión.

2. $2\frac{3}{4} + 3\frac{3}{10}$

3. $5\frac{3}{4} + 1\frac{1}{3}$

✓ 4. $3\frac{4}{5} + 2\frac{3}{10}$

Nombre _____

Halla la diferencia. Escribe el resultado en su mínima expresión.

5. $9\frac{5}{6} - 2\frac{1}{3}$

6. $10\frac{5}{9} - 9\frac{1}{6}$

✓7. $7\frac{2}{3} - 3\frac{1}{6}$

Charla matemática

PRÁCTICAS Y PROCESOS MATEMÁTICOS 6

Explica por qué debes escribir fracciones equivalentes con denominadores comunes para sumar $4\frac{5}{6}$ y $1\frac{1}{8}$.

Por tu cuenta

Halla la suma o la diferencia. Escribe el resultado en su mínima expresión.

8. $1\frac{3}{10} + 2\frac{2}{5}$

9. $8\frac{1}{6} + 7\frac{3}{8}$

10. $2\frac{1}{2} + 2\frac{1}{3}$

11. $12\frac{3}{4} - 6\frac{1}{6}$

12. $2\frac{5}{8} - 1\frac{1}{4}$

13. $14\frac{7}{12} - 5\frac{1}{4}$

Práctica: Copia y resuelve Halla la suma o la diferencia. Escribe el resultado en su mínima expresión.

14. $1\frac{5}{12} + 4\frac{1}{6}$

15. $8\frac{1}{2} + 6\frac{3}{5}$

16. $2\frac{1}{6} + 4\frac{5}{9}$

17. $3\frac{5}{8} + \frac{5}{12}$

18. $3\frac{2}{3} - 1\frac{1}{6}$

19. $5\frac{6}{7} - 1\frac{2}{3}$

20. $2\frac{7}{8} - \frac{1}{2}$

21. $4\frac{7}{12} - 1\frac{2}{9}$

22. **MÁS AL DETALLE** Dakota hace un aderezo para ensalada mezclando en un frasco $6\frac{1}{3}$ de onzas fluidas de aceite y $2\frac{3}{8}$ onzas fluidas de vinagre. Luego vierte $2\frac{1}{4}$ onzas fluidas del aderezo en la ensalada. ¿Cuánto aderezo queda en el frasco?

_____

23. **MÁS AL DETALLE** Esta semana, Maddie trabajó $2\frac{1}{2}$ horas el lunes, $2\frac{2}{3}$ el martes y $3\frac{1}{4}$ el miércoles. ¿Cuántas horas más necesitará trabajar Maddie esta semana para llegar a su meta de $10\frac{1}{2}$ horas a la semana?

_____

Resolución de problemas · Aplicaciones

Usa la tabla para resolver los problemas 24 y 25.

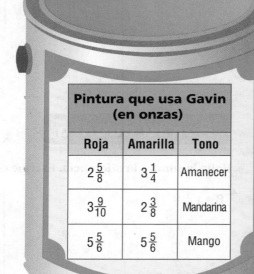

Pintura que usa Gavin (en onzas)		
Roja	**Amarilla**	**Tono**
$2\frac{5}{8}$	$3\frac{1}{4}$	Amanecer
$3\frac{9}{10}$	$2\frac{3}{8}$	Mandarina
$5\frac{5}{6}$	$5\frac{5}{6}$	Mango

24. PRÁCTICAS Y PROCESOS MATEMÁTICOS ② **Razona de forma cuantitativa** Gavin planea preparar un lote de pintura del tono Mandarina. Espera contar con un total de $5\frac{3}{10}$ de onzas de pintura después de haber mezclado las cantidades que tiene de pintura roja y amarilla. Explica cómo puedes saber si la expectativa de Gavin es razonable.

_____

_____

_____

25. PIENSA MÁS Gavin mezcla la pintura roja de un tono con la pintura amarilla de otro tono para un proyecto especial. Mezcla el lote para obtener la mayor cantidad de pintura posible. ¿Qué cantidades de pintura roja y amarilla y de qué tonos se usan en la mezcla? Explica tu respuesta.

_____

_____

_____

26. PIENSA MÁS Martín obtuvo el primer puesto en una carrera de 100 metros con un tiempo de $14\frac{23}{100}$ segundos. Samuel obtuvo el segundo puesto con un tiempo de $15\frac{7}{10}$ segundos. De los números 26a a 26d, elige Verdadero o Falso para cada oración.

26a. Un denominador común de los números mixtos es 100.　　　　　　　○ Verdadero　　○ Falso

26b. Para hallar la diferencia entre los tiempos de los corredores, el tiempo de Samuel se debe volver a escribir.　　　　　　　○ Verdadero　　○ Falso

26c. El tiempo de Samuel escrito con un denominador de 100 es $15\frac{70}{100}$.　　　○ Verdadero　　○ Falso

26d. Martín le ganó a Samuel por $\frac{21}{25}$ de segundo.　　　　○ Verdadero　　○ Falso

Nombre _____

Sumar y restar números mixtos

Objetivo de aprendizaje Sumarás y restarás números mixtos con denominadores distintos usando primero un denominador común para escribir fracciones equivalentes con denominadores semejantes.

Halla la suma o la diferencia. Escribe el resultado en su mínima expresión.

1. $3\frac{1}{2} - 1\frac{1}{5}$

2. $2\frac{1}{3} + 1\frac{3}{4}$

3. $4\frac{1}{8} + 2\frac{1}{3}$

4. $5\frac{1}{3} + 6\frac{1}{6}$

$$3\frac{1}{2} \rightarrow 3\frac{5}{10}$$
$$-1\frac{1}{5} \rightarrow -1\frac{2}{10}$$
$$\overline{\phantom{-1\frac{1}{5}} 2\frac{3}{10}}$$

_____ _____ _____

5. $2\frac{1}{4} - 1\frac{2}{5}$

6. $5\frac{17}{18} - 2\frac{2}{3}$

7. $6\frac{3}{4} - 1\frac{5}{8}$

8. $5\frac{3}{7} - 2\frac{1}{5}$

_____ _____ _____ _____

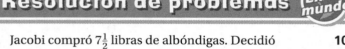

Resolución de problemas · En el mundo

9. Jacobi compró $7\frac{1}{2}$ libras de albóndigas. Decidió cocinar $1\frac{1}{4}$ libras y congelar el resto. ¿Cuántas libras congeló?

_____

10. Jill caminó $8\frac{1}{8}$ millas hasta un parque y luego $7\frac{2}{5}$ millas hasta su casa. ¿Cuántas millas caminó en total?

_____

11. **ESCRIBE** ▶*Matemáticas* Escribe tu propio problema usando números mixtos. Muestra la solución.

_____

_____

Repaso de la lección

1. Ming tiene como objetivo correr $4\frac{1}{2}$ millas por día. El lunes, corrió $5\frac{9}{16}$ millas. ¿En cuánto excedió su objetivo ese día?

2. En una tienda de comestibles, Ricardo pidió $3\frac{1}{5}$ libras de queso cheddar y $2\frac{3}{4}$ libras de queso *mozzarella*. ¿Cuántas libras de queso pidió en total?

Repaso en espiral

3. Un teatro tiene 175 butacas. Hay 7 butacas en cada hilera. ¿Cuántas hileras hay?

4. Durante los primeros 14 días, 2,744 personas visitaron una tienda nueva. La misma cantidad de personas visitó la tienda cada día. ¿Aproximadamente cuántas personas visitaron la tienda cada día?

5. ¿Qué número es 100 veces más grande que 0.3?

6. Mark dice que el producto de 0.02 y 0.7 es 14. Mark está equivocado. ¿Cuál es el producto?

PRACTICA MÁS CON EL
Entrenador personal en matemáticas

Nombre _____

La resta con conversión

Pregunta esencial ¿Cómo puedes usar la conversión para hallar la diferencia de dos números mixtos?

Objetivo de aprendizaje Hallarás la diferencia de dos números mixtos escribiendo primero fracciones equivalentes con denominadores semejantes, despúes, convirtiendo los números mixtos en fracciones mayores que 1 si es necesario.

Soluciona el problema

Para practicar para una carrera, Kiara corre $2\frac{1}{2}$ millas. Cuando llega al final de su calle, sabe que ya ha recorrido $1\frac{5}{6}$ millas. ¿Cuántas millas le quedan por correr?

- Subraya la oración que indica lo que debes hallar.
- ¿Qué operación debes usar para resolver el problema?

_____

De una manera Convierte el primer número mixto.

Resta. $2\frac{1}{2} - 1\frac{5}{6}$

PASO 1 Estima la diferencia. _____

PASO 2 Halla un denominador común. Usa el denominador común para escribir fracciones equivalentes con denominadores semejantes.

PASO 3 Convierte $2\frac{6}{12}$ en un número mixto con una fracción mayor que 1.

Piensa: $2\frac{6}{12} = 1 + 1 + \frac{6}{12} = 1 + \frac{12}{12} + \frac{6}{12} = 1\frac{18}{12}$

$$2\frac{6}{12} = \underline{\hspace{3cm}}$$

PASO 4 Halla la diferenciá entre las fracciones. Luego halla la diferencia entre los números enteros. Escribe el resultado en su mínima expresión. Comprueba si tu resultado es razonable.

$$2\frac{1}{2} = \quad 2\frac{6}{12} = \quad \boxed{}$$

$$-1\frac{5}{6} = -1\frac{10}{12} = \quad -1\frac{10}{12}$$

$$\underline{\hspace{6cm}}$$

$$\boxed{} = \boxed{}$$

Entonces, a Kiara le quedan por correr _____ de milla.

PRÁCTICAS Y PROCESOS MATEMÁTICOS 6 Explica por qué es importante escribir fracciones equivalentes antes de hacer la conversión.

_____

_____

De otra manera Convierte ambos números mixtos en fracciones mayores que 1.

Resta. $2\frac{1}{2} - 1\frac{5}{6}$

PASO 1 Escribe fracciones equivalentes con un denominador común.

Un denominador común de $\frac{1}{2}$ y $\frac{5}{6}$ es 6.

$$2\frac{1}{2} \longrightarrow$$

$$1\frac{5}{6} \longrightarrow$$

PASO 2 Convierte ambos números mixtos en fracciones mayores que 1.

$$2\frac{3}{6} = \qquad \text{Piensa: } \frac{6}{6} + \frac{6}{6} + \frac{3}{6}$$

$$1\frac{5}{6} = \qquad \text{Piensa: } \frac{6}{6} + \frac{5}{6}$$

PASO 3 Halla la diferencia entre las fracciones. Luego escribe el resultado en su mínima expresión.

$$\boxed{} - \boxed{} = \boxed{}$$

$$= \boxed{}$$

$$2\frac{1}{2} - 1\frac{5}{6} = \underline{\hspace{2cm}}$$

Comparte y muestra

Estima. Luego halla la diferencia y escríbela en su mínima expresión.

✓**1.** Estimación: _____

$$4\frac{1}{2} - 3\frac{4}{5}$$

✓**2.** Estimación: _____

$$9\frac{1}{6} - 2\frac{3}{4}$$

Charla matemática PRÁCTICAS Y PROCESOS MATEMÁTICOS ⑤

Comunica Explica la estrategia que usarías para resolver $3\frac{1}{9} - 2\frac{1}{3}$.

Nombre _____

Estima. Luego halla la diferencia y escríbela en su mínima expresión.

3. Estimación: _____

$3\frac{2}{3} - 1\frac{11}{12}$

4. Estimación: _____

$4\frac{1}{4} - 2\frac{1}{3}$

5. Estimación: _____

$5\frac{2}{5} - 1\frac{1}{2}$

Práctica: Copia y resuelve **Halla la diferencia y escríbela en su mínima expresión.**

6. $11\frac{1}{9} - 3\frac{2}{3}$

7. $6 - 3\frac{1}{2}$

8. $4\frac{3}{8} - 3\frac{1}{2}$

9. $9\frac{1}{6} - 3\frac{5}{8}$

10. $1\frac{1}{5} - \frac{1}{2}$

11. $13\frac{1}{6} - 3\frac{4}{5}$

12. $12\frac{2}{5} - 5\frac{3}{4}$

13. $7\frac{3}{8} - 2\frac{7}{9}$

14. MÁS AL DETALLE La radio pasa tres avisos publicitarios seguidos entre canción y canción. Los tres avisos juntos duran exactamente 3 minutos. Si el primer aviso dura $1\frac{1}{6}$ minutos y el segundo dura $\frac{3}{5}$ minutos, ¿cuánto dura el tercer aviso?

_____

15. PIENSA MÁS Cuatro estudiantes hicieron videos para un proyecto de arte. En la tabla se muestra la duración de cada video.

Empareja cada par de videos con la diferencia correcta entre sus duraciones.

Video 1 y Video 3 •   • $1\frac{17}{30}$ horas

Video 2 y Video 3 •   • $1\frac{9}{10}$ horas

Video 2 y Video 4 •   • $1\frac{11}{12}$ horas

Arte en la naturaleza	
Video	Tiempo (en horas)
1	$4\frac{3}{4}$
2	$4\frac{2}{5}$
3	$2\frac{5}{6}$
4	$2\frac{1}{2}$

Resume

Un parque de diversiones de Sandusky, Ohio, tiene 17 montañas rusas asombrosas. Una de ellas alcanza una velocidad de 60 millas por hora y tiene un recorrido de 3,900 pies con muchas curvas. Esta montaña rusa también tiene 3 trenes de 8 hileras cada uno. Caben 4 pasajeros por hilera, lo que da un total de 32 pasajeros por tren.

Los operadores de la montaña rusa registraron la cantidad de pasajeros en cada tren durante una vuelta. En el primer tren, los operadores informaron que se completaron $7\frac{1}{4}$ hileras. En el segundo, las 8 hileras estaban completas y en el tercero, se llenaron $5\frac{1}{2}$ hileras. ¿Cuántas hileras más se completaron en el primer tren que en el tercer tren?

Cuando *resumes*, vuelves a escribir la información más importante de manera abreviada para comprender lo que leíste más fácilmente.

16. **PRÁCTICAS Y PROCESOS MATEMÁTICOS ❶** **Analiza** Identifica y resume la información importante que tienes.

_____

_____

_____

_____

_____

Usa el resumen del ejercicio 16 para resolver el problema.

17. Resuelve el problema de arriba.

_____

_____

18. **PIENSA MÁS** ¿Cuántas hileras vacías había en el primer tren? ¿Cuántos pasajeros más se necesitarían para llenar las hileras vacías? Explica tu respuesta.

_____

_____

_____

La resta con conversión

Objetivo de aprendizaje Hallarás la diferencia de dos números mixtos escribiendo primero fracciones equivalentes con denominadores semejantes, despúes convirtiendo los números mixtos en fracciones mayores que 1 si es necesario.

Estima. Luego halla la diferencia y escríbela en su mínima expresión.

1. Estimación: _____

$6\frac{1}{3} - 1\frac{2}{5}$

$$6\frac{1}{3} \rightarrow \overset{5}{6}\frac{\overset{20}{5}}{15}$$
$$-1\frac{2}{5} \rightarrow -1\frac{6}{15}$$
$$\overline{4\frac{14}{15}}$$

2. Estimación: _____

$4\frac{1}{2} - 3\frac{5}{6}$

3. Estimación: _____

$9 - 3\frac{7}{8}$

4. Estimación: _____

$2\frac{1}{6} - 1\frac{2}{7}$

5. Estimación: _____

$8 - 6\frac{1}{9}$

6. Estimación: _____

$9\frac{1}{4} - 3\frac{2}{3}$

Resolución de problemas

7. Carlene compró $8\frac{1}{16}$ yardas de cinta para decorar una camisa. Solo usó $5\frac{1}{2}$ yardas. ¿Cuánta cinta le queda?

8. Durante su primera visita al veterinario, el perrito de Pedro pesaba $6\frac{1}{8}$ libras. En su segunda visita, pesaba $9\frac{1}{16}$ libras. ¿Cuánto peso aumentó el perrito entre las dos visitas?

_____

_____

7. **ESCRIBE** ▸*Matemáticas* Escribe un problema de resta con números mixtos que requiera conversión. Dibuja un modelo que ilustre los pasos que seguiste para resolver el problema.

_____

_____

Repaso de la lección

1. Natalia recogió $7\frac{1}{6}$ fanegas de manzanas hoy y $4\frac{5}{8}$ fanegas ayer. ¿Cuántas fanegas más recogió hoy?

2. Max necesita $10\frac{1}{4}$ tazas de harina para hacer la masa de pizza para la pizzería. Solo tiene $4\frac{1}{2}$ tazas de harina. ¿Cuánta harina más necesita para hacer la masa?

Repaso en espiral

3. El contador cobró $35 por la primera hora de trabajo y $23 por cada hora posterior. En total, ganó $127. ¿Cuántas horas trabajó?

4. La liga de fútbol necesita trasladar a sus 133 jugadores al torneo. Si pueden viajar 4 jugadores en un carro, ¿cuántos carros se necesitan?

5. ¿Cómo se escribe quinientos millones ciento quince en forma normal?

6. Halla el cociente.

$$6.39 \div 0.3$$

PRACTICA MÁS CON EL
Entrenador personal
en matemáticas

Patrones con fracciones

Pregunta esencial ¿Cómo puedes usar la suma o la resta para describir un patrón o crear una secuencia con fracciones?

Objetivo de aprendizaje Usarás suma y resta de fracciones para hallar un patrón en una secuencia al comparar un término con el próximo o para calcular un término desconocido en una secuencia.

Soluciona el problema (En el mundo)

El Sr. Patrick quiere crear una nueva receta de chile para su restaurante. En cada tanda que prepara, usa una cantidad diferente de chile en polvo. En la primera tanda usa $3\frac{1}{2}$ onzas, en la segunda tanda usa $4\frac{5}{6}$ onzas, en la tercera usa $6\frac{1}{6}$ onzas y en la cuarta usa $7\frac{1}{2}$ onzas. Si continúa con este patrón, ¿cuánto chile en polvo usará en la sexta tanda?

Para hallar el patrón de una secuencia, puedes comparar un término con el término que le sigue.

PASO 1 Escribe los términos de la secuencia como fracciones equivalentes con un denominador común. Luego observa la secuencia y compara los términos consecutivos para hallar la regla que se usa para formar la secuencia de fracciones.

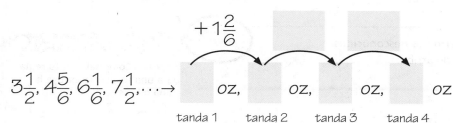

$+1\frac{2}{6}$

diferencia entre términos

$3\frac{1}{2}, 4\frac{5}{6}, 6\frac{1}{6}, 7\frac{1}{2}, \cdots \rightarrow$ _____ oz, _____ oz, _____ oz, _____ oz

términos con denominador común

tanda 1   tanda 2   tanda 3   tanda 4

PASO 2 Escribe una regla para describir el patrón de la secuencia.

• ¿La secuencia aumenta o disminuye de un término al siguiente? **Explica.**

_____

_____

Regla: _____

PASO 3 Amplía la secuencia para resolver el problema.

$3\frac{1}{2}, 4\frac{5}{6}, 6\frac{1}{6}, 7\frac{1}{2},$ _____ , _____

Entonces, el Sr. Patrick usará _____ de onzas de chile en polvo en la sexta tanda.

🔒 Ejemplo Halla los términos desconocidos de la secuencia.

$1\frac{3}{4}$, $1\frac{9}{16}$, $1\frac{3}{8}$, $1\frac{3}{16}$, _____ , _____ , _____ , $\frac{7}{16}$, $\frac{1}{4}$

PASO 1   Escribe los términos de la secuencia como fracciones equivalentes con un denominador común.

_____ , _____ , _____ , _____ , _____ , _____ , _____ , _____ , _____

_____

PASO 2   Escribe una regla para describir el patrón de la secuencia.

• ¿Qué operación puedes usar para describir una secuencia que aumenta?

_____

• ¿Qué operación puedes usar para describir una secuencia que disminuye?

_____

Regla: _____

PASO 3   Usa tu regla para hallar los términos desconocidos. Luego completa la secuencia de arriba.

Charla matemática

Analiza ¿Cómo sabes si tu regla para una secuencia incluye la suma o la resta?

¡Inténtalo!

Ⓐ **Escribe una regla para la secuencia. Luego halla el término desconocido.**

$1\frac{1}{12}$, $\frac{5}{6}$, _____ , $\frac{1}{3}$, $\frac{1}{12}$

Regla: _____

Ⓑ **Escribe los primeros cuatro términos de la secuencia.**

Regla: Comienza con $\frac{1}{4}$, suma $\frac{3}{8}$

_____ , _____ , _____ , _____

Nombre _____

Comparte y muestra

Escribe una regla para la secuencia.

1. $\frac{1}{4}, \frac{1}{2}, \frac{3}{4}, \dots$

Piensa: ¿La secuencia aumenta o disminuye?

Regla: _____

2. $\frac{1}{9}, \frac{1}{3}, \frac{5}{9}, \dots$

Regla: _____

Escribe una regla para la secuencia. Luego halla el término desconocido.

3. $\frac{3}{10}, \frac{2}{5},$ _____ $, \frac{3}{5}, \frac{7}{10}$

Regla: _____

4. $10\frac{2}{3}, 9\frac{11}{18}, 8\frac{5}{9},$ _____ $, 6\frac{4}{9}$

Regla: _____

Por tu cuenta

Escribe los primeros cuatro términos de la secuencia.

5. Regla: Comienza en $5\frac{3}{4}$, resta $\frac{5}{8}$

_____ , _____ , _____ , _____

6. Regla: Comienza en $\frac{3}{8}$, suma $\frac{3}{16}$

_____ , _____ , _____ , _____

7. Regla: Comienza en $2\frac{1}{3}$, suma $2\frac{1}{4}$

_____ , _____ , _____ , _____

8. Regla: Comienza en $\frac{8}{9}$, resta $\frac{1}{18}$

_____ , _____ , _____ , _____

9. **PRÁCTICAS Y PROCESOS MATEMÁTICOS** ⑦ **Busca un patrón** Vicki comenzó a correr. La primera vez que corrió, corrió $\frac{3}{16}$ de milla. La segunda vez corrió $\frac{3}{8}$ de milla y la tercera vez corrió $\frac{9}{16}$ de milla. Si continúa con este patrón, ¿cuándo será la primera vez que corra más de 1 milla? Explica.

_____

_____

_____

10. **MÁS AL DETALLE** El Sr. Conners manejó $78\frac{1}{3}$ millas el lunes, $77\frac{1}{12}$ millas el martes y $75\frac{5}{6}$ millas el miércoles. Si continúa con este patrón el jueves y el viernes, ¿cuántas millas menos que el martes manejará el viernes?

_____

© Houghton Mifflin Harcourt Publishing Company

Resolución de problemas • Aplicaciones

11. Bill compró una caléndula que medía $\frac{1}{4}$ pulgada de altura. Una semana después, la planta medía $1\frac{1}{12}$ pulgadas de altura. Después de la segunda semana, medía $1\frac{11}{12}$ pulgadas. Después de tres semanas, alcanzó una altura de $2\frac{3}{4}$ pulgadas. Suponiendo que el crecimiento de la planta fue constante, ¿cuántas pulgadas midió al finalizar la cuarta semana?

_____

12. **PIENSA MÁS** ¿Qué pasaría si la tasa de crecimiento de la planta de Bill fuera la misma, pero su altura al comprarla hubiera sido de $1\frac{1}{2}$ pulgadas? ¿Qué altura tendría la planta 3 semanas después?

_____

13. **PIENSA MÁS** Kendra salió a caminar una vez por día durante una semana. El primer día caminó $\frac{1}{8}$ de milla, el segundo día caminó $\frac{3}{8}$ de milla y el tercer día caminó $\frac{5}{8}$ de milla.

¿Cuál es la regla para la distancia que camina Kendra cada día? Muestra cómo puedes verificar tu respuesta.

_____

_____

_____

_____

Si el patrón continúa, ¿cuántas millas más caminará Kendra el día 7? Explica cómo hallaste tu respuesta.

_____

_____

_____

Patrones con fracciones

Objetivo de aprendizaje Usarás suma y resta de fracciones para hallar un patrón en una secuencia al comparar un término con el próximo o para calcular un término desconocido en una secuencia.

Escribe una regla para la secuencia. Luego halla el término desconocido.

1. $\frac{1}{2}, \frac{2}{3}, \underset{\underline{\hspace{1.5em}}}{\frac{5}{6}}, 1, 1\frac{1}{6}$

Piensa: El patrón es creciente. Suma $\frac{1}{6}$ para hallar el término que sigue.

2. $1\frac{3}{8}, 1\frac{3}{4}, 2\frac{1}{8}, \underline{\hspace{3em}}, 2\frac{7}{8}$

Regla: _____

Regla: _____

3. $1\frac{9}{10}, 1\frac{7}{10}, \underline{\hspace{3em}}, 1\frac{3}{10}, 1\frac{1}{10}$

4. $2\frac{5}{12}, 2\frac{1}{6}, 1\frac{11}{12}, \underline{\hspace{3em}}, 1\frac{5}{12}$

Regla: _____

Regla: _____

Escribe los primeros cuatro términos de la secuencia.

5. **Regla:** Comienza con $\frac{1}{2}$, suma $\frac{1}{3}$.

6. **Regla:** Comienza con $3\frac{1}{8}$, resta $\frac{3}{4}$.

_____

_____

Resolución de problemas · En el mundo

7. El perrito de Jarett pesaba $3\frac{3}{4}$ onzas al nacer. A la semana pesaba $5\frac{1}{8}$ onzas. A las dos semanas pesaba $6\frac{1}{2}$ onzas. Si el perrito continúa aumentando de peso con este patrón, ¿cuánto pesará a las tres semanas?

8. Un panadero comenzó con 12 tazas de harina. Luego de hacer la primera tanda de masa, le quedaban $9\frac{1}{4}$ tazas de harina. Luego de la segunda tanda, le quedaban $6\frac{1}{2}$ tazas. Si hace dos tandas más de masa, ¿cuántas tazas de harina quedarán?

_____

_____

9. **ESCRIBE** ▸ *Matemáticas* Crea tu propia secuencia de 5 fracciones o números mixtos. Muéstrale la secuencia a otro estudiante para que halle la siguiente fracción en la secuencia.

_____

Repaso de la lección

1. ¿Cuál es la regla de la secuencia?

$$\frac{5}{6}, 1\frac{1}{2}, 2\frac{1}{6}, 2\frac{5}{6}, \ldots$$

2. Jaime recorrió en bicicleta $5\frac{1}{4}$ millas el lunes, $6\frac{7}{8}$ millas el martes y $8\frac{1}{2}$ millas el miércoles. Si continúa con este patrón, ¿cuántas millas recorrerá el viernes?

Repaso en espiral

3. Jaylyn compitió en una carrera de bicicletas. Recorrió 33.48 millas en 2.7 horas. Si recorrió esa distancia a la misma velocidad, ¿cuál fue su velocidad en millas por hora?

4. En una semana, una compañía llenó 546 cajas con trastos. En cada caja entran 38 trastos. ¿Cuántos trastos se empacaron en cajas en esa semana?

5. Escribe una expresión que represente el enunciado "Suma 9 y 3, luego multiplica por 6".

6. Mario tardó 9.4 minutos en completar la primera prueba de un concurso de juegos. Completó la segunda prueba 2.65 minutos más rápido que la primera. ¿Cuánto tiempo tardó Mario en completar la segunda prueba?

PRACTICA MÁS CON EL
**Entrenador personal
en matemáticas**

Resolución de problemas •
Practicar la suma y la resta

Pregunta esencial ¿Cómo puede ayudarte la estrategia *trabajar de atrás para adelante* para resolver un problema de fracciones que incluya sumas y restas?

Objetivo de aprendizaje Usarás la estrategia de *trabajar de atrás para adelante* para resolver problemas de suma y resta de fracciones con denominadores distintos usando operaciones inversas.

🔑 Soluciona el problema (En el mundo)

La familia Díaz está haciendo esquí de fondo a través de los senderos Big Tree, que tienen una longitud total de 4 millas. Ayer esquiaron en el sendero Oak, que mide $\frac{7}{10}$ de milla. Hoy esquiaron en el sendero Pine, que tiene una longitud de $\frac{3}{5}$ de milla. Si planean recorrer todos los senderos Big Tree, ¿cuántas millas más les quedan por esquiar?

Usa el organizador gráfico como ayuda para resolver el problema.

Lee el problema

¿Qué debo hallar?	¿Qué información debo usar?	¿Cómo usaré la información?
Debo hallar la distancia _____.	Debo usar la distancia _____ y la distancia total _____.	Puedo trabajar de atrás para adelante comenzando por la _____ y _____ cada una de las distancias que ya han esquiado para hallar la cantidad de millas que les queda por esquiar.

Resuelve el problema

La suma y la resta son operaciones inversas. Al trabajar de atrás para adelante usando los mismos números, una operación cancela la otra.

- Escribe una ecuación.

millas esquiadas ayer		millas esquiadas hoy		millas que les quedan por esquiar		distancia total
↓	+	↓	+	↓	=	↓
_____	+	_____	+	m	=	4

- Luego trabaja de atrás para adelante para hallar m.

$$\underline{\quad} - \underline{\quad} - \underline{\quad} = m$$

$$\underline{\quad} = m$$

Entonces, a la familia le queda por esquiar _____ millas.

- **PRÁCTICAS Y PROCESOS MATEMÁTICOS ❶** **Evalúa si es razonable** Explica cómo sabes si tu resultado es razonable. _____

_____

🔒 Haz otro problema

Como parte de sus estudios sobre el tejido de canastas en la cultura indígena, la clase de Lía está haciendo canastas de mimbre. Lía comienza con una tira de mimbre de 36 pulgadas de longitud. Primero corta un trozo de la tira, cuya longitud desconoce y luego corta un trozo que mide $6\frac{1}{2}$ pulgadas de longitud. El trozo que queda mide $7\frac{3}{4}$ pulgadas de longitud. ¿Cuál es la longitud del primer trozo de tira que cortó?

Lee el problema

¿Qué debo hallar?	¿Qué información debo usar?	¿Cómo usaré la información?

Resuelve el problema

Entonces, el primer trozo que cortó medía _____ pulgadas de longitud.

Charla matemática

PRÁCTICAS Y PROCESOS MATEMÁTICOS ①

Entiende los problemas ¿Qué otra estrategia podrías usar para resolver el problema?

Nombre _____

Soluciona el problema

√ Planea tu solución decidiendo los pasos que vas a usar.

√ Comprueba el resultado exacto comparándolo con tu estimación.

√ Comprueba si tu resultado es razonable.

1. Caitlin tiene $4\frac{3}{4}$ libras de arcilla. Usa $1\frac{1}{10}$ libras para hacer una taza y otras 2 libras para hacer un frasco. ¿Cuántas libras le quedan?

Primero, escribe una ecuación para representar el problema.

_____

A continuación, trabaja de atrás para adelante y vuelve a escribir la ecuación para hallar x.

_____

Resuelve.

_____

ESCRIBE *Matemáticas* • **Muestra tu trabajo**

Entonces, le quedan _____ libras de arcilla.

2. **PIENSA MÁS** ¿Qué pasaría si Caitlin hubiera usado más de 2 libras de arcilla para hacer el frasco? ¿La cantidad restante habría sido mayor o menor que el resultado del Ejercicio 1?

_____

3. Una tienda de mascotas donó 50 libras de alimento para perros adultos, cachorros y gatos a un refugio para animales. Donó $19\frac{3}{4}$ libras de alimento para perros adultos y $18\frac{7}{8}$ libras de alimento para cachorros. ¿Cuántas libras de alimento para gatos donó la tienda de mascotas?

_____

4. Thelma gastó $\frac{1}{6}$ de su mesada semanal en juguetes para perros, $\frac{1}{4}$ en un collar para perros y $\frac{1}{3}$ en alimento para perros. ¿Qué fracción de su mesada semanal le queda?

_____

Por tu cuenta

5. MÁS AL DETALLE Martín está construyendo un modelo de una canoa indígena. Tiene $5\frac{1}{2}$ pies de madera. Usa $2\frac{3}{4}$ pies para el casco y $1\frac{1}{4}$ para los remos y los puntales. ¿Cuánta madera le queda?

_____

6. PIENSA MÁS Las vacaciones de Beth duraron 87 días. Al comienzo de sus vacaciones, pasó un tiempo en un campamento de fútbol, 5 días en la casa de su abuela y 13 días de visita en el Parque Nacional Glacier con sus padres. Para ese momento, le quedaban 48 días de vacaciones. ¿Cuántas semanas pasó Beth en el campamento de fútbol?

_____

7. PRÁCTICAS Y PROCESOS MATEMÁTICOS ② **Razona de forma cuantitativa** Puedes comprar 2 DVD al mismo precio que pagarías por 3 CD que se venden a $13.20 cada uno. Explica cómo puedes hallar el precio de 1 DVD.

_____

_____

_____

8. PIENSA MÁS Julio atrapó 3 peces que pesaban un total de $23\frac{1}{2}$ libras. Un pez pesaba $9\frac{5}{8}$ libras y otro pesaba $6\frac{1}{4}$ libras. ¿Cuánto pesaba el tercer pez? Usa números y símbolos para escribir una ecuación que represente el problema. Luego resuelve la ecuación. Los símbolos pueden usarse más de una vez o no usarse.

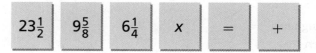

_____

peso del tercer pez: _____ libras

Resolución de problemas • Practicar la suma y la resta

Lee los problemas y resuélvelos.

1. De una madera de 8 pies de longitud, Emmet cortó dos estantes de $2\frac{1}{3}$ pies cada uno. ¿Cuánta madera quedó?

   Escribe una ecuación: $8 = 2\frac{1}{3} + 2\frac{1}{3} + x$

   Vuelve a escribir la ecuación para trabajar de atrás

   para adelante: $8 - 2\frac{1}{3} - 2\frac{1}{3} = x$

   Resta dos veces para hallar la longitud de la

   madera que quedó: $3\frac{1}{3}$ **pies**

2. Lynne compró una bolsa de toronjas, $1\frac{5}{8}$ libras de manzanas y $2\frac{3}{16}$ libras de plátanos. El peso total de lo que compró era $7\frac{1}{2}$ libras. ¿Cuánto pesaba la bolsa de toronjas?

   _____

3. La casa de Mattie tiene dos pisos y un ático. El primer piso mide $8\frac{5}{6}$ pies de altura, el segundo piso mide $8\frac{1}{2}$ pies de altura y toda la casa mide $24\frac{1}{3}$ pies de altura. ¿Cuál es la altura del ático?

   _____

4. De Alston a Barton hay $10\frac{3}{5}$ millas y de Barton a Chester hay $12\frac{1}{2}$ millas. La distancia de Alston a Durbin, pasando por Barton y Chester, es 35 millas. ¿Qué distancia hay de Chester a Durbin?

   _____

5. Marcie compró un rollo de cinta para embalaje de 50 pies. Usó dos trozos de $8\frac{5}{6}$ pies. ¿Cuánta cinta queda en el rollo?

   _____

6. **ESCRIBE** ▸*Matemáticas* Escribe un problema de fracciones en el que uses la estrategia *trabajar de atrás para adelante* y la suma para resolverlo. Incluye la solución.

   _____

   _____

Repaso de la lección

1. Paula gastó $\frac{3}{8}$ de su mesada en ropa y $\frac{1}{6}$ en entretenimiento. ¿Qué fracción de su mesada gastó en otras cosas?

2. Delia compró una plántula que medía $2\frac{1}{4}$ pies de altura. Durante el primer año, la plántula creció $1\frac{1}{6}$ pies. Luego de dos años, medía 5 pies de altura. ¿Cuánto creció la plántula durante el segundo año?

Repaso en espiral

3. ¿De qué manera se escribe 100,000 usando exponentes?

4. ¿Qué expresión es la mejor estimación de $868 \div 28$?

5. Justin le dio al vendedor $20 para pagar una cuenta de $6.57. ¿Cuánto cambio debería recibir Justin?

6. ¿Cuál es el valor de la siguiente expresión?

$$7 + 18 \div (6 - 3)$$

PRACTICA MÁS CON EL
Entrenador personal
en matemáticas

Usar las propiedades de la suma

Pregunta esencial ¿De qué manera las propiedades de la suma te pueden ayudar a sumar fracciones con denominadores distintos?

Objetivo de aprendizaje Usarás estrategias basadas en las propiedades de las operaciones para sumar fracciones con denominadores distintos.

RELACIONA Puedes usar las propiedades de la suma como ayuda para sumar fracciones con denominadores distintos.

Propiedad conmutativa: $\frac{1}{2} + \frac{3}{5} = \frac{3}{5} + \frac{1}{2}$

Propiedad asociativa: $\left(\frac{2}{9} + \frac{1}{8}\right) + \frac{3}{8} = \frac{2}{9} + \left(\frac{1}{8} + \frac{3}{8}\right)$

Recuerda
Los paréntesis ( ) indican qué operación debes hacer primero.

Soluciona el problema

Jane y su familia viajan en carro al Parque Estatal Big Lagoon. El primer día recorren $\frac{1}{3}$ de la distancia total. El segundo día recorren $\frac{1}{3}$ de la distancia total por la mañana y $\frac{1}{6}$ de la distancia total por la tarde. ¿Qué fracción de la distancia total ha recorrido la familia de Jane al final del segundo día?

 Usa la propiedad asociativa.

Día 1 + Día 2

$$\frac{1}{3} + \left(\frac{1}{3} + \frac{1}{6}\right) = \left(\boxed{} + \boxed{}\right) + \boxed{}$$

$$= \boxed{} + \boxed{}$$

$$= \boxed{} + \boxed{}$$

$$= \boxed{}$$

Escribe el enunciado numérico para representar el problema. Usa la propiedad asociativa para agrupar las fracciones con denominadores semejantes.

Usa el cálculo mental para sumar las fracciones con denominadores semejantes.

Escribe fracciones equivalentes con denominadores semejantes. Luego suma.

Entonces, la familia de Jane ha recorrido _____ de la distancia total al final del segundo día.

Charla matemática

PRÁCTICAS Y PROCESOS MATEMÁTICOS ⑧

Generaliza Explica por qué al agrupar las fracciones de distinta manera resulta más fácil hallar la suma.

🔑 Ejemplo Suma. $\left(2\frac{5}{8} + 1\frac{2}{3}\right) + 1\frac{1}{8}$

Usa la propiedad conmutativa y la propiedad asociativa.

$$\left(2\frac{5}{8} + 1\frac{2}{3}\right) + 1\frac{1}{8} = \left(\boxed{} + \boxed{}\right) + \boxed{}$$

Usa la propiedad conmutativa para colocar las fracciones con denominadores semejantes una al lado de la otra.

$$= \boxed{} + \left(\boxed{} + \boxed{}\right)$$

Usa la propiedad asociativa para agrupar las fracciones con denominadores semejantes.

$$= \boxed{} + \boxed{}$$

Usa el cálculo mental para sumar las fracciones con denominadores semejantes.

$$= \boxed{} + \boxed{}$$

Escribe fracciones equivalentes con denominadores semejantes. Luego suma.

$$= \boxed{} = \boxed{}$$

Convierte y simplifica.

¡Inténtalo! Usa propiedades para resolver los ejercicios. Muestra cada paso y menciona la propiedad que usaste.

A $5\frac{1}{4} + \left(\frac{3}{4} + 1\frac{5}{12}\right)$

B $\left(\frac{1}{5} + \frac{3}{10}\right) + \frac{2}{5}$

Nombre _____

Usa propiedades y el cálculo mental para resolver los ejercicios.
Escribe el resultado en su mínima expresión.

1. $\left(2\frac{5}{8} + \frac{5}{6}\right) + 1\frac{1}{8}$

☑ **2.** $\frac{5}{12} + \left(\frac{5}{12} + \frac{3}{4}\right)$

☑ **3.** $\left(3\frac{1}{4} + 2\frac{5}{6}\right) + 1\frac{3}{4}$

Por tu cuenta

Charla matemática

PRÁCTICAS Y PROCESOS MATEMÁTICOS ⑦

Identifica las relaciones ¿En qué se diferencia resolver el Ejercicio 3 de resolver el Ejercicio 1?

Usa las propiedades y el cálculo mental para resolver los ejercicios.
Escribe el resultado en su mínima expresión.

4. $\left(\frac{2}{7} + \frac{1}{3}\right) + \frac{2}{3}$

5. $\left(\frac{1}{5} + \frac{1}{2}\right) + \frac{2}{5}$

6. $\left(\frac{1}{6} + \frac{3}{7}\right) + \frac{2}{7}$

7. $\left(2\frac{5}{12} + 4\frac{1}{4}\right) + \frac{1}{4}$

8. $1\frac{1}{8} + \left(5\frac{1}{2} + 2\frac{3}{8}\right)$

9. $\frac{5}{9} + \left(\frac{1}{9} + \frac{4}{5}\right)$

10. _MÁS AL DETALLE_ Tina usó $10\frac{1}{2}$ yardas de estambre para hacer tres muñecas de estambre. Usó $4\frac{1}{2}$ yardas de estambre para la primera muñeca y $2\frac{1}{5}$ yardas para la segunda muñeca. ¿Cuánto estambre usó Tina para la tercera muñeca?

Resolución de problemas • Aplicaciones (En el mundo)

Usa el mapa para resolver los problemas 11 y 12.

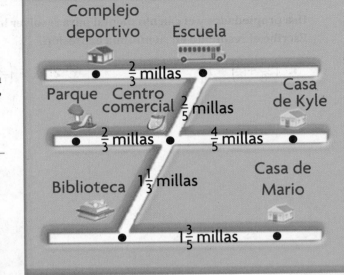

11. *MÁS AL DETALLE* Julie va en bicicleta desde el complejo deportivo hasta la escuela. Luego va en bicicleta desde la escuela hasta el centro comercial y luego, hasta la biblioteca. Kyle va en bicicleta desde su casa hasta el centro comercial y luego, hasta la biblioteca. ¿Quién recorre una distancia mayor en bicicleta? ¿Cuántas millas más?

_____

12. PIENSA MÁS   Una tarde, Mario camina desde su casa hasta la biblioteca. Más tarde, Mario camina desde la biblioteca hasta el centro comercial y luego, hasta la casa de Kyle. Describe de qué manera puedes usar propiedades para hallar la distancia que caminó Mario.

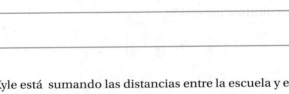

_____

_____

_____

13. PRÁCTICAS Y PROCESOS MATEMÁTICOS ④ **Escribe una expresión** Kyle está sumando las distancias entre la escuela y el centro comercial, el centro comercial y el parque y el centro comercial y su casa. Escribe $\frac{2}{5} + \frac{2}{3} + \frac{4}{5}$. Vuelve a escribir la expresión de Kyle usando propiedades para que las fracciones sean más fáciles de sumar.

_____

14. PIENSA MÁS   En los ejercicios 14a a 14c, indica si la expresión se volvió a escribir usando la propiedad conmutativa o la propiedad asociativa. Elige la propiedad correcta de la suma.

14a. $\frac{9}{10} + \left(\frac{3}{10} + \frac{5}{6}\right) = \left(\frac{9}{10} + \frac{3}{10}\right) + \frac{5}{6}$

- propiedad asociativa
- propiedad conmutativa

14b. $\left(\frac{3}{4} + \frac{1}{5}\right) + \frac{1}{4} = \left(\frac{1}{5} + \frac{3}{4}\right) + \frac{1}{4}$

- propiedad asociativa
- propiedad conmutativa

14c. $\left(3\frac{1}{2} + 2\frac{1}{8}\right) + 1\frac{5}{8} = 3\frac{1}{2} + \left(2\frac{1}{8} + 1\frac{5}{8}\right)$

- propiedad asociativa
- propiedad conmutativa

Nombre _____

Usar las propiedades de la suma

Objetivo de aprendizaje Usarás estrategias basadas en las propiedades de las operaciones para sumar fracciones con denominadores distintos.

Usa las propiedades y el cálculo mental para resolver los ejercicios. Escribe el resultado en su mínima expresión.

1. $\left(2\frac{1}{3} + 1\frac{2}{5}\right) + 3\frac{2}{3}$

$= \left(1\frac{2}{5} + 2\frac{1}{3}\right) + 3\frac{2}{3}$

$= 1\frac{2}{5} + \left(2\frac{1}{3} + 3\frac{2}{3}\right)$

$= 1\frac{2}{5} + 6$

$= 7\frac{2}{5}$

_____

2. $8\frac{1}{5} + \left(4\frac{2}{5} + 3\frac{3}{10}\right)$

_____

3. $\left(1\frac{3}{4} + 2\frac{3}{8}\right) + 5\frac{7}{8}$

_____

4. $2\frac{1}{10} + \left(1\frac{2}{7} + 4\frac{9}{10}\right)$

_____

5. $3\frac{1}{4} + \left(3\frac{1}{4} + 5\frac{1}{5}\right)$

_____

6. $1\frac{1}{4} + \left(3\frac{2}{3} + 5\frac{3}{4}\right)$

_____

Resolución de problemas En el mundo

7. Elizabeth recorrió en su bicicleta $6\frac{1}{2}$ millas desde su casa hasta la biblioteca y luego recorrió otras $2\frac{2}{5}$ millas hasta la casa de su amigo Milo. Si la casa de Carson se encuentra a $2\frac{1}{2}$ millas de la casa de Milo, ¿cuántas millas recorrió desde su casa hasta la casa de Carson?

_____

8. Hassan preparó una ensalada de verduras con $2\frac{3}{8}$ libras de tomates, $1\frac{1}{4}$ libras de espárragos y $2\frac{7}{8}$ libras de papas. ¿Cuántas libras de verduras usó en total?

_____

9. **ESCRIBE** ▸*Matemáticas* Escribe Propiedad conmutativa y Propiedad asociativa en la parte superior de la página. Debajo del nombre de cada propiedad, escribe su definición y tres ejemplos de uso.

_____

Repaso de la lección

1. ¿Cuál es la suma de $2\frac{1}{3}$, $3\frac{5}{6}$ y $6\frac{2}{3}$?

2. Leticia tiene $7\frac{1}{6}$ yardas de cinta amarilla, $5\frac{1}{4}$ yardas de cinta anaranjada y $5\frac{1}{6}$ yardas de cinta café. ¿Cuánta cinta tiene en total?

Repaso en espiral

3. Juanita escribió 3×47 como $3 \times 40 \times 3 \times 7$. ¿Qué propiedad usó para volver a escribir la expresión?

4. ¿Cuál es el valor de la expresión?

$$18 - 2 \times (4 + 3)$$

5. Evan gastó $15.89 en 7 libras de alpiste. ¿Cuánto costó cada libra de alpiste?

6. Cade recorrió en bicicleta $1\frac{3}{5}$ millas el sábado y $1\frac{3}{4}$ millas el domingo. ¿Cuántas millas recorrió en total entre los dos días?

PRACTICA MÁS CON EL
Entrenador personal
en matemáticas

Nombre _____

✓ Repaso y prueba del Capítulo 6

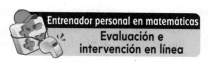

1. Sophia cuidó a un bebé durante $3\frac{7}{12}$ horas el viernes. Lo cuidó durante $2\frac{5}{6}$ horas el sábado. En los ejercicios 1a a 1c, estima cuánto tiempo en total cuidó al bebé Sophia el viernes y el sábado. Elige los puntos de referencia correctos y luego suma.

1a. Sophia cuidó al bebé durante
2
3
$3\frac{1}{2}$
4
horas el viernes.

1b. Sophia cuidó al bebé durante
1
2
$2\frac{1}{2}$
3
horas el sábado.

1c. Sophia cuidó al bebé durante
5
$5\frac{1}{2}$
6
$6\frac{1}{2}$
horas el viernes y el sábado en total.

2. Rodrigo practicó guitarra durante $15\frac{1}{3}$ horas durante las últimas 3 semanas. Practicó durante $6\frac{1}{4}$ horas durante la primera semana y $4\frac{2}{3}$ horas durante la segunda semana. ¿Cuánto tiempo practicó Rodrigo durante la tercera semana? Usa los números y los símbolos para escribir una ecuación que represente el problema. Luego resuelve la ecuación. Puedes usar los símbolos más de una vez o no usarlos.

| $15\frac{1}{3}$ | $6\frac{1}{4}$ | $4\frac{2}{3}$ | x | = | + |

Tiempo de práctica durante la tercera semana: _____ horas

Opciones de evaluación
Prueba del capítulo

3. Liam compró $5\frac{7}{8}$ libras de carne. Usó $2\frac{1}{16}$ libras de la carne en una barbacoa. En los ejercicios 3a a 3c, completa el espacio en blanco.

3a. Redondeado al punto de referencia más próximo, Liam compró

aproximadamente ☐ libras de carne.

3b. Redondeado al punto de referencia más próximo, Liam usó aproximadamente

☐ libras de carne en la barbacoa.

3c. A Liam le sobraron aproximadamente ☐ libras de carne después de la barbacoa.

4. Jackson recolectó manzanas para su familia. Recolectó un total de $6\frac{1}{2}$ libras. Les llevó $2\frac{3}{4}$ libras a su tía y $1\frac{5}{8}$ libras a su mamá. ¿Cuántas libras de manzanas le quedaron para su abuela? Usa números y símbolos para escribir una ecuación que represente el problema; luego resuelve la ecuación. Los símbolos pueden usarse más de una vez o no usarse.

$6\frac{1}{2}$	$2\frac{3}{4}$	$1\frac{5}{8}$	x	=	+

El peso de las manzanas que Jackson le dio a su abuela es de: _____ libras.

5. Escribe $\frac{2}{5}$ y $\frac{1}{3}$ como fracciones equivalentes usando un denominador común.

☐ y ☐

6. Jill llevó $2\frac{1}{3}$ cajas de panecillos de zanahoria a una feria de pastelería. Mike llevó $1\frac{3}{4}$ cajas de panecillos de manzana. ¿Cuántas cajas de panecillos llevaron Jill y Mike en total a la feria?

_____ cajas de panecillos

7. La parte sombreada del diagrama representa lo que a Rebecca le sobró de un metro de cuerda. Rebecca va a usar $\frac{3}{5}$ de metro de la cuerda para hacer pulseras. Quiere determinar cuánta cuerda le sobrará después de hacer las pulseras. En los ejercicios 7a a 7c, elige Verdadero o Falso para cada oración.

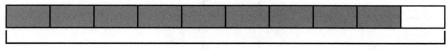

1 m

7a. Para determinar cuánta cuerda le sobrará después de hacer las pulseras, Rebecca tiene que hallar $\frac{9}{10} - \frac{3}{5}$.   ○ Verdadero   ○ Falso

7b. Las fracciones $\frac{3}{5}$ y $\frac{6}{10}$ son equivalentes.   ○ Verdadero   ○ Falso

7c. A Rebecca le sobrará $\frac{1}{5}$ de metro de cuerda.   ○ Verdadero   ○ Falso

8. En los ejercicios 8a a 8c, indica si la expresión se volvió a escribir usando la propiedad conmutativa o la propiedad asociativa. Elige la propiedad correcta de la suma.

8a. $\frac{1}{6} + \left(\frac{7}{8} + \frac{5}{6}\right) = \frac{1}{6} + \left(\frac{5}{6} + \frac{7}{8}\right)$

propiedad asociativa
propiedad conmutativa

8b. $\left(\frac{7}{10} + \frac{1}{3}\right) + \frac{1}{10} = \left(\frac{1}{3} + \frac{7}{10}\right) + \frac{1}{10}$

propiedad asociativa
propiedad conmutativa

8c. $\left(6\frac{2}{5} + \frac{4}{9}\right) + 3\frac{2}{9} = 6\frac{2}{5} + \left(\frac{4}{9} + 3\frac{2}{9}\right)$

propiedad asociativa
propiedad conmutativa

9. Joshua sigue una regla para escribir la siguiente secuencia de números.

$$\frac{1}{6}, \frac{1}{2}, \frac{5}{6}, \underline{\hspace{3cm}}, 1\frac{1}{2}$$

¿Qué regla siguió Joshua? ☐

¿Qué número falta en la secuencia? ☐

10. Jeffrey caminó $\frac{1}{3}$ de milla el lunes y corrió $\frac{3}{4}$ de milla el martes. ¿Cuánto caminó y corrió el lunes y el martes en total? Usa las fichas para completar el modelo de tiras fraccionarias y mostrar cómo hallaste tu resultado. Las fracciones pueden usarse más de una vez o no usarse.

$\frac{1}{2}$	$\frac{1}{3}$
$\frac{1}{4}$	$\frac{3}{4}$
$\frac{1}{12}$	1

_____ milla(s)

Entrenador personal en matemáticas

11. PIENSA MÁS ➕ El Sr. Cohen maneja $84\frac{2}{10}$ millas el martes, $84\frac{6}{10}$ millas el miércoles y 85 millas el jueves.

Parte A

¿Cuál es la regla para hallar la distancia que maneja el Sr. Cohen todos los días? Muestra cómo puedes comprobar tu respuesta.

Parte B

Si el patrón continúa, ¿cuántas millas manejará el Sr. Cohen el domingo? Explica cómo hallaste tu respuesta.

12. Alana compró $\frac{3}{8}$ de libra de queso suizo y $\frac{1}{4}$ de libra de queso americano. ¿Qué pares de fracciones son equivalentes a la cantidad que compró Alana? Marca todas las opciones que correspondan.

Ⓐ $\frac{24}{64}$ y $\frac{8}{64}$　　　　Ⓒ $\frac{12}{32}$ y $\frac{6}{32}$

Ⓑ $\frac{6}{16}$ y $\frac{4}{16}$　　　　Ⓓ $\frac{15}{40}$ y $\frac{10}{40}$

13. <u>MÁS AL DETALLE</u> Cuatro estudiantes trabajaron de voluntarios la semana pasada. En la tabla se muestra cuánto tiempo trabajó cada estudiante de voluntario.

Trabajo voluntario	
Estudiante	**Tiempo (en horas)**
Amy	$4\frac{5}{6}$
Beth	$6\frac{1}{2}$
Víctor	$5\frac{3}{4}$
Claudio	$5\frac{2}{3}$

Empareja cada par de estudiantes con la diferencia entre el tiempo que pasaron como voluntarios.

Amy y Víctor ●　　　　　● $\frac{3}{4}$ horas

Claudio y Beth ●　　　　　● $\frac{11}{12}$ horas

Beth y Víctor ●　　　　　● $\frac{5}{6}$ horas

14. En los ejercicios 14a a 14d, indica en cuáles de las expresiones deben convertirse los números mixtos antes de restar. Halla cada diferencia. Escribe cada expresión y su diferencia en el recuadro correcto.

14a. $2\frac{1}{3} - 1\frac{3}{4}$　　　　**14c.** $5\frac{2}{3} - 2\frac{5}{8}$

14b. $1\frac{3}{4} - \frac{7}{8}$　　　　**14d.** $6\frac{1}{5} - 2\frac{1}{3}$

Deben convertirse	No deben convertirse

15. El Sr. Clements pintó su granero durante $3\frac{3}{5}$ horas en la mañana. Pintó el granero durante $5\frac{3}{4}$ horas en la tarde. En los ejercicios 15a a 15c, elige Verdadero o Falso para cada oración.

15a. Un denominador común de los números mixtos es 20. ○ Verdadero ○ Falso

15b. La cantidad de tiempo que pasó pintando durante la mañana se podría rescribir como $3\frac{15}{20}$ horas. ○ Verdadero ○ Falso

15c. El Sr. Clements pintó $2\frac{3}{20}$ horas más en la tarde que en la mañana. ○ Verdadero ○ Falso

16. Tom hizo ejercicio durante $\frac{4}{5}$ de hora el lunes y $\frac{5}{6}$ de hora el martes.

Parte A

Completa los siguientes cálculos para escribir fracciones equivalentes con un denominador común.

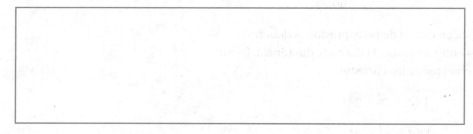

$$\frac{4}{5} = \frac{4 \times \boxed{}}{5 \times \boxed{}} = \frac{\boxed{}}{\boxed{}} \qquad \frac{5}{6} = \frac{5 \times \boxed{}}{6 \times \boxed{}} = \frac{\boxed{}}{\boxed{}}$$

Parte B

¿Cuánto tiempo hizo ejercicio Tom el lunes y el martes en total? Explica cómo hallaste tu respuesta.

Parte C

¿Cuánto tiempo más hizo ejercicio Tom el martes que el lunes? Explica cómo hallaste la respuesta.

Multiplicar fracciones

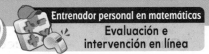

✓ Muestra lo que sabes

Comprueba si comprendes las destrezas importantes.

Nombre _____

▶ **Parte de un grupo** **Escribe la fracción que indica la parte sombreada.**

1.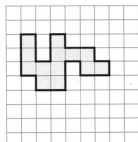

partes sombreadas _____

partes en total _____

fracción _____

2.

partes sombreadas _____

partes en total _____

fracción _____

▶ **Área** **Escribe el área de cada figura.**

3.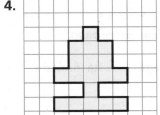

_____ unidades cuadradas

4.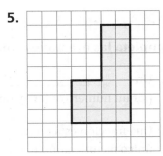

_____ unidades cuadradas

5.

_____ unidades cuadradas

▶ **Fracciones equivalentes** **Escribe una fracción equivalente.**

6. $\frac{3}{4}$ _____

7. $\frac{9}{15}$ _____

8. $\frac{24}{40}$ _____

9. $\frac{5}{7}$ _____

Matemáticas En el mundo

Carmen recuperó 2 lingotes de oro que habían sido robados de una caja de seguridad. El primer lingote pesaba $2\frac{2}{5}$ libras. El segundo lingote pesaba $1\frac{2}{3}$ veces más que el primero. Descubre cuánto oro se recuperó.

▶ **Visualízalo** •

Empareja cada palabra de repaso con el ejemplo que corresponda.

Palabras de repaso
denominador
fracciones equivalentes
mínima expresión
numerador
número mixto
producto

¿Qué es?	**¿Puedes dar algunos ejemplos?**
_____	$\frac{5}{10}$
_____	$\frac{5}{10}$
_____	$4\frac{1}{5}, 1\frac{3}{8}, 6\frac{3}{6}$
_____	$\frac{2}{3}, \frac{4}{6}, \frac{10}{15}$

▶ **Comprende el vocabulario** •

Completa las oraciones con las palabras de repaso.

1. Un _____ es un número que está formado
   por un número entero y una fracción.

2. Una fracción está en su _____ cuando el
   único factor común que tienen el numerador y el denominador es 1.

3. El número que está debajo de la barra de una fracción e indica
   cuántas partes iguales hay en el entero o en el grupo es el

   _____.

4. El _____ es el resultado de una multiplicación.

5. Las fracciones que nombran la misma cantidad o parte se llaman

   _____.

6. El _____ es el número que está sobre la
   barra de una fracción e indica cuántas partes iguales de un entero
   se deben considerar.

APRENDE EN LÍNEA
• **Libro interactivo del estudiante**
• **Glosario multimedia**

Vocabulario del Capítulo 7

factor común

common factor

33

denominador

denominator

17

fracciones equivalentes

equivalent fractions

36

factor

factor

32

número mixto

mixed number

48

numerador

numerator

46

producto

product

62

mínima expresión

simplest form

44

Número que está debajo de la barra en una fracción y que indica cuántas partes iguales hay en el entero o en el grupo

Ejemplo: $\frac{3}{4}$ ← denominador

Número que es un factor de dos o más números

$$\overset{8}{2 \times 2 \times ②} \leftarrow \text{factor común} \rightarrow \overset{6}{② \times 3}$$

Número que se multiplica por otro para obtener un producto

Ejemplo: $46 \times 3 = 138$

↑ ↑
factor

Fracciones que nombran la misma cantidad o la misma parte

Ejemplo: $\frac{1}{2}$ y $\frac{4}{8}$ son equivalentes.

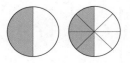

Número que está arriba de la barra en una fracción y que indica cuántas partes iguales de un entero o de un grupo se consideran

Ejemplo: $\frac{3}{4}$ ← numerador

Número formado por un número entero y una fracción

Ejemplo:

parte del número entero → $4\frac{1}{2}$ ← parte fraccionaria

---

Una fracción está en su mínima expresión cuando el numerador y el denominador solamente tienen al número 1 como factor común.

Ejemplos: $\frac{1}{2}, \frac{2}{3}, \frac{8}{15}$

Resultado de una multiplicación

Ejemplo: $3 \times 15 = 45$

↑
producto

Adivina la palabra

Recuadro de palabras

- denominador
- factor
- factor común
- fracciones equivalentes
- mínima expresión
- numeradores
- número mixto
- producto

Para 3 a 4 jugadores

Materiales

- temporizador

Instrucciones

1. Túrnense para jugar.

2. Elige un término matemático, pero no lo digas en voz alta.

3. Pon 1 minuto en el temporizador.

4. Da una pista de una palabra sobre tu término. Dale a cada jugador una oportunidad para que adivine tu término.

5. Si nadie adivina, repite el Paso 4 con una pista diferente. Repite hasta que un jugador adivine el término o se acabe el tiempo.

6. El jugador que adivine el término obtiene 1 punto. Si el jugador puede usar la palabra en una oración, obtiene 1 punto más. Luego es su turno de elegir una palabra.

7. Ganará la partida el primer jugador que obtenga 10 puntos.

Diario

Escríbelo

Reflexiona

Elige una idea. Escribe sobre ella.

- ¿Cuáles de las siguientes fracciones son equivalentes? Explica cómo lo sabes.

$$\frac{3}{6} \qquad \frac{3}{15} \qquad \frac{9}{15} \qquad \frac{9}{18}$$

- Escribe una definición de *factor común* con tus propias palabras.

- Explica cómo hallar el producto: $\frac{3}{8} \times 24 =$ _____.

- Escribe un problema que incluya la multiplicación de una fracción por un número mixto.

Nombre _____

Hallar una parte de un grupo

Pregunta esencial ¿Cómo puedes hallar una parte fraccionaria de un grupo?

Objetivo de aprendizaje Dibujarás fichas y matrices para calcular la parte fraccionaria de un grupo.

 **Soluciona el problema** En el mundo · Manos a la obra

Maya colecciona estampillas. Tiene 20 estampillas en su colección. Cuatro quintos de sus estampillas han sido canceladas. ¿Cuántas estampillas de la colección de Maya se han cancelado?

 Halla $\frac{4}{5}$ de 20.

• Pon 20 fichas en tu tablero de matemáticas.

  Como quieres hallar $\frac{4}{5}$ de las estampillas, debes disponer las 20 fichas en _____ grupos iguales.

• Dibuja abajo los grupos iguales de fichas. ¿Cuántas fichas hay en cada grupo? _____

▲ La oficina de correos cancela estampillas para evitar que vuelvan a usarse.

• Cada grupo representa _____ de las estampillas. Encierra en un círculo $\frac{4}{5}$ de las fichas.

  ¿Cuántos grupos encerraste en un círculo? _____

  ¿Cuántas fichas encerraste en un círculo? _____

  $\frac{4}{5}$ de 20 = _____, o $\frac{4}{5} \times 20$ = _____

Entonces, se han cancelado _____ estampillas.

 Charla matemática

PRÁCTICAS Y PROCESOS MATEMÁTICOS ⑥

Haz conexiones ¿Cuántos grupos encerrarías en un círculo si se cancelaran $\frac{3}{5}$ de las estampillas? Explica.

🔑 Ejemplo

Max tiene estampillas de diferentes países en su colección. Tiene 12 estampillas de Canadá. De esas doce, $\frac{2}{3}$ tienen ilustraciones de la reina Elizabeth II. ¿Cuántas estampillas tienen una ilustración de la reina?

- Dibuja una matriz para representar las 12 estampillas. Dibuja una ✗ por cada estampilla. Como quieres hallar $\frac{2}{3}$ de las estampillas, en tu matriz

  debe haber _____ hileras con la misma cantidad de ✗.

- Encierra en un círculo _____ de las 3 hileras para mostrar $\frac{2}{3}$ de 12. Luego cuenta la cantidad de ✗ que hay dentro del círculo.

  Hay _____ ✗ que hay dentro del círculo.

- Completa los enunciados numéricos.

  $\frac{2}{3}$ de 12 = _____ o $\frac{2}{3} \times 12$ = _____

Entonces, hay _____ estampillas con una ilustración de la reina Elizabeth II.

- **PRÁCTICAS Y PROCESOS MATEMÁTICOS ⑤** **Usa las herramientas apropiadas** Usa tu tablero de matemáticas y fichas para hallar $\frac{4}{6}$ de 12. Explica por qué el resultado es el mismo que cuando hallaste $\frac{2}{3}$ de 12.

_____

_____

¡Inténtalo! Dibuja una matriz.

Susana tiene 16 estampillas. En su colección, $\frac{3}{4}$ de las estampillas son de los Estados Unidos. ¿Cuántas estampillas son de los Estados Unidos y cuántas no?

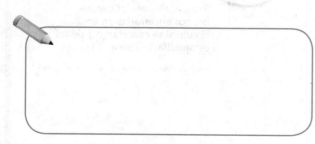

Entonces, _____ de las estampillas de Susana son de los Estados Unidos y _____ no lo son.

Nombre _____

1. Completa el modelo para resolver el ejercicio.

$\frac{7}{8}$ de 16 o $\frac{7}{8} \times 16$

• ¿Cuántas hileras de fichas hay? _____

• ¿Cuántas fichas hay en cada hilera? _____

• Encierra en un círculo _____ hileras para resolver el problema.

• ¿Cuántas fichas encerraste en un círculo? _____

$\frac{7}{8}$ de 16 = _____ o $\frac{7}{8} \times 16 =$ _____

Usa un modelo para resolver los ejercicios.

2. $\frac{2}{3} \times 18 =$ _____

 3. $\frac{2}{5} \times 15 =$ _____

4. $\frac{2}{3} \times 6 =$ _____

> **Charla matemática**
>
> **PRÁCTICAS Y PROCESOS MATEMÁTICOS ④**
>
> **Usa modelos** Explica cómo usaste un modelo para resolver el Ejercicio 4.

Usa un modelo para resolver los ejercicios.

5. $\frac{5}{8} \times 24 =$ _____

6. $\frac{3}{4} \times 24 =$ _____

7. $\frac{4}{7} \times 21 =$ _____

Resuelve.

8. **PRÁCTICAS Y PROCESOS MATEMÁTICOS ④** **Usa diagramas** ¿Qué problema de multiplicación representa el modelo?

_____

Resolución de problemas • Aplicaciones

Usa la tabla para resolver los problemas 9 y 10.

9. **PRÁCTICAS Y PROCESOS MATEMÁTICOS ④ Usa modelos** Cuatro quintos de las estampillas de Zack tienen ilustraciones de animales. ¿Cuántas estampillas con ilustraciones de animales tiene Zack? Usa un modelo para resolver el problema.

_____

Estampillas coleccionadas	
Nombre	**Número de estampillas**
Zack	30
Teri	18
Paco	24

10. **PIENSA MÁS** Zack, Teri y Paco juntaron las estampillas extranjeras de sus colecciones para una exposición de estampillas. De las colecciones de cada uno, eran extranjeras $\frac{3}{10}$ de las estampillas de Zack, $\frac{5}{6}$ de las estampillas de Teri y $\frac{3}{8}$ de las estampillas de Paco. ¿Cuántas estampillas había en su muestra? Explica cómo resolviste el problema.

ESCRIBE *Matemáticas* · **Muestra tu trabajo**

_____

_____

_____

_____

_____

11. **MÁS AL DETALLE** Paula tiene 24 estampillas en su colección. Entre sus estampillas, $\frac{1}{3}$ tienen ilustraciones de animales. De sus estampillas con ilustraciones de animales, $\frac{3}{4}$ tienen ilustraciones de aves. ¿Cuántas estampillas tienen ilustraciones de aves?

_____

12. **PIENSA MÁS** Charlotte compró 16 canciones para su reproductor de MP3. Tres cuartos de las canciones son canciones clásicas. ¿Cuántas de las canciones son canciones clásicas? Dibuja un modelo para mostrar cómo encontraste tu resultado.

_____

Hallar una parte de un grupo

Usa un modelo para resolver los ejercicios.

1. $\frac{3}{4} \times 12 =$ ___9___

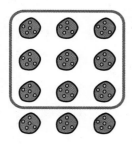

2. $\frac{7}{8} \times 16 =$ _____

3. $\frac{6}{10} \times 10 =$ _____

4. $\frac{2}{3} \times 9 =$ _____

5. $\frac{1}{6} \times 18 =$ _____

6. $\frac{4}{5} \times 10 =$ _____

Resolución de problemas

7. Marco hizo 20 dibujos. Hizo $\frac{3}{4}$ de ellos en la clase de arte. ¿Cuántos dibujos hizo Marco en la clase de arte?

8. Caroline tiene 10 canicas. La mitad de ellas son azules. ¿Cuántas de las canicas de Caroline son azules?

_____

_____

9. **ESCRIBE** *Matemáticas* Explica cómo hallar $\frac{3}{4}$ de 20 usando un modelo. Incluye un dibujo.

_____

Repaso de la lección

1. Usa el modelo para hallar $\frac{1}{3} \times 15$.

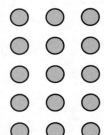

_____

2. Usa el modelo para hallar $\frac{2}{4} \times 16$.

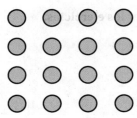

_____

Repaso en espiral

3. ¿Cuál es el valor del dígito subrayado?

<u>6</u>,560

_____

4. Nigel tiene 138 onzas de limonada. ¿Cuántas porciones de 6 onzas de limonada puede preparar?

_____

5. Rafi tenía una tabla que medía $15\frac{1}{2}$ pies de longitud. Cortó tres secciones de la tabla, cada una de las cuales mide $3\frac{7}{8}$ pies de longitud. ¿Cuánto mide la sección de tabla que le quedó?

_____

6. Susie trabajó $4\frac{1}{4}$ horas el lunes y $3\frac{5}{8}$ el martes en un proyecto de historia. ¿Aproximadamente cuánto tiempo trabajó en el proyecto?

_____

PRACTICA MÁS CON EL
Entrenador personal
en matemáticas

Nombre _____

Multiplicar fracciones y números enteros

Pregunta esencial ¿Cómo puedes usar un modelo para mostrar el producto de una fracción y un número entero?

Objetivo de aprendizaje Usarás tiras y círculos fraccionarios para mostrar el producto de un número entero por una fracción y una fracción por un número entero.

Investigar

Martín está plantando una huerta. Cada hilera mide dos metros de longitud. Quiere plantar zanahorias a lo largo de $\frac{3}{4}$ de cada hilera. ¿En cuántos metros de cada hilera plantará zanahorias?

Multiplica. $\frac{3}{4} \times 2$

Materiales ■ tiras fraccionarias ■ tablero de matemáticas

A. Coloca dos tiras fraccionarias de 1 entero una al lado de la otra para representar la longitud de la huerta.

B. Para representar el denominador del factor $\frac{3}{4}$, halla 4 tiras fraccionarias que tengan el mismo denominador y que se ajusten exactamente debajo de los dos enteros.

C. Haz un dibujo de tu modelo.

1	1

D. En el modelo que dibujaste, encierra en un círculo $\frac{3}{4}$ de 2.

E. Completa el enunciado numérico. $\frac{3}{4} \times 2 =$ _____

Entonces, Martín plantará zanahorias a lo largo de _____ metros de cada hilera.

Sacar conclusiones

1. **PRÁCTICAS Y PROCESOS MATEMÁTICOS ⑤** **Usa un modelo concreto** Explica por qué colocaste cuatro tiras fraccionarias con el mismo denominador debajo de las dos tiras de 1 entero.

_____

_____

2. **PRÁCTICAS Y PROCESOS MATEMÁTICOS ⑤** **Usa un modelo concreto** Explica cómo representarías $\frac{3}{10}$ de 2.

_____

_____

_____

Hacer conexiones

En la sección Investigar, multiplicaste un número entero por una fracción. También puedes usar un modelo para multiplicar una fracción por un número entero.

Margo estaba ayudando a limpiar el salón de clases después de una fiesta. Habían sobrado 3 cajas de pizza. En cada caja habían quedado $\frac{3}{8}$ de una pizza. ¿Cuánta pizza quedó en total?

Materiales ■ círculos fraccionarios

PASO 1 Halla $3 \times \frac{3}{8}$. Usa tres círculos fraccionarios de 1 entero para representar el número de cajas que contienen pizza.

PASO 2 Coloca partes de círculos fraccionarios de $\frac{1}{8}$ en cada círculo para representar la cantidad de pizza que quedó en cada caja.

- Sombrea los círculos fraccionarios para mostrar tu modelo.

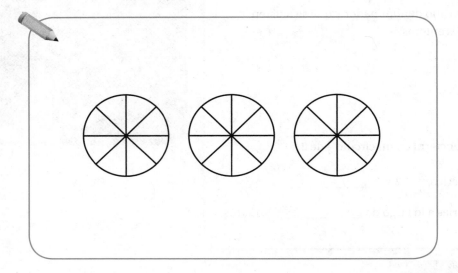

En cada círculo se muestran _____ octavos de un entero.

En los 3 círculos se muestran _____ octavos de un entero.

PASO 3 Completa los enunciados numéricos.

$$\frac{3}{8} + \frac{3}{8} + \frac{3}{8} = \underline{\hspace{3cm}}$$

$$3 \times \frac{3}{8} = \underline{\hspace{3cm}}$$

Entonces, a Margo le quedaron _____ cajas de pizza.

Charla matemática PRÁCTICAS Y PROCESOS MATEMÁTICOS ⑥

Explica cómo sabías que quedaría más de una pizza.

Nombre _____

Usa el modelo para hallar el producto.

1. $\frac{5}{6} \times 3 =$ _____

1		1		1	
$\frac{1}{2}$	$\frac{1}{2}$	$\frac{1}{2}$	$\frac{1}{2}$	$\frac{1}{2}$	$\frac{1}{2}$

2. $2 \times \frac{5}{6} =$ _____

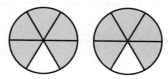

Halla el producto.

3. $\frac{5}{12} \times 3 =$ _____

4. $9 \times \frac{1}{3} =$ _____

5. $\frac{7}{8} \times 4 =$ _____

Resolución de problemas • Aplicaciones

6. **MÁS AL DETALLE** Eliza llevó a la escuela 3 bandejas de barras de frutas caseras. Sus compañeros se comieron $\frac{7}{12}$ de cada bandeja. Eliza le dio una bandeja entera de las barras restantes a las secretarias de la escuela y se llevó el resto a su casa. Explica cómo hallar qué porción de una bandeja de barras de frutas se llevó Eliza a su casa.

_____

_____

_____

7. **PIENSA MÁS** Tracy está limpiando luego de colocar baldosas en el baño. Hay cuatro cajas de baldosas abiertas. Cada caja tiene $\frac{5}{8}$ de baldosas en su interior. ¿Cuántas cajas de baldosas quedan? Sombrea el modelo y completa los cálculos que se muestran abajo para mostrar cómo has hallado tu respuesta.

$4 \times \frac{5}{8} = \dfrac{\boxed{}}{8} =$ _____ cajas de baldosas

8. **PRÁCTICAS Y PROCESOS MATEMÁTICOS ④** **Usa modelos** Tarique dibujó el siguiente modelo para un problema.
Escribe 2 problemas que puedan resolverse con este modelo. En uno de los
problemas se debe multiplicar un número entero por una fracción y en el otro se
debe multiplicar una fracción por un número entero.

Plantea los problemas.

Resuelve los problemas.

9. **PIENSA MÁS** ¿Cómo podrías cambiar el modelo para que el resultado sea $4\frac{4}{5}$?
Explícalo y escribe una nueva ecuación.

Multiplicar fracciones y números enteros

Objetivo de aprendizaje Usarás tiras y círculos fraccionarios para mostrar el producto de un número entero por una fracción y una fracción por un número entero.

Usa el modelo para hallar el producto.

1. $\frac{5}{12} \times 3 = \underline{\ \ \frac{5}{4} \text{ o } 1\frac{1}{4}\ \ }$

1	1	1
$\frac{1}{4}$ $\frac{1}{4}$ $\frac{1}{4}$ $\frac{1}{4}$	$\frac{1}{4}$ $\frac{1}{4}$ $\frac{1}{4}$ $\frac{1}{4}$	$\frac{1}{4}$ $\frac{1}{4}$ $\frac{1}{4}$ $\frac{1}{4}$

2. $3 \times \frac{3}{4} = \underline{\hspace{2cm}}$

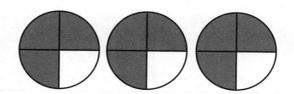

Halla el producto.

3. $\frac{2}{5} \times 5 = \underline{\hspace{2cm}}$

4. $7 \times \frac{2}{3} = \underline{\hspace{2cm}}$

5. $\frac{3}{8} \times 4 = \underline{\hspace{2cm}}$

6. $7 \times \frac{5}{6} = \underline{\hspace{2cm}}$

7. $\frac{5}{12} \times 6 = \underline{\hspace{2cm}}$

8. $9 \times \frac{2}{3} = \underline{\hspace{2cm}}$

Resolución de problemas

9. Josefina tiene una bolsa de papas de 5 libras. Usa $\frac{4}{5}$ de la bolsa para hacer una ensalada de papas. ¿Cuántas libras de papas usa Josefina para la ensalada?

10. Lucas vive a $\frac{5}{8}$ de milla de la escuela. Kenny vive el doble de lejos de la escuela que Lucas. ¿A cuántas millas de la escuela vive Kenny?

_____

_____

11. **ESCRIBE** ▸*Matemáticas* Explica cómo usar modelos para hallar $3 \times \frac{3}{4}$ y $\frac{3}{4} \times 3$. Incluye un dibujo de cada modelo.

_____

Repaso de la lección

1. En la clase de gimnasia, Ted corre $\frac{4}{5}$ de milla. Su maestro corre 6 veces esa distancia cada día. ¿Cuántas millas corre el maestro de Ted cada día?

_____

2. Jon decora un estandarte para un desfile. Usa un trozo de cinta roja que mide $\frac{3}{4}$ de yarda de longitud. Jon también necesita cinta azul cuya longitud sea 5 veces la longitud de la cinta roja. ¿Cuánta cinta azul necesita Jon?

_____

Repaso en espiral

3. La Escuela Primaria Mirror Lake ha organizado el viaje de la clase de quinto grado para 168 estudiantes y acompañantes. Cada autobús puede transportar a 54 personas. ¿Cuál es la cantidad mínima de autobuses que se necesitan para el viaje?

_____

4. De una tabla de 8 pies, un carpintero serruchó una sección que medía $2\frac{3}{4}$ pies de longitud y otra sección que medía $3\frac{1}{2}$ pies de longitud. ¿Cuánto quedó de la tabla?

_____

5. ¿Cuál es el valor de la expresión?

$$30 - 5 \times 4 + 2$$

_____

6. ¿Cuál de los siguientes números decimales tiene el menor valor? 0.3; 0.029; 0.003; 0.01

_____

PRACTICA MÁS CON EL
Entrenador personal
en matemáticas

Nombre _____

La multiplicación de fracciones y números enteros

Pregunta esencial ¿Cómo puedes hallar el producto de una fracción y un número entero sin usar un modelo?

Objetivo de aprendizaje Usarás modelos y registrarás el producto de un número entero por una fracción y una fracción por un número entero.

Soluciona el problema En el mundo

Charlene tiene cinco bolsas de 1 libra con arena de diferentes colores. Para un proyecto de arte, usará $\frac{3}{8}$ de libra de cada bolsa de arena para crear un frasco de arena decorativo. ¿Cuánta arena habrá en el frasco de Charlene?

- ¿Cuánta arena hay en cada bolsa?

  _____

- ¿Charlene usará toda la arena de cada bolsa? Explica.

  _____

  _____

 Multiplica una fracción por un número entero.

REPRESENTA

- Sombrea el modelo para mostrar 5 grupos de $\frac{3}{8}$.

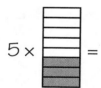

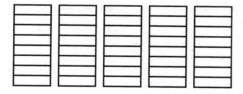

- Reorganiza las partes sombreadas para completar la mayor cantidad posible de enteros.

Entonces, hay _____ libras de arena en el frasco decorativo de Charlene.

ANOTA

- Escribe una expresión para representar el problema.

  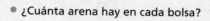 $5 \times \dfrac{3}{8}$ **Piensa:** Debo hallar 5 grupos de 3 partes de un octavo.

- Multiplica el número de partes de un octavo de cada entero por 5. Luego escribe el resultado como el número total de partes de un octavo.

   $\dfrac{\times}{8} = $ _____

- Escribe el resultado como un número mixto en su mínima expresión.

   ____ = ____

© Houghton Mifflin Harcourt Publishing Company

Charla matemática

PRÁCTICAS Y PROCESOS MATEMÁTICOS ⑤

Comunica Explica cómo puedes hallar cuánta arena le queda a Charlene.

🔑 Ejemplo Multiplica un número entero por una fracción.

Kirsten llevó a la escuela 4 hogazas de pan para preparar emparedados para la merienda de la clase. Sus compañeros usaron $\frac{2}{3}$ del pan. ¿Cuántas hogazas de pan se usaron en total?

<table>
<tr><td align="center">REPRESENTA</td><td align="center">ANOTA</td></tr>
</table>

REPRESENTA

- Sombrea el modelo para mostrar $\frac{2}{3}$ de 4.

Piensa: Puedo cortar las hogazas de pan en tercios y mostrar los $\frac{2}{3}$ que se usaron.

- Reorganiza las partes sombreadas para completar la mayor cantidad posible de enteros.

Entonces, se usaron _____ hogazas de pan.

ANOTA

- Escribe una expresión para representar el problema.

$$\frac{2}{3} \times 4$$

Piensa: Debo hallar $\frac{2}{3}$ de 4 enteros.

- Multiplica 4 por el número de partes de un tercio que hay en cada entero. Luego escribe el resultado como el número total de partes de un tercio.

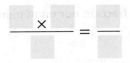

$$\frac{\times}{\ } = \frac{\ }{\ }$$

- Escribe el resultado como un número mixto.

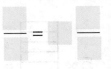

$$\frac{\ }{\ } = \frac{\ }{\ }$$

- **PRÁCTICAS Y PROCESOS MATEMÁTICOS 6** ¿Tendríamos la misma cantidad de pan si hubiera 4 grupos de $\frac{2}{3}$ de una hogaza de pan? **Explica.**

_____

¡Inténtalo! Halla el producto. Escríbelo en su mínima expresión.

A $4 \times \frac{7}{8}$

B $\frac{5}{9} \times 12$

Nombre _____

Halla el producto. Escríbelo en su mínima expresión.

1. $3 \times \frac{2}{5} =$ _____

- Multiplica el numerador por el número entero. Escribe el producto sobre el denominador.

- Escribe el resultado como un número mixto en su mínima expresión.

$$\frac{\quad \times \quad}{\quad} = \frac{\quad}{\quad}$$

$$\frac{\quad}{\quad} = \frac{\quad}{\quad}$$

2. $\frac{2}{3} \times 5 =$ _____

3. $6 \times \frac{2}{3} =$ _____

4. $\frac{5}{7} \times 4 =$ _____

Por tu cuenta

Práctica: Copia y resuelve Halla el producto. Escríbelo en su mínima expresión.

5. $\frac{3}{5} \times 11$

6. $3 \times \frac{3}{4}$

7. $\frac{5}{8} \times 3$

PRÁCTICAS Y PROCESOS MATEMÁTICOS ② Usa el razonamiento **Álgebra** Halla el dígito desconocido.

8. $\frac{\blacksquare}{2} \times 8 = 4$

$\blacksquare =$ _____

9. $\blacksquare \times \frac{5}{6} = \frac{20}{6}$ o $3\frac{1}{3}$

$\blacksquare =$ _____

10. $\frac{1}{\blacksquare} \times 18 = 3$

$\blacksquare =$ _____

11. **PIENSA MÁS** Patty quiere correr $\frac{5}{6}$ de milla cada día durante 5 días. Keisha quiere correr $\frac{3}{4}$ de milla cada día durante 6 días. ¿Quién correrá la mayor distancia?

_____

12. **MÁS AL DETALLE** Un panadero hizo 5 libras de masa. Usó $\frac{4}{9}$ de la masa para hacer pan para sándwiches. ¿Cuánta masa queda?

_____

Soluciona el problema (En el mundo)

13. Un cocinero quiere que haya suficiente pavo para 24 personas. Si quiere servir $\frac{3}{4}$ de libra de pavo a cada persona, ¿cuánto pavo necesita?

a. ¿Qué debes hallar? _____

_____

b. ¿Qué operación usarás? _____

c. ¿Qué información tienes? _____

_____

d. Resuelve el problema.

e. Completa las oraciones.

El cocinero quiere servir

_____ de libra de pavo a cada una de 24 personas.

Necesitará _____ × _____ o

_____ libras de pavo.

Entrenador personal en matemáticas

14. PIENSA MÁS + Julie está usando esta receta para hacer aderezo para ensaladas. Ella planea hacer 5 tandas del aderezo. Tiene 4 tazas de aceite vegetal.

Escribe una expresión de multiplicación para mostrar cuánto aceite vegetal se necesita para 5 tandas.

_____

¿Tiene Julie suficiente aceite vegetal para 5 tandas de aderezo para ensaladas?

_____

_____

Aderezo para ensaladas

$1\frac{1}{2}$ cucharaditas de paprika

1 cucharadita de mostaza en polvo

$1\frac{1}{2}$ cucharaditas de sal

$\frac{1}{8}$ de cucharadita de cebolla en polvo

$\frac{3}{4}$ de taza de aceite vegetal

$\frac{1}{4}$ de taza de vinagre

Nombre _____

La multiplicación de fracciones y números enteros

Objetivo de aprendizaje Usarás modelos y registrarás el producto de un número entero por una fracción y una fracción por un número entero.

Halla el producto. Escríbelo en su mínima expresión.

1. $4 \times \frac{5}{8} =$ _____ $2\frac{1}{2}$

$4 \times \frac{5}{8} = \frac{20}{8}$

$\frac{20}{8} = 2\frac{4}{8}$ o $2\frac{1}{2}$

2. $\frac{2}{9} \times 3 =$ _____

3. $\frac{4}{5} \times 10 =$ _____

4. $\frac{3}{4} \times 9 =$ _____

5. $8 \times \frac{5}{6} =$ _____

6. $7 \times \frac{1}{2} =$ _____

7. $\frac{2}{5} \times 6 =$ _____

8. $9 \times \frac{2}{3} =$ _____

9. $\frac{3}{10} \times 9 =$ _____

Resolución de problemas

10. Leah hace delantales para venderlos en una feria de artesanías. Necesita $\frac{3}{4}$ de yarda de material para hacer cada delantal. ¿Cuánto material necesita Leah para hacer 6 delantales?

11. El tanque de gasolina del carro del señor Tanaka contiene 15 galones de gasolina. La semana anterior usó $\frac{2}{3}$ de la gasolina del tanque. ¿Cuántos galones de gasolina usó el señor Tanaka?

12. **ESCRIBE** *Matemáticas* Escribe un problema que se pueda resolver multiplicando un número entero y una fracción. Incluye la solución.

Repaso de la lección

1. En el cine, Liz come $\frac{1}{4}$ de una caja de palomitas de maíz. Su amiga Kyra come el doble de palomitas de maíz que come Liz. ¿Qué cantidad de una caja de palomitas de maíz come Kyra?

_____

2. Ed demora 45 minutos para terminar su tarea de ciencias. Demora $\frac{2}{3}$ de ese tiempo para terminar su tarea de matemáticas. ¿Cuánto tiempo demora Ed para terminar su tarea de matemáticas?

_____

Repaso en espiral

3. ¿Cuál es la mejor estimación de este cociente?

$$591.3 \div 29$$

_____

4. Sandy compró $\frac{3}{4}$ de yarda de cinta roja y $\frac{2}{3}$ de yarda de cinta blanca para hacer algunos lazos para el cabello. ¿Cuántas yardas de cinta compró en total?

_____

5. Eric corrió $3\frac{1}{4}$ millas el lunes, $5\frac{5}{8}$ millas el martes y 8 millas el miércoles. Imagina que continúa con ese patrón el resto de la semana. ¿Qué distancia correrá Eric el viernes?

_____

6. Sharon compró 25 libras de carne molida e hizo 100 hamburguesas del mismo peso. ¿Cuál es el peso de cada hamburguesa?

_____

PRACTICA MÁS CON EL
Entrenador personal
en matemáticas

Multiplicar fracciones

Objetivo de aprendizaje Usarás modelos de área para mostrar el producto de dos fracciones.

Pregunta esencial ¿Cómo puedes usar un modelo de área para mostrar el producto de dos fracciones?

Investigar

Jane está haciendo bolsas de compras y bolsas de papel para el almuerzo, todas reutilizables. Necesita $\frac{3}{4}$ de yarda de tela para hacer una bolsa de compras. Para una bolsa de papel para el almuerzo se necesitan $\frac{2}{3}$ de la cantidad de material que se necesita para hacer la bolsa de compras. ¿Cuánto material necesita para hacer una bolsa de papel para el almuerzo?

Halla $\frac{2}{3}$ de $\frac{3}{4}$. **Materiales** ■ lápices de colores

A. Dobla una hoja de papel de forma vertical en 4 partes iguales. Usa los pliegues verticales como guía para sombrear $\frac{3}{4}$ de color amarillo.

B. Dobla el papel de forma horizontal en 3 partes iguales. Usa los pliegues horizontales como guía para sombrear de color azul $\frac{2}{3}$ de las secciones amarillas.

C. Cuenta el número de secciones en las que está doblado el papel entero.

- ¿Cuántos rectángulos se formaron

  al doblar el papel? _____

- ¿Qué fracción del papel entero

  representa un rectángulo? _____

D. Cuenta las secciones que están sombreadas dos veces y anota

el resultado. $\frac{2}{3} \times \frac{3}{4} =$ _____

Entonces, Jane necesita _____ de yarda de material para hacer una bolsa de papel para el almuerzo.

Sacar conclusiones

1. Explica por qué sombreaste de color azul $\frac{2}{3}$ de las secciones amarillas y no $\frac{2}{3}$ del papel entero.

   _____

   _____

2. **PRÁCTICAS Y PROCESOS MATEMÁTICOS ①** **Analiza** qué debes hallar si un modelo muestra $\frac{1}{2}$ hoja de papel sombreada de amarillo y $\frac{1}{3}$ de la sección amarilla sombreada de azul.

   _____

Hacer conexiones

Puedes hallar una parte de una parte de diferentes maneras. Tanto Marguerite como James resolvieron correctamente el problema $\frac{1}{3} \times \frac{3}{4}$ usando los pasos que se muestran a continuación.

Usa los pasos para mostrar cómo cada persona halló $\frac{1}{3} \times \frac{3}{4}$.

Marguerite

- Sombrea el modelo para mostrar $\frac{3}{4}$ del entero.

- ¿Cuántas partes de $\frac{1}{4}$ sombreaste?

  _____ partes de un cuarto

- Para hallar $\frac{1}{3}$ de $\frac{3}{4}$, encierra en un círculo $\frac{1}{3}$ de las tres partes de $\frac{1}{4}$ que están sombreadas.

- ¿Qué parte del entero representa $\frac{1}{3}$ de las partes

  sombreadas? _____ del entero

Entonces, $\frac{1}{3} \times \frac{3}{4}$ es _____.

James

- Sombrea el modelo para mostrar $\frac{3}{4}$ del entero.

- Divide cada parte de $\frac{1}{4}$ en tercios.

- ¿Qué parte del entero representa cada

  parte pequeña? _____

- Para hallar $\frac{1}{3}$ de $\frac{3}{4}$, encierra en un círculo $\frac{1}{3}$ de cada una de las tres partes de $\frac{1}{4}$ que están sombreadas.

- ¿Cuántas partes de $\frac{1}{12}$ encerraste en un círculo?

  _____ partes de un doceavo

Entonces, $\frac{1}{3} \times \frac{3}{4}$ es _____.

- **Plantea un problema** que pueda resolverse con la ecuación de arriba.

  _____

  _____

Comparte y muestra

Usa el modelo o _i_Tools para hallar el producto.

1.

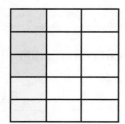

$\frac{3}{5} \times \frac{1}{3} =$ _____

2.

Encierra en un círculo $\frac{2}{3}$ de $\frac{3}{5}$.

$\frac{2}{3} \times \frac{3}{5} =$ _____

Nombre _____

Halla el producto. Dibuja un modelo.

✓ **3.** $\frac{2}{3} \times \frac{1}{5} =$ _____

✓ **4.** $\frac{1}{2} \times \frac{5}{6} =$ _____

5. $\frac{3}{5} \times \frac{1}{3} =$ _____

6. $\frac{3}{4} \times \frac{1}{6} =$ _____

Resolución de problemas • Aplicaciones

7. **PRÁCTICAS Y PROCESOS MATEMÁTICOS ❶** **Evalúa si es razonable** La receta de Ricardo para 4 panes requiere $\frac{2}{3}$ de taza de aceite de oliva. Él sólo quiere hacer 1 pan. Ricardo hace un modelo para hallar cuánto aceite necesita usar. Dobla una hoja de papel en tres partes y sombrea dos partes. Luego dobla el papel en cuatro partes y sombrea $\frac{1}{4}$ de la parte sombreada. Ricardo decide que necesita $\frac{1}{4}$ de taza de aceite de oliva. ¿Tiene razón? Explica.

_____

_____

_____

8. **MÁS AL DETALLE** Después de que Sam termina su almuerzo, quedan tres cuartos de un guisado de espinaca. Jackie y Alicia toman cada una $\frac{1}{2}$ de lo que sobró. Jackie come solamente $\frac{2}{3}$ de su porción. ¿Qué fracción del guisado entero comió Jackie? Dibuja un modelo.

_____

PIENSA MÁS **¿Cuál es el error?**

9. Cheryl y Marcus van a preparar 2 tandas de pastelitos. El tamaño de la tanda más pequeña es $\frac{2}{3}$ del tamaño de la tanda más grande. La receta de la tanda más grande requiere $\frac{3}{5}$ de taza de agua. ¿Cuánta agua necesitarán para hacer la tanda más pequeña?

Hicieron un modelo para representar el problema. Cheryl dice que necesitan $\frac{6}{9}$ de taza de agua. Marcus dice que necesitan $\frac{2}{5}$ de taza de agua. ¿Quién tiene razón? Explica.

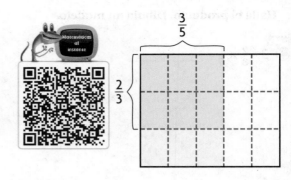

_____

_____

_____

_____

_____

10. **PIENSA MÁS**   Un granjero llevó al mercado $\frac{2}{3}$ de las fresas que cosechó. En el mercado, el granjero vendió $\frac{1}{4}$ de las fresas. ¿Cómo puedes saber qué parte de las fresas que el granjero cosechó se vendieron en el mercado? En los ejercicios 10a a 10d, elige el número que hace que la oración sea verdadera.

10a. Dibujo una matriz rectangular con 3 hileras y
$$\begin{array}{c} 3 \\ 4 \\ 5 \end{array}$$
columnas.

10b. Sombreo
$$\begin{array}{c} 1 \\ 2 \\ 3 \end{array}$$
de las hileras de gris.

10c. Sombreo
$$\begin{array}{c} 2 \\ 3 \\ 4 \end{array}$$
de los cuadrados grises de negro.

10d. El granjero vendió
$$\begin{array}{c} \frac{3}{8} \\ \frac{1}{4} \\ \frac{1}{6} \end{array}$$
de sus fresas en el mercado.

Multiplicar fracciones

Objetivo de aprendizaje Usarás modelos de área para mostrar el producto de dos fracciones.

Halla el producto.

1.

$\frac{1}{4} \times \frac{2}{3} =$ __$\frac{2}{12}$ o $\frac{1}{6}$__

2.

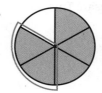

$\frac{2}{5} \times \frac{5}{6} =$ _____

Halla el producto. Dibuja un modelo.

3. $\frac{4}{5} \times \frac{1}{2} =$ _____

4. $\frac{3}{4} \times \frac{1}{3} =$ _____

5. $\frac{3}{8} \times \frac{2}{3} =$ _____

6. $\frac{3}{5} \times \frac{3}{5} =$ _____

Resolución de problemas

7. Nora tiene un pedazo de cinta que mide $\frac{3}{4}$ de yarda de longitud. Usará $\frac{1}{2}$ cinta para hacer un lazo. ¿Qué longitud de la cinta usará para hacer el lazo?

8. Marlon compró $\frac{7}{8}$ de libra de pavo en la tienda de comestibles. Usó $\frac{2}{3}$ de esa cantidad para hacer sándwiches para el almuerzo. ¿Qué cantidad del pavo usó Marlon para hacer los sándwiches?

Repaso de la lección

1. Tina tiene $\frac{3}{5}$ de libra de arroz. Usará $\frac{2}{3}$ de esa cantidad para preparar arroz frito para su familia. ¿Qué cantidad de arroz usará Tina para preparar arroz frito?

_____

2. El Sendero de la Cascada tiene una longitud de $\frac{3}{4}$ de milla. A $\frac{1}{6}$ de distancia del comienzo del sendero hay un mirador. ¿A qué distancia en millas se encuentra el mirador del comienzo del sendero?

_____

Repaso en espiral

3. Hayden compró 48 tarjetas de colección nuevas. Tres cuartos de las nuevas tarjetas son de béisbol. ¿Cuántas tarjetas de béisbol compró Hayden?

_____

4. Ayer, Annie caminó $\frac{9}{10}$ de milla hasta la casa de su amiga. Juntas, caminaron $\frac{1}{3}$ de milla hasta la biblioteca. ¿Cuál es la mejor estimación de la distancia total que caminó Annie ayer?

_____

5. Erin va a coser una chaqueta y una falda. Necesita $2\frac{3}{4}$ yardas de material para la chaqueta y $1\frac{1}{2}$ yardas para la falda. En total, ¿cuántas yardas de material necesita Erin?

_____

6. Simplifica la siguiente expresión.

$$[(3 \times 6) + (5 \times 2)] \div 7$$

_____

PRACTICA MÁS CON EL
Entrenador personal
en matemáticas

Nombre _____

Comparar los factores y los productos de las fracciones

Objetivo de aprendizaje Usarás un modelo de área para comparar el tamaño de un producto al tamaño de un factor, y una recta numérica para mostrar la relación entre productos cuando una fracción se multiplica o cambia por un número.

Pregunta esencial ¿Qué relación hay entre el tamaño del producto y el tamaño de un factor cuando se multiplican fracciones?

🔑 Soluciona el problema *En el mundo*

La multiplicación puede pensarse como un número que cambia el tamaño de otro número. Por ejemplo, 2 × 3 tendrá como resultado un producto que es 2 veces mayor que 3.

¿Qué ocurre con el tamaño de un producto cuando un número se multiplica por una fracción y no por un número entero?

🔑 De una manera Usa un modelo.

Ⓐ **Durante la semana, la familia Delgado se comió $\frac{3}{4}$ de una caja de cereal.**

- Sombrea el modelo para mostrar $\frac{3}{4}$ de una caja de cereal.

- Escribe una expresión para $\frac{3}{4}$ de 1 caja de cereal. $\frac{3}{4} \times$ _____

- ¿El producto será *igual, mayor* o *menor que* 1?

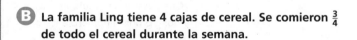

Ⓑ **La familia Ling tiene 4 cajas de cereal. Se comieron $\frac{3}{4}$ de todo el cereal durante la semana.**

- Sombrea el modelo para mostrar $\frac{3}{4}$ de 4 cajas de cereal.

- Escribe una expresión para $\frac{3}{4}$ de 4 cajas de cereal. $\frac{3}{4} \times$ _____

- ¿El producto será *igual, mayor* o *menor que* 4?

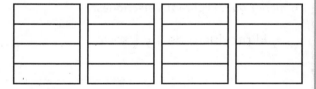

Ⓒ **La familia Carter tiene solamente $\frac{1}{2}$ caja de cereal al comenzar la semana. Se comieron $\frac{3}{4}$ de la $\frac{1}{2}$ caja de cereal.**

- Sombrea el modelo para mostrar $\frac{3}{4}$ de $\frac{1}{2}$ caja de cereal.

- Escribe una expresión para mostrar $\frac{3}{4}$ de $\frac{1}{2}$ caja de cereal. $\frac{3}{4} \times$ _____

- ¿El producto será *igual, mayor* o *menor que* $\frac{1}{2}$? ¿Y que $\frac{3}{4}$?

De otra manera Usa un diagrama.

Puedes usar un diagrama para mostrar la relación entre los productos cuando una fracción se multiplica o se amplía o reduce (cambia el tamaño) por un número.

Marca un punto para mostrar $\frac{3}{4}$ ampliado o reducido por 1, por $\frac{1}{2}$ y por 4.

A $1 \times \frac{3}{4}$

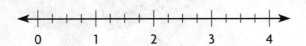

Piensa: Ubica $\frac{3}{4}$ en el diagrama y sombrea esa distancia desde 0. Luego marca un punto para mostrar 1 de $\frac{3}{4}$.

B $\frac{1}{2} \times \frac{3}{4}$

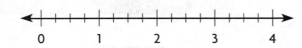

Piensa: Ubica $\frac{3}{4}$ en el diagrama y sombrea esa distancia desde 0. Luego marca un punto para mostrar $\frac{1}{2}$ de $\frac{3}{4}$.

C $4 \times \frac{3}{4}$

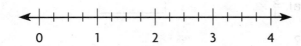

Piensa: Ubica $\frac{3}{4}$ en el diagrama y sombrea esa distancia desde 0. Luego marca un punto para mostrar 4 por $\frac{3}{4}$.

PRÁCTICAS Y PROCESOS MATEMÁTICOS 6 **Completa los enunciados con *igual a, mayor que* o *menor que*. Explica tus elecciones.**

- El producto de 1 y $\frac{3}{4}$ será _____ $\frac{3}{4}$.

  _____

- El producto de un número menor que 1 y $\frac{3}{4}$ será

  _____ $\frac{3}{4}$ y _____ el otro factor.

  _____

  _____

- El producto de un número mayor que 1 y $\frac{3}{4}$ será

  _____ $\frac{3}{4}$ y _____ el otro factor.

  _____

  _____

Charla matemática

PRÁCTICAS Y PROCESOS MATEMÁTICOS 2

Razona de forma abstracta ¿Qué pasaría si se multiplicara $\frac{3}{5}$ por $\frac{1}{6}$ o por el número entero 7? ¿Serían los productos iguales, mayores o menores que $\frac{3}{5}$? Explica.

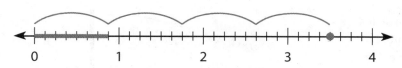

Completa el enunciado con _igual a, mayor que_ o _menor que._

1. $4 \times \frac{7}{8}$ será _____ $\frac{7}{8}$.

0   1   2   3   4

☑ **2.** $\frac{3}{5} \times \frac{2}{7}$ será _____ $\frac{3}{5}$.

☑ **3.** $\frac{5}{8} \times 6$ será _____ $\frac{5}{8}$.

Por tu cuenta

Completa el enunciado con _igual a, mayor que_ o _menor que._

4. $\frac{7}{8} \times \frac{3}{5}$ será _____ $\frac{3}{5}$.

5. $7 \times \frac{9}{10}$ será _____ $\frac{9}{10}$.

6. $5 \times \frac{1}{3}$ será _____ $\frac{1}{3}$.

7. $\frac{6}{11} \times 1$ será _____ $\frac{6}{11}$.

Resolución de problemas • Aplicaciones

8. Peter quiere ver television $\frac{2}{3}$ de las horas que vio televisión la semana pasada. ¿Pasará más o menos horas viendo televisión esta semana?

_____

9. _MÁS AL DETALLE_ La Sra. Rodríguez tiene 18 paquetes de bolígrafos en su tienda el lunes. El martes tiene $\frac{5}{6}$ del número de bolígrafos que tenía el lunes. El miércoles tiene $\frac{2}{5}$ del número de bolígrafos que tenía el martes. ¿Cuántos paquetes de bolígrafos tiene el miércoles?

_____

10. _PRÁCTICAS Y PROCESOS MATEMÁTICOS ②_ **Representa un problema** Ariel sale a correr durante $\frac{5}{6}$ de hora. El día siguiente corre $\frac{3}{4}$ de ese tiempo. ¿Corre más o menos tiempo el segundo día? Dibuja un diagrama o haz un modelo para representar el problema.

_____

Conectar con el Arte

Un modelo a escala es una representación de un objeto con la misma forma que el objeto real. Los modelos pueden ser más grandes o más pequeños que el objeto real, pero suelen ser más pequeños.

Los arquitectos suelen hacer modelos a escala de los edificios o las estructuras que planean construir. Los modelos pueden darles una idea de cómo se verá la estructura una vez terminada. Todas las medidas del edificio se amplían o se reducen por el mismo factor.

Bob está construyendo un modelo a escala de su bicicleta. Quiere que su modelo tenga $\frac{1}{5}$ de la longitud de su bicicleta.

11. Si la biciceta de Bob mide 60 pulgadas de longitud, ¿cuál será la longitud de su modelo? _____

12. **PIENSA MÁS** Si una de las ruedas del modelo de Bob mide 4 pulgadas de ancho, ¿cuántas pulgadas de ancho mide la rueda real de su bicicleta? Explica.

_____

_____

_____

Entrenador personal en matemáticas

13. **PIENSA MÁS +** Escribe cada expresión de multiplicación en el recuadro correcto.

$$\frac{5}{6} \times \frac{2}{3} \qquad 2 \times \frac{5}{6} \qquad \frac{5}{6} \times \frac{4}{4} \qquad \frac{5}{6} \times \frac{7}{3} \qquad \frac{10}{10} \times \frac{5}{6} \qquad \frac{5}{6} \times \frac{5}{6}$$

El producto es igual a $\frac{5}{6}$.	El producto es mayor que $\frac{5}{6}$.	El producto es menor que $\frac{5}{6}$.

Comparar los factores y los productos de las fracciones

Objetivo de aprendizaje Usarás un modelo de área para comparar el tamaño de un producto al tamaño de un factor, y una recta numérica para mostrar la relación entre productos cuando una fracción se multiplica o cambia por un número.

Completa los enunciados con *igual a, mayor que* **o** *menor que.*

1. $\frac{3}{5} \times \frac{4}{7}$ será _____ menor que _____ $\frac{4}{7}$.

Piensa: $\frac{4}{7}$ **está multiplicado por un número menor que 1; entonces,** $\frac{3}{5} \times \frac{4}{7}$ **será menor que** $\frac{4}{7}$.

2. $5 \times \frac{7}{8}$ será _____ $\frac{7}{8}$.

3. $6 \times \frac{2}{5}$ será _____ $\frac{2}{5}$.

4. $\frac{1}{9} \times 1$ será _____ $\frac{1}{9}$.

5. $\frac{4}{9} \times \frac{3}{8}$ será _____ $\frac{3}{8}$.

6. $\frac{4}{5} \times \frac{7}{7}$ será _____ $\frac{4}{5}$.

Resolución de problemas · En el mundo

7. Starla prepara chocolate caliente. Quiere multiplicar la receta por 4 para preparar suficiente chocolate caliente para toda la clase. Si la receta lleva $\frac{1}{2}$ cucharadita de extracto de vainilla, ¿necesitará más de $\frac{1}{2}$ cucharadita o menos de $\frac{1}{2}$ cucharadita de extracto de vainilla para preparar la cantidad total de chocolate caliente?

8. Esta semana, Miguel planea andar en bicicleta $\frac{2}{3}$ de las horas que anduvo la semana anterior. ¿Andará Miguel esta semana más o menos horas en bicicleta que la semana anterior?

_____

_____

9. **ESCRIBE** ▸*Matemáticas* Explica cómo puedes comparar el tamaño de un producto con el tamaño de un factor en la multiplicación de fracciones sin realizar la multiplicación. Incluye un modelo.

_____

Repaso de la lección

1. Trevor ahorra $\frac{2}{3}$ del dinero que gana en el trabajo que tiene después de la escuela. Imagina que Trevor comienza a ahorrar $\frac{1}{4}$ de lo que está ahorrando ahora. ¿Ahorrará menos, más o la misma cantidad de dinero?

_____

_____

2. Imagina que multiplicas un número entero mayor que 1 por la fracción $\frac{3}{5}$. ¿El producto será mayor, menor o igual que $\frac{3}{5}$?

_____

_____

Repaso en espiral

3. Durante los próximos 10 meses, Colin quiere ahorrar $900 para sus vacaciones. Planea ahorrar $75 en cada uno de los primeros 8 meses. ¿Cuánto deberá ahorrar en cada uno de los últimos 2 meses para alcanzar su meta si ahorra la misma cantidad en cada mes?

_____

4. ¿Cuánto cuestan en total 0.5 libras de duraznos que se venden a $0.80 la libra y 0.7 libras de naranjas que se venden a $0.90 la libra?

_____

5. Megan hizo una caminata de 15.12 millas en 6.3 horas. Si Megan caminó la misma cantidad de millas cada hora, ¿qué distancia caminó cada hora?

_____

6. La distancia desde Eaton hasta Baxter es $42\frac{1}{2}$ millas y la distancia desde Baxter hasta Wellington es $37\frac{4}{5}$ millas. ¿Cuál es la distancia desde Eaton hasta Wellington si se pasa por Baxter?

_____

© Houghton Mifflin Harcourt Publishing Company

PRACTICA MÁS CON EL
Entrenador personal
en matemáticas

La multiplicación de fracciones

Pregunta esencial ¿Cómo se multiplican las fracciones?

Objetivo de aprendizaje Multiplicarás fracciones con y sin modelos fraccionarios visuales y analizarás los resultados.

🔑 Soluciona el problema

A Sasha le falta tejer $\frac{3}{5}$ de una bufanda. Si hoy termina $\frac{1}{2}$ de lo que le falta, ¿qué parte de la bufanda tejerá Sasha hoy?

Multiplica. $\frac{1}{2} \times \frac{3}{5}$

- ¿Qué parte de la bufanda le falta tejer a Sasha?

  _____

- De la parte que le falta tejer, ¿qué fracción terminará hoy?

  _____

🔓 De una manera Usa un modelo.

- Sombrea $\frac{3}{5}$ del modelo de color amarillo.

- Dibuja una línea horizontal en el rectángulo para dividirlo en 2 partes iguales.

- Sombrea de color azul $\frac{1}{2}$ de las secciones amarillas.

- Cuenta las secciones que están sombreadas dos veces y escribe una fracción para representar las partes del entero que están sombreadas dos veces.

$$\frac{1}{2} \times \frac{3}{5} = \underline{\qquad}$$

- Compara el numerador y el denominador del producto con el numerador y el denominador de los factores. **Describe** lo que observas.

  _____

  _____

  _____

🔓 De otra manera Usa lápiz y papel.

Puedes multiplicar fracciones sin usar un modelo.

- Multiplica los numeradores.

- Multiplica los denominadores.

$$\frac{1}{2} \times \frac{3}{5} = \frac{1 \times \quad}{2 \times \quad}$$

$$= \frac{\quad}{\quad}$$

Entonces, Sasha tejerá hoy _____ de la bufanda.

RELACIONA Recuerda que puedes escribir un número entero como una fracción con 1 como denominador.

 **Ejemplo**

Halla $4 \times \frac{5}{12}$. **Escribe el producto en su mínima expresión.**

$$4 \times \frac{5}{12} = \frac{4}{} \times \frac{5}{12}$$

Escribe el número entero como una fracción.

$$= \frac{4 \times }{ \times } = \frac{}{}$$

Multiplica los numeradores.
Multiplica los denominadores.

$$= \frac{ \div }{12 \div } = \frac{}{} \ o \ $$

Escribe el producto como una fracción o como un número mixto en su mínima expresión.

Charla matemática PRÁCTICAS Y PROCESOS MATEMÁTICOS ①

Evalúa si es razonable ¿Es razonable el resultado? Explica.

Entonces, $4 \times \frac{5}{12} =$ _____ o _____.

¡Inténtalo! **Evalúa** $c \times \frac{4}{5}$ **para** $c = \frac{2}{2}$.

- ¿De qué otra forma se puede escribir el valor de c? _____

- ¿Qué sucede cuando multiplicas un número entero por 1?

  _____

- Reemplaza c en la expresión por _____.

- Multiplica los numeradores.

- Multiplica los denominadores.

- ¿Qué notas en el producto?

  _____

$$\frac{}{} \times \frac{4}{5}$$

$$\frac{ \times }{ \times } = \frac{}{}$$

$$\frac{}{} = \frac{}{}$$

Entonces, multiplicar $c \times \frac{4}{5}$ es igual a _____ cuando $c = \frac{2}{2}$.

- **PRÁCTICAS Y PROCESOS MATEMÁTICOS ③** **Usa el razonamiento** ¿Obtendrás el mismo resultado si multiplicas $\frac{4}{5}$ por cualquier fracción con un numerador y denominador que son el mismo dígito? Explica.

  _____

  _____

Comparte y muestra

Halla el producto. Escríbelo en su mínima expresión.

1. $6 \times \frac{3}{8}$

$$\frac{6}{1} \times \frac{3}{8} = \underline{}$$

_____

2. $\frac{3}{8} \times \frac{8}{9}$

_____

3. $\frac{2}{3} \times 27$

_____

4. $\frac{5}{12} \times \frac{3}{5}$

_____

5. $\frac{1}{2} \times \frac{3}{5}$

_____

6. $\frac{2}{3} \times \frac{4}{5}$

_____

7. $\frac{1}{3} \times \frac{5}{8}$

_____

8. $4 \times \frac{1}{5}$

_____

Charla matemática PRÁCTICAS Y PROCESOS MATEMÁTICOS ⑥

Explica cómo hallar el producto $\frac{1}{6} \times \frac{2}{3}$ en su mínima expresión.

Por tu cuenta

Halla el producto. Escríbelo en su mínima expresión.

9. $2 \times \frac{1}{8}$

_____

10. $\frac{4}{9} \times \frac{4}{5}$

_____

11. $\frac{1}{12} \times \frac{2}{3}$

_____

12. $\frac{1}{7} \times 30$

_____

13. $\frac{2}{5} \times \frac{4}{7}$

_____

14. $\frac{7}{8} \times \frac{4}{5}$

_____

15. $\frac{2}{3} \times \frac{8}{8}$

_____

16. $5 \times \frac{4}{5}$

_____

17. De las mascotas que hay en una exhibición, $\frac{5}{6}$ son gatos y $\frac{4}{5}$ de los gatos tienen manchas. ¿Qué fracción de las mascotas son gatos con manchas?

_____

18. _MÁS AL DETALLE_ Cada gato de un grupo de cinco se comió $\frac{1}{4}$ de taza de alimento enlatado y $\frac{1}{4}$ de taza de alimento seco. ¿Cuánta comida comieron entre todos?

_____

Resolución de problemas · Aplicaciones

El patinaje de velocidad es un deporte popular en los Juegos Olímpicos de invierno. Muchos atletas jóvenes de los Estados Unidos participan en clubes y en campamentos de patinaje de velocidad.

19. En un campamento de Green Bay, Wisconsin, $\frac{7}{9}$ de los participantes eran de Wisconsin. De ese grupo, $\frac{3}{5}$ tenían 12 años de edad. ¿Qué fracción del grupo era de Wisconsin y tenía 12 años de edad?

_____

20. **PIENSA MÁS** Maribel quiere patinar $1\frac{1}{2}$ millas el lunes. Si ella patina $\frac{9}{10}$ de milla el lunes por la mañana y $\frac{2}{3}$ de esa distancia el lunes por la tarde, ¿logrará su objetivo? Explica.

_____

_____

21. **PRÁCTICAS Y PROCESOS MATEMÁTICOS ②** **Razona de forma cuantitativa** El primer día de campamento, $\frac{5}{6}$ de los patinadores eran principiantes. De los principiantes, $\frac{1}{3}$ eran niñas. ¿Qué fracción de los patinadores eran niñas y principiantes? Explica por qué tu resultado es razonable.

_____

22. **PIENSA MÁS** Un científico tenía $\frac{3}{5}$ de litro de solución. Usó $\frac{1}{6}$ de la solución para un experimento. ¿Cuánta solución usó el científico para el experimento? Usa los números de los recuadros para completar el cálculo. Puedes usar los números más de una vez o no usarlos para nada.

$$\frac{1}{6} \times \frac{3}{5} = \frac{1 \times \boxed{}}{6 \times \boxed{}} = \frac{\boxed{}}{\boxed{}} = \frac{\boxed{}}{\boxed{}}$$

1	2	3	4
5	10	20	30

_____ de litro

La multiplicación de fracciones

Objetivo de aprendizaje Multiplicarás fracciones con y sin modelos fraccionarios visuales y analizarás los resultados.

Halla el producto. Escríbelo en su mínima expresión.

1. $\dfrac{4}{5} \times \dfrac{7}{8} = \dfrac{4 \times 7}{5 \times 8}$

$= \dfrac{28}{40}$

$= \dfrac{7}{10}$

2. $3 \times \dfrac{1}{6}$

3. $\dfrac{5}{9} \times \dfrac{3}{4}$

4. $\dfrac{4}{7} \times \dfrac{1}{2}$

5. $\dfrac{1}{8} \times 20$

6. Karen rastrilló $\dfrac{3}{5}$ del jardín. Minni rastrilló $\dfrac{1}{3}$ del área que rastrilló Karen. ¿Qué porción del jardín rastrilló Minni?

7. En la exhibición de mascotas, $\dfrac{3}{8}$ de estas son perros. De los perros, $\dfrac{2}{3}$ tienen pelo largo. ¿Qué fracción de las mascotas son perros con pelo largo?

Álgebra **Evalúa para el valor dado de la variable.**

8. $\dfrac{7}{8} \times c$ para $c = 8$

9. $t \times \dfrac{3}{4}$ para $t = \dfrac{8}{9}$

10. $\dfrac{1}{2} \times s$ para $s = \dfrac{3}{10}$

11. $y \times 6$ para $y = \dfrac{2}{3}$

Resolución de problemas

12. Jason corrió $\dfrac{5}{7}$ de la distancia total de la pista de la escuela. Sara corrió $\dfrac{4}{5}$ de la distancia que corrió Jason. ¿Qué fracción de la distancia total de la pista corrió Sara?

13. Un grupo de estudiantes asiste a un club de matemáticas. La mitad de los estudiantes son varones y $\dfrac{4}{9}$ de ellos tienen ojos color café. ¿Qué fracción del grupo son varones que tienen ojos color café?

14. **ESCRIBE** ▸*Matemáticas* Explica en qué se parece multiplicar fracciones a multiplicar números enteros y en qué se diferencia.

_____

Repaso de la lección

1. Fritz asistió durante $\frac{5}{6}$ de hora al ensayo de la banda. Luego fue a su casa y practicó durante $\frac{2}{5}$ del tiempo que estuvo en el ensayo. ¿Cuántos minutos practicó en su casa?

_____

2. Darlene leyó $\frac{5}{8}$ de un libro de 56 páginas. ¿Cuántas páginas leyó Darlene?

_____

Repaso en espiral

3. ¿Cuál es el cociente de $\frac{18}{1,000}$?

_____

4. Una máquina produce 1,000 bolos de boliche por hora y cada uno está valorado en $8.37. ¿Cuál es el valor total de los bolos producidos en 1 hora?

_____

5. Keith tenía $8\frac{1}{2}$ tazas de harina. Usó $5\frac{2}{3}$ tazas para hacer pan. ¿Cuántas tazas de harina le quedaron a Keith?

_____

6. El sendero del lago Azul tiene una longitud de $11\frac{3}{8}$ millas. Gemma ha recorrido $2\frac{1}{2}$ millas por hora durante 3 horas. ¿A qué distancia del final del sendero está?

_____

PRACTICA MÁS CON EL
Entrenador personal
en matemáticas

Nombre _____

 Revisión de la mitad del capítulo

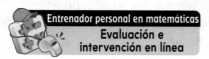
Entrenador personal en matemáticas
Evaluación e
intervención en línea

Conceptos y destrezas

1. **Explica** cómo representarías $5 \times \frac{2}{3}$.

_____

_____

2. Cuando multiplicas $\frac{2}{3}$ por una fracción menor que uno, ¿qué relación hay entre el producto y los factores? **Explica.**

_____

_____

Halla el producto. Escribe el producto en su mínima expresión.

3. $\frac{2}{3} \times 6$

_____

4. $\frac{4}{5} \times 7$

_____

5. $8 \times \frac{5}{7}$

_____

6. $\frac{7}{8} \times \frac{3}{8}$

_____

7. $\frac{1}{2} \times \frac{3}{4}$

_____

8. $\frac{7}{8} \times \frac{4}{7}$

_____

9. $2 \times \frac{3}{11}$

_____

10. $\frac{5}{8} \times \frac{2}{3}$

_____

11. $\frac{7}{12} \times 8$

_____

Completa el enunciado con *igual a, mayor que* o *menor que*.

12. $3 \times \frac{2}{3}$ será _____ 3.

13. $\frac{5}{7} \times 3$ será _____ $\frac{5}{7}$.

14. MÁS AL DETALLE   En la cena, quedaron $\frac{5}{6}$ de una tarta de manzana. Víctor planea comer mañana $\frac{1}{6}$ de la tarta que quedó. ¿Qué parte de la tarta entera comerá mañana?

_____

15. Everett y Marie van a preparar barras de frutas para una reunión familiar. Quieren preparar 4 veces la cantidad que indica la receta. Si para preparar la receta se necesitan $\frac{2}{3}$ de taza de aceite, ¿cuánto aceite necesitarán?

_____

16. Matt hizo el siguiente modelo como ayuda para resolver su problema de matemáticas. Escribe una expresión que coincida con el modelo de Matt.

_____

Nombre _____

El área y los números mixtos

Pregunta esencial ¿Cómo puedes usar una ficha cuadrada unitaria para hallar el área de un rectángulo cuyos lados tienen longitudes en forma de fracciones?

Objetivo de aprendizaje Usarás fichas cuadradas y modelos de área para calcular el área de rectángulos con longitudes en fracciones unitarias o números mixtos.

Investigar

Puedes usar fichas cuadradas cuya longitud de los lados sea una fracción unitaria para hallar el área de un rectángulo.

Li quiere cubrir el piso rectangular de su armario con losetas. El piso mide $2\frac{1}{2}$ pies por $3\frac{1}{2}$ pies. Quiere usar la menor cantidad posible de losetas y no quiere cortar ninguna. Las losetas se fabrican en tres tamaños: 1 pie por 1 pie, $\frac{1}{2}$ pie por $\frac{1}{2}$ pie y $\frac{1}{4}$ de pie por $\frac{1}{4}$ de pie. Elige la loseta que debe usar Li. ¿Cuál es el área del piso del armario?

A. Elige la loseta más grande que pueda usar Li para cubrir el piso del armario y evitar que queden espacios entre las losetas o que estas se superpongan.

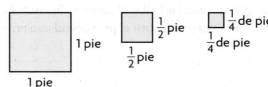

- ¿Qué loseta debe elegir Li? **Explica.** _____

_____

_____

B. En la cuadrícula, sea cada cuadrado las dimensiones de la loseta que elegiste. Haz un diagrama del piso.

C. Cuenta los cuadrados que hay en tu diagrama.

- ¿Cuántos cuadrados cubren el diagrama?

_____ × _____ o _____ cuadrados

- ¿Cuál es el área de la loseta que elegiste? _____

- Como 1 cuadrado de tu diagrama representa un área de _____ de pie cuadrado

el área representada por _____ cuadrados es _____ × _____

o _____ pies cuadrados.

Entonces, el área del piso escrita como un número mixto es

_____ pies cuadrados.

Charla matemática PRÁCTICAS Y PROCESOS MATEMÁTICOS ⑤

Comunica Explica cómo hallaste el área de la loseta que elegiste.

1. Usando la fórmula del área, escribe una expresión de multiplicación que podría ser usada para encontrar el área del piso.

   _____

2. **PRÁCTICAS Y PROCESOS MATEMÁTICOS 4** **Escribe una expresión** Vuelve a escribir la expresión con fracciones mayores que 1 y calcula el área. ¿Es igual a lo que encontraste en el modelo?

   _____

3. ¿Cuántas losetas de $\frac{1}{4}$ de pie por $\frac{1}{4}$ de pie necesitaría Li para cubrir una loseta de $\frac{1}{2}$ pie por $\frac{1}{2}$ pie? _____

4. ¿Cómo podrías hallar el número de losetas de $\frac{1}{4}$ de pie por $\frac{1}{4}$ de pie que se necesitan para cubrir el piso del mismo armario?

   _____

   _____

$\frac{1}{2}$ pie

$\frac{1}{2}$ pie

Hacer conexiones

A veces es más fácil multiplicar números mixtos si los descompones en números enteros y fracciones.

Usa un modelo de área para resolver el ejercicio. $1\frac{3}{5} \times 2\frac{3}{4}$

PASO 1 Vuelve a escribir cada número mixto como la suma de un número entero y una fracción.

   $1\frac{3}{5} =$ _____ $2\frac{3}{4} =$ _____

PASO 2 Dibuja un modelo de área para mostrar el problema de multiplicación original.

PASO 3 Dibuja líneas discontinuas y rotula cada sección para mostrar cómo descompusiste los números mixtos en el Paso 1.

PASO 4 Halla el área de cada sección.

PASO 5 Suma el área de cada sección para hallar el área total del rectángulo.

   _____

Entonces, el producto de $1\frac{3}{5} \times 2\frac{3}{4}$ es _____.

Nombre _____

Usa la cuadrícula para hallar el área. Sea cada cuadrado
$\frac{1}{3}$ **de metro por** $\frac{1}{3}$ **de metro.**

1. $1\frac{2}{3} \times 1\frac{1}{3}$

- Haz un diagrama para representar las dimensiones.

- ¿Cuántos cuadrados cubren el diagrama? _____

- ¿Cuál es el área de cada cuadrado? _____

- ¿Cuál es el área del diagrama? _____

Usa la cuadrícula para hallar el área. Sea cada cuadrado
$\frac{1}{4}$ **de pie por** $\frac{1}{4}$ **de pie.**

2. $1\frac{3}{4} \times 1\frac{2}{4} =$ _____

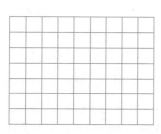

El área es _____ pies cuadrados.

3. $1\frac{1}{4} \times 1\frac{1}{2} =$ _____

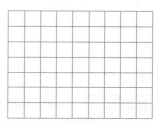

El área es _____ pies cuadrados.

Usa un modelo de área para resolver los ejercicios.

4. $1\frac{3}{4} \times 2\frac{1}{2}$

_____

5. $1\frac{3}{8} \times 2\frac{1}{2}$

_____

6. $1\frac{1}{9} \times 1\frac{2}{3}$

_____

7. **PRÁCTICAS Y PROCESOS MATEMÁTICOS ②** **Usa el razonamiento** Explica qué relación hay entre hallar el área de un rectángulo en el que la longitud de los lados está expresada con un número entero y hallar el área de un rectángulo en el que la longitud de los lados está expresada con una fracción.

_____

_____

_____

Resolución de problemas • Aplicaciones En el mundo

PIENSA MÁS   Plantea un problema

8. Terrance está diseñando un jardín.
    Hizo el siguiente diagrama de su jardín.
    Plantea un problema con números
    mixtos que se pueda resolver con su
    diagrama.

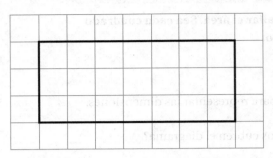

Plantea un problema.

Resuelve tu problema.

9. MÁS AL DETALLE   La recámara de Tucker es un rectángulo que mide $3\frac{1}{3}$ yardas por $4\frac{1}{2}$ yardas.
    Su padre compra dos alfombras que tienen una longitud de 4 yardas cada una. Una de las
    alfombras tiene un área de 16 yardas cuadradas. La otra tiene 12 yardas cuadradas. ¿Qué
    alfombra entrará en la recámara de Tucker? Explica.

10. PIENSA MÁS   El jardín de Nancy tiene las dimensiones que se
     muestran en la gráfica. Ella necesita hallar el área del jardín para saber
     cuánta tierra fértil debe comprar. Completa el modelo de área que se
     muestra a continuación para hallar el área.

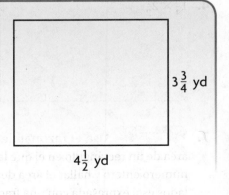

$3\frac{3}{4}$ yd

$4\frac{1}{2}$ yd

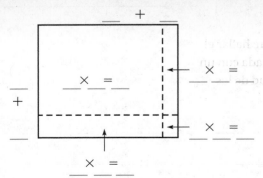

El área del jardín es _____ yardas cuadradas.

El área y los números mixtos

Objetivo de aprendizaje Usarás fichas cuadradas y modelos de área para calcular el área de rectángulos con longitudes en fracciones unitarias o números mixtos.

Usa la cuadrícula para hallar el área.

1. Sea cada cuadrado $\frac{1}{4}$ de unidad por $\frac{1}{4}$ de unidad.

$2\frac{1}{4} \times 1\frac{1}{2} = $ $\underline{\quad 3\frac{3}{8} \quad}$

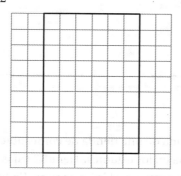

___54___ cuadrados cubren el diagrama.

Cada cuadrado es $\underline{\quad \frac{1}{16} \quad}$ de unidad cuadrada.
El área del diagrama es

$\underline{54 \times \frac{1}{16} = \frac{54}{16} = 3\frac{3}{8}}$ unidades cuadradas.

2. Sea cada cuadrado $\frac{1}{3}$ de unidad por $\frac{1}{3}$ de unidad.

$1\frac{2}{3} \times 2\frac{1}{3} = $ _____

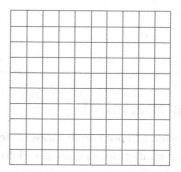

El área es _____ unidades cuadradas.

Usa un modelo de área para resolver los ejercicios.

3. $1\frac{3}{4} \times 2\frac{1}{2}$

4. $2\frac{2}{3} \times 1\frac{1}{3}$

5. $3\frac{3}{4} \times 2\frac{1}{2}$

_____   _____   _____

Resolución de problemas

6. El tapete de la recámara de Ava mide $2\frac{3}{4}$ pies de longitud y $2\frac{1}{2}$ pies de ancho. ¿Cuál es el área del tapete?

7. Una pintura mide $2\frac{2}{3}$ pies de longitud y $1\frac{1}{2}$ pies de altura. ¿Cuál es el área de la pintura?

_____   _____

8. **ESCRIBE** ▸ *Matemáticas* Dibuja una figura que tenga longitudes laterales fraccionarias. Describe cómo hallarías su área.

_____

Repaso de la lección

1. La base de una fuente es rectangular. Sus dimensiones son $1\frac{2}{3}$ pies por $2\frac{2}{3}$ pies. ¿Cuál es el área de la base de la fuente?

2. El piso de la sala de Bill está cubierto con losetas de alfombra. Cada loseta mide $1\frac{1}{2}$ pies de longitud por $2\frac{3}{5}$ pies de ancho. ¿Cuál es el área de una loseta?

Repaso en espiral

3. Lucy ganó $18 por cuidar niños el viernes y $20 por cuidar niños el sábado. El domingo, gastó la mitad del dinero que ganó. Escribe una expresión que se relacione con las palabras.

4. Una empleada de una tienda de comestibles coloca latas de sopa en los estantes. Tiene 12 cajas y cada una de ellas contiene 24 latas de sopa. En total, ¿cuántas latas de sopa colocará la empleada en los estantes?

5. ¿Cuál es la mejor estimación para el cociente de $5,397 \div 62$?

6. En un estacionamiento hay 45 vehículos. Tres quintos de los vehículos son minibuses. ¿Cuántos vehículos del estacionamiento son minibuses?

PRACTICA MÁS CON EL
Entrenador personal
en matemáticas

Nombre _____

Comparar los factores y los productos de los números mixtos

Objetivo de aprendizaje Usarás modelos de área y rectas numéricas para comparar el tamaño relativo de un producto cuando un factor es igual a 1, menor que 1 o mayor que 1.

Pregunta esencial ¿Qué relación hay entre el tamaño del producto y el tamaño de un factor cuando se multiplican fracciones mayores que uno?

Soluciona el problema

Puedes hacer generalizaciones acerca del tamaño relativo de un producto cuando un factor es igual a 1, menor que 1 o mayor que 1.

De una manera Usa un modelo.

Sherise tiene una receta para la que se necesitan $1\frac{1}{4}$ tazas de harina. Quiere saber cuánta harina necesitaría si preparara la receta como está escrita, si preparara la mitad de la receta y si preparara $1\frac{1}{2}$ veces la receta.

Sombrea los modelos para mostrar $1\frac{1}{4}$ ampliado o reducido por 1, por $\frac{1}{2}$ y por $1\frac{1}{2}$.

A $1 \times 1\frac{1}{4}$

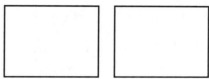

Piensa: Puedo usar lo que sé acerca de la propiedad de identidad

- ¿Qué puedes decir acerca del producto cuando $1\frac{1}{4}$ se multiplica por 1?

_____

B $\frac{1}{2} \times 1\frac{1}{4}$

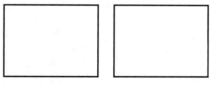

Piensa: El producto será igual a la mitad de la cantidad con la que comencé.

- ¿Qué puedes decir acerca del producto cuando $1\frac{1}{4}$ se multiplica por

  una fracción menor que 1? _____

C $1\frac{1}{2} \times 1\frac{1}{4} = \left(1 \times 1\frac{1}{4}\right) + \left(\frac{1}{2} \times 1\frac{1}{4}\right)$

  +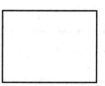

Piensa: El producto será igual a la cantidad con la que comencé y $\frac{1}{2}$ más.

- ¿Qué puedes decir acerca del producto cuando $1\frac{1}{4}$ se multiplica por un número mayor que 1?

  _____

Charla matemática

PRÁCTICAS Y PROCESOS MATEMÁTICOS ②

Razona de forma cuantitativa
Explica tu respuesta para la parte C.

RELACIONA También puedes usar un diagrama para mostrar la relación entre los productos cuando una fracción mayor que uno se multiplica o se amplía o se reduce (cambia el tamaño) por un número.

🔓 De otra manera Usa un diagrama.

Jake quiere entrenarse para una carrera en carretera. Quiere correr $2\frac{1}{2}$ millas el primer día. El segundo día quiere correr $\frac{3}{5}$ de la distancia que corre el primer día. El tercer día quiere correr $1\frac{2}{5}$ de la distancia que corre el primer día. ¿Qué distancia es mayor: la distancia del día 2 cuando corre $\frac{3}{5}$ de las $2\frac{1}{2}$ millas o la distancia del día 3 cuando corre $1\frac{2}{5}$ de las $2\frac{1}{2}$ millas?

Marca un punto en el diagrama para mostrar el tamaño del producto. Luego completa el enunciado con *igual a, mayor que* o *menor que*.

Ⓐ $1 \times 2\frac{1}{2}$

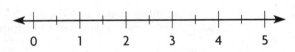

Piensa: Ubica $2\frac{1}{2}$ en el diagrama y sombrea esa distancia. Luego marca un punto para mostrar 1 de $2\frac{1}{2}$.

• El producto de 1 y $2\frac{1}{2}$ será _____ $2\frac{1}{2}$.

Ⓑ $\frac{3}{5} \times 2\frac{1}{2}$

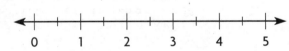

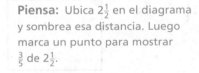

Piensa: Ubica $2\frac{1}{2}$ en el diagrama y sombrea esa distancia. Luego marca un punto para mostrar $\frac{3}{5}$ de $2\frac{1}{2}$.

• El producto de un número menor que 1 y $2\frac{1}{2}$

es _____ $2\frac{1}{2}$.

Ⓒ $1\frac{2}{5} \times 2\frac{1}{2} = \left(1 \times 2\frac{1}{2}\right) + \left(\frac{2}{5} \times 2\frac{1}{2}\right)$

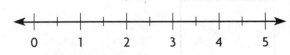

Piensa: Ubica $2\frac{1}{2}$ en el diagrama y sombrea esa distancia. Luego marca un punto para mostrar 1 de $2\frac{1}{2}$ y $\frac{2}{5}$ más de $2\frac{1}{2}$.

• El producto de un número mayor que 1 y $2\frac{1}{2}$ será

_____ $2\frac{1}{2}$ y _____ el otro factor.

Entonces, _____ de _____ millas es una distancia mayor que _____ de _____ millas.

Nombre _____

Completa el enunciado con *igual a, mayor que* o *menor que*.

1. $\frac{5}{6} \times 2\frac{1}{5}$ será _____ $2\frac{1}{5}$.

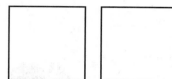

Sombrea el modelo para mostrar $\frac{5}{6} \times 2\frac{1}{5}$.

2. $1\frac{1}{5} \times 2\frac{2}{3}$ será _____ $2\frac{2}{3}$.

3. $\frac{4}{5} \times 2\frac{2}{5}$ será _____ $2\frac{2}{5}$.

Por tu cuenta

Completa el enunciado con *igual a, mayor que* o *menor que*.

4. $\frac{2}{2} \times 1\frac{1}{2}$ será _____ $1\frac{1}{2}$.

5. $\frac{2}{3} \times 3\frac{1}{6}$ será _____ $3\frac{1}{6}$.

PRÁCTICAS Y PROCESOS MATEMÁTICOS ❷ Usa el razonamiento **Álgebra** Indica si el factor desconocido es *menor que 1* o *mayor que 1*.

6. ■ $\times 1\frac{2}{3} = \frac{5}{6}$

7. ■ $\times 1\frac{1}{4} = 2\frac{1}{2}$

El factor desconocido es _____ 1.

El factor desconocido es _____ 1.

8. _MÁS AL DETALLE_ Kadeem está haciendo dos dibujos de una hoja de roble. Las dimensiones del primer dibujo serán $\frac{1}{3}$ de las dimensiones de la hoja. Las dimensiones del segundo dibujo serán $2\frac{1}{2}$ de las dimensiones de la hoja. Si la longitud de la hoja de roble es $5\frac{1}{2}$ pulgadas, ¿será igual, mayor o menor que $5\frac{1}{2}$ pulgadas la longitud de cada dibujo?

_____

_____

Resolución de problemas • Aplicaciones

9. **PRÁCTICAS Y PROCESOS MATEMÁTICOS ③** Verifica el razonamiento de otros Penny quiere hacer un modelo de un escarabajo que es más grande que el tamaño real. Penny dice que va a usar un factor de escala de $\frac{7}{12}$. ¿Tiene sentido? Explica.

_____

_____

_____

10. PIENSA MÁS Shannon, Mary y John reciben una mesada semanal. Shannon recibe una cantidad que es $\frac{2}{3}$ de la cantidad que recibe John. Mary recibe una cantidad que es $1\frac{2}{3}$ de la cantidad que recibe John. John recibe \$20 por semana. ¿Quién recibe la mesada mayor? ¿Quién recibe la mesada menor?

_____

11. PIENSA MÁS Stuart montó bicicleta $6\frac{3}{5}$ millas el viernes. El sábado montó $1\frac{1}{3}$ veces la distancia que montó el viernes. El domingo montó $\frac{5}{6}$ veces la distancia que montó el viernes. En los ejercicios 11a a 11d, elige Verdadero o Falso para cada enunciado.

11a. Stuart montó más millas el sábado que lo que montó el viernes.

○ Verdadero   ○ Falso

11b. Stuart montó más millas el viernes que lo que montó el sábado y el domingo combinados.

○ Verdadero   ○ Falso

11c. Stuart montó menos millas el domingo que lo que montó el viernes.

○ Verdadero   ○ Falso

11d. Stuart montó más millas el domingo que lo que montó el sábado.

○ Verdadero   ○ Falso

Comparar los factores y los productos de los números mixtos

Objetivo de aprendizaje Usarás modelos de área y rectas numéricas para comparar el tamaño relativo de un producto cuando un factor es igual a 1, menor que 1 o mayor que 1.

Completa los enunciados con *igual a, mayor que* **o** *menor que.*

1. $\frac{2}{3} \times 1\frac{5}{8}$ será _____ menor que _____ $1\frac{5}{8}$.

   Piensa: $1 \times 1\frac{5}{8}$ es igual a $1\frac{5}{8}$.

   Puesto que $\frac{2}{3}$ es menor que 1,

   $\frac{2}{3} \times 1\frac{5}{8}$ será menor que $1\frac{5}{8}$.

2. $\frac{5}{5} \times 2\frac{3}{4}$ será _____ $2\frac{3}{4}$.

3. $3 \times 3\frac{2}{7}$ será _____ $3\frac{2}{7}$.

4. $9 \times 1\frac{4}{5}$ será _____ $1\frac{4}{5}$.

5. $1\frac{7}{8} \times 2\frac{3}{8}$ será _____ $2\frac{3}{8}$.

6. $3\frac{4}{9} \times \frac{5}{9}$ será _____ $3\frac{4}{9}$.

Resolución de problemas

7. Fraser hace un dibujo a escala de una casa para perros. Las dimensiones del dibujo serán $\frac{1}{8}$ de las dimensiones de la casa real. La altura de la casa real es $36\frac{3}{4}$ pulgadas. ¿Serán las dimensiones del dibujo de Fraser iguales, mayores o menores que las dimensiones de la casa para perros real?

_____

8. Jorge tiene una receta que lleva $2\frac{1}{3}$ tazas de harina. Planea preparar $1\frac{1}{2}$ veces la receta. ¿Será la cantidad de harina que necesita Jorge igual, mayor o menor que la cantidad de harina que lleva su receta?

_____

9. **ESCRIBE** ▸*Matemáticas* Explica cómo ampliar o reducir un número mixto por $\frac{1}{2}$ afectará el tamaño del número.

_____

_____

_____

Repaso de la lección

1. Jenna esquía $2\frac{1}{3}$ millas en una hora. Su instructor esquía $1\frac{1}{2}$ veces esa distancia en una hora. ¿Esquía Jenna una distancia igual, menor o mayor que la que esquía su instructor?

_____

_____

_____

2. Imagina que multiplicas una fracción menor que 1 por el número mixto $2\frac{3}{4}$. ¿Será el producto mayor, menor o igual que $2\frac{3}{4}$?

_____

_____

_____

Repaso en espiral

3. El condado de Washington es rectangular y mide 15.9 millas por 9.1 millas. ¿Cuál es el área del condado?

_____

4. Marsha corrió 7.8 millas. Érica corrió 0.5 veces esa distancia. ¿Qué distancia recorrió Érica?

_____

5. Una receta de galletas lleva $2\frac{1}{3}$ tazas de harina. Otra receta de galletas lleva $2\frac{1}{2}$ tazas de harina. Tim tiene 5 tazas de harina. Si prepara las dos recetas, ¿cuánta harina le quedará?

_____

6. El lunes llovió $1\frac{1}{4}$ pulgadas. El martes llovió $\frac{3}{5}$ pulgadas. ¿Cuánto más llovió el lunes que el martes?

_____

PRACTICA MÁS CON EL
Entrenador personal en matemáticas

Nombre_____

Multiplicar números mixtos

Pregunta esencial ¿Cómo se multiplican los números mixtos?

Objetivo de aprendizaje Usarás un modelo de área, la propiedad distributiva o convertirás los números para multiplicar números mixtos.

🔑 Soluciona el problema

Un tercio de un parque de $1\frac{1}{4}$ acres se ha destinado como parque para perros. Halla el número de acres que se usan como parque para perros.

Multiplica. $\frac{1}{3} \times 1\frac{1}{4}$

> • ¿El área que se usa como parque para perros es menor o mayor que el área del parque de $1\frac{1}{4}$ acres?
>
> _____

🔑 De una manera Usa un modelo.

PASO 1 Sombrea el modelo para representar el parque entero.

Piensa: El parque entero ocupa _____ acres.

PASO 2 Vuelve a sombrear el modelo para representar la parte del parque que es un parque para perros.

Piensa: El parque para perros es _____ del parque.

Dibuja líneas horizontales en cada rectángulo para representar _____.

• ¿Cuántas partes se muestran en cada rectángulo? _____

• ¿Qué fracción de cada rectángulo está sombreada dos veces?

_____ y _____

• ¿Qué fracción representa todas las partes que están sombreadas dos veces?

_____ + _____ = _____

Entonces, _____ de acre se ha destinado como parque para perros.

🔑 De otra manera Convierte el número mixto en una fracción.

PASO 1 Escribe el número mixto como una fracción mayor que 1.

_____

PASO 2 Multiplica las fracciones.

$$\frac{1}{3} \times 1\frac{1}{4} = \frac{1}{3} \times \frac{\boxed{}}{4}$$

$$= \frac{1 \times \boxed{}}{3 \times 4} = \frac{\boxed{}}{\boxed{}}$$

Entonces, $\frac{1}{3} \times 1\frac{1}{4} =$ _____.

> **Charla matemática** PRÁCTICAS Y PROCESOS MATEMÁTICOS ①
>
> **Evalúa si es razonable** Explica por qué tu resultado es razonable.

🔑 Ejemplo 1 Convierte el número entero.

Multiplica. $12 \times 2\frac{1}{6}$ **Escribe el producto en su mínima expresión.**

PASO 1 Determina qué relación hay entre el producto y el factor mayor.

$12 \times 2\frac{1}{6}$ será _____ 12.

_____

PASO 2 Escribe el número entero y el número mixto como fracciones.

_____

PASO 3 Multiplica las fracciones.

_____

PASO 4 Escribe el producto en su mínima expresión.

Entonces, $12 \times 2\frac{1}{6} =$ _____.

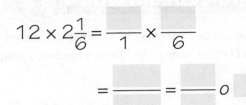

🔑 Ejemplo 2 Usa la propiedad distributiva.

Multiplica. $16 \times 4\frac{1}{8}$ **Escribe el producto en su mínima expresión.**

PASO 1 Usa la propiedad distributiva para volver a escribir la expresión.

_____

PASO 2 Multiplica 16 por cada número.

_____

PASO 3 Suma.

$$16 \times 4\frac{1}{8} = 16 \times \left(\underline{\quad} + \frac{1}{8}\right)$$

$$= (16 \times 4) + \left(16 \times \underline{\quad}\right)$$

$$= \underline{\quad} + 2 = \underline{\quad}$$

Entonces, $16 \times 4\frac{1}{8} =$ _____.

PRÁCTICAS Y PROCESOS MATEMÁTICOS ②

Usa el razonamiento Explica cómo sabes que tus resultados para ambos ejemplos son razonables.

1. **PRÁCTICAS Y PROCESOS MATEMÁTICOS ②** Usa el razonamiento Explica por qué elegirías usar la propiedad distributiva para resolver el Ejemplo 2.

_____

_____

2. Cuando multiplicas dos factores mayores que 1, ¿el producto es menor que los dos factores, es mayor o está entre los dos factores? Explica.

_____

_____

_____

Nombre_____

Halla el producto. Escríbelo en su mínima expresión.

1. $1\frac{2}{3} \times 3\frac{4}{5} = \frac{}{3} \times \frac{}{5}$

   $= \frac{}{}$

   $= \underline{}$

2. $1\frac{1}{8} \times 2\frac{1}{3}$

   _____

3. $\frac{3}{4} \times 6\frac{5}{6}$

   _____

Usa la propiedad distributiva para hallar el producto.

4. $16 \times 2\frac{1}{2}$

   _____

5. $1\frac{4}{5} \times 15$

   _____

Por tu cuenta

Halla el producto. Escríbelo en su mínima expresión.

6. $\frac{3}{4} \times 1\frac{1}{2}$

7. $4\frac{2}{5} \times 1\frac{1}{2}$

8. $5\frac{1}{3} \times \frac{3}{4}$

9. $2\frac{1}{2} \times 1\frac{1}{5}$

10. **PIENSA MÁS** La tabla muestra cuántas horas trabajaron algunos estudiantes en su proyecto de matemáticas.

April trabajó en su proyecto de matemáticas $1\frac{1}{2}$ veces el tiempo que trabajó Carl. Debbie trabajó $1\frac{1}{4}$ veces el tiempo que trabajó Sonia. Richard trabajó $1\frac{3}{8}$ veces el tiempo que trabajó Tony. Une el nombre de cada estudiante con la cantidad de horas que trabajaron en el proyecto de matemáticas.

Proyecto de matemáticas	
Nombre	**Horas trabajadas**
Carl	$5\frac{1}{4}$
Sonia	$6\frac{1}{2}$
Tony	$5\frac{2}{3}$

Estudiante	Horas trabajadas
April ●	● $7\frac{19}{24}$
Debbie ●	● $7\frac{7}{8}$
Richard ●	● $8\frac{1}{8}$

MODIFICAR RECETAS

Puedes hacer que muchas recetas sean más saludables si reduces la cantidad de grasas, azúcar y sal.

Kelly tiene una receta de panecillos para la que se necesitan $1\frac{1}{2}$ tazas de azúcar. Quiere usar $\frac{1}{2}$ de esa cantidad de azúcar. ¿Cuánta azúcar usará?

Multiplica $1\frac{1}{2}$ por $\frac{1}{2}$ para hallar qué parte de la cantidad original de azúcar debe usar.

Escribe el número mixto como una fracción mayor que 1.

$$\frac{1}{2} \times 1\frac{1}{2} = \frac{1}{2} \times \frac{}{2}$$

Multiplica.

$$= \underline{}$$

Entonces, Kelly usará _____ de taza de azúcar.

11. **PRÁCTICAS Y PROCESOS MATEMÁTICOS 6** **Describe un método** Para preparar su receta de sopa, Tony necesita $1\frac{1}{4}$ cucharaditas de sal. Quiere usar $\frac{1}{2}$ de esa cantidad. ¿Cuánta sal usará? Describe cómo hallaste tu respuesta.

_____

_____

_____

12. **MÁS AL DETALLE** Para preparar su receta de panecillos de avena, Jeffrey necesita $2\frac{1}{4}$ tazas de harina de avena para una docena de panecillos. Si quiere preparar $1\frac{1}{2}$ docenas de panecillos para una reunión familiar, ¿cuánta harina de avena usará?

_____

13. **PIENSA MÁS** Para preparar su receta de panecillos, Carla necesita $1\frac{1}{2}$ tazas de harina para los panecillos y $\frac{1}{4}$ de taza de harina para la cobertura. Si prepara $\frac{1}{2}$ de la receta original, ¿cuánta harina usará en total?

_____

Nombre _____

Multiplicar números mixtos

Objetivo de aprendizaje Usarás un modelo de área, la propiedad distributiva o convertirás los números para multiplicar números mixtos.

Halla el producto. Escríbelo en su mínima expresión.

1. $1\frac{2}{3} \times 4\frac{2}{5}$

$$1\frac{2}{3} \times 4\frac{2}{5} = \frac{5}{3} \times \frac{22}{5}$$
$$= \frac{110}{15} = \frac{22}{3}$$
$$= 7\frac{1}{3}$$

2. $1\frac{1}{7} \times 1\frac{3}{4}$

3. $8\frac{1}{3} \times \frac{3}{5}$

4. $2\frac{5}{8} \times 1\frac{2}{3}$

5. $5\frac{1}{2} \times 3\frac{1}{3}$

6. $7\frac{1}{5} \times 2\frac{1}{6}$

7. $\frac{2}{3} \times 4\frac{1}{5}$

8. $2\frac{2}{5} \times 1\frac{1}{4}$

Usa la propiedad distributiva para hallar el producto.

9. $4\frac{2}{5} \times 10$

10. $26 \times 2\frac{1}{2}$

11. $6 \times 3\frac{2}{3}$

Resolución de problemas · En el mundo

12. Jake puede llevar $6\frac{1}{4}$ libras de madera desde el granero. Su padre puede llevar $1\frac{5}{7}$ veces el peso que lleva Jake. ¿Cuántas libras puede llevar el padre de Jake?

13. Un vaso puede contener $3\frac{1}{3}$ tazas de agua. Un tazón puede contener $2\frac{3}{5}$ veces el contenido del vaso. ¿Cuántas tazas puede contener un tazón?

14. ESCRIBE *Matemáticas* Escribe y resuelve un problema que implique la multiplicación por un número mixto.

_____

Revisión de la lección

1. Un veterinario pesa dos cachorros. El cachorro pequeño pesa $4\frac{1}{2}$ libras. El cachorro grande pesa $4\frac{2}{3}$ veces el peso del cachorro pequeño. ¿Cuánto pesa el cachorro grande?

_____

2. Becky vive a $5\frac{5}{8}$ millas de la escuela. Steve vive a $1\frac{5}{9}$ veces esa distancia de la escuela. ¿A qué distancia de la escuela vive Steve?

_____

Repaso en espiral

3. Craig anotó 12 puntos en un partido. María anotó el doble de puntos que Craig, pero 5 puntos menos que los que anotó Nelson. Escribe una expresión para representar cuántos puntos anotó Nelson.

_____

4. Yvette ganó $66.00 por 8 horas de trabajo. Lizbeth ganó $68.80 y trabajó la misma cantidad de horas. ¿Cuánto más por hora ganó Lizbeth que Yvette?

_____

5. ¿Cuál es el mínimo común denominador de las cuatro fracciones de abajo?

$$20\frac{7}{10} \qquad 20\frac{3}{4} \qquad 18\frac{9}{10} \qquad 20\frac{18}{25}$$

_____

6. Tres niñas buscaron geodas en el desierto. Corinne recolectó $11\frac{1}{8}$ libras, Ellen recolectó $4\frac{5}{8}$ libras y Leonda recolectó $3\frac{3}{4}$ libras. ¿Cuánto más recolectó Corinne que las otras dos niñas juntas?

_____

PRACTICA MÁS CON EL
Entrenador personal
en matemáticas

Resolución de problemas • Hallar longitudes desconocidas

Pregunta esencial ¿Cómo puedes usar la estrategia *adivinar, comprobar y revisar* para resolver problemas con fracciones?

Objetivo de aprendizaje Usarás la estrategia de *adivinar, comprobar y revisar* para resolver problemas de fracciones haciendo diferentes cálculos y comparando las medidas resultantes.

🔑 Soluciona el problema En el mundo

Sara quiere diseñar un jardín rectangular con una sección para flores que atraigan mariposas. Quiere que el área de esta sección sea $\frac{3}{4}$ de yarda cuadrada. Si quiere que el ancho sea $\frac{1}{3}$ de la longitud, ¿cuáles serán las dimensiones de la sección destinada a las mariposas?

Lee el problema

¿Qué debo hallar?	¿Qué información debo usar?	¿Cómo usaré la información?
Debo hallar _____ _____ _____ _____.	La parte del jardín para mariposas tiene un área de _____ de yarda cuadrada y el ancho es _____ de la longitud.	_____ los lados del área para mariposas. Luego _____ mi cálculo y lo _____ si no es correcto.

Resuelve el problema

Puedo probar diferentes longitudes y calcular los anchos si hallo $\frac{1}{3}$ de la longitud. Para cada longitud y ancho, hallo el área y luego comparo. Si el producto es menor o mayor que $\frac{3}{4}$ de yarda cuadrada, debo revisar la longitud.

Adivinar		Comprobar	Revisar
Longitud (en yardas)	Ancho (en yardas) ($\frac{1}{3}$ de la longitud)	Área del jardín para mariposas (en yardas cuadradas)	
$\frac{3}{4}$	$\frac{1}{3} \times \frac{3}{4} = \frac{1}{4}$	$\frac{3}{4} \times \frac{1}{4} = \frac{3}{16}$ demasiado bajo	Pruebo con una longitud mayor.
$2\frac{1}{4}$ o $\frac{9}{4}$			

Entonces, las dimensiones del jardín para mariposas de Sara serán _____ yarda por _____ yardas.

🔑 Haz otro problema

Marcus está construyendo una caja rectangular donde pueda dormir su gatito. Quiere que el área del fondo de la caja mida 360 pulgadas cuadradas y que la longitud de uno de los lados sea $1\frac{3}{5}$ de la longitud del otro lado. ¿Cuáles deben ser las dimensiones del fondo de la cama?

Lee el problema

¿Qué debo hallar?	¿Qué información debo usar?	¿Cómo usaré la información?

Resuelve el problema

Entonces, las dimensiones del fondo de la cama para el gatito serán _____ por _____.

- **PRÁCTICAS Y PROCESOS MATEMÁTICOS ③** **Aplica** ¿Qué pasaría si el lado más largo fuera $1\frac{3}{5}$ veces la longitud del lado más corto y el lado más corto midiera 20 pulgadas de longitud? ¿Cuál sería entonces el área del fondo de la cama?

_____

Nombre _____

1. Cuando Pascal construyó una casa para su perro, sabía que quería que el piso de la casa tuviera un área de 24 pies cuadrados. También quería que el ancho fuera $\frac{2}{3}$ de la longitud. ¿Cuáles son las dimensiones de la casa para su perro?

Primero, elige dos números cuyo producto sea 24.

Adivina: _____ pies y _____ pies.

Luego, comprueba esos números. ¿Es el número mayor $\frac{2}{3}$ del otro número?

Comprueba: $\frac{2}{3} \times$ _____ = _____

Mi cálculo es _____.

Por último, si el cálculo no es correcto, revísalo y compruébalo otra vez. Continúa de esta manera hasta que halles el resultado correcto.

Entonces, las dimensiones de la casa para perros son _____.

2. **¿Qué pasaría si** Pascal quisiera que el área del piso midiera 54 pies cuadrados y que el ancho fuera también $\frac{2}{3}$ de la longitud? ¿Cuáles serían las dimensiones del piso?

3. Leo quiere pintar un mural que cubra una pared cuya área es 1,440 pies cuadrados. La altura de la pared es $\frac{2}{5}$ de su longitud. ¿Cuáles son la longitud y la altura de la pared?

Por tu cuenta

4. **MÁS AL DETALLE** Barry quiere hacer un dibujo que sea $\frac{1}{4}$ del tamaño del original. Si un árbol del dibujo original mide 14 pulgadas de altura y 5 pulgadas de ancho, ¿qué altura tendrá el árbol del dibujo de Barry?

_____

5. **PIENSA MÁS** Un plano es un dibujo a escala de un edificio. Las dimensiones del plano para la casa de muñecas de Patricia son $\frac{1}{4}$ de las medidas de la casa de muñecas real. El piso de la casa de muñecas tiene un área de 864 pulgadas cuadradas. Si el ancho de la casa de muñecas es $\frac{2}{3}$ de la longitud, ¿cuáles serán las dimensiones del piso en el plano de la casa de muñecas?

_____

ESCRIBE ▸ *Matemáticas* · **Muestra tu trabaj**

6. **PRÁCTICAS Y PROCESOS MATEMÁTICOS ③** **Verifica el razonamiento de otros** Beth quiere que el piso de su casa del árbol mida 48 pies cuadrados. Quiere que la longitud sea $\frac{3}{4}$ del ancho. Usando la estrategia de adivinar, comprobar y revisar, Beth adivina que las dimensiones serán 4 pies por 12 pies. ¿Adivina Beth las dimensiones correctas? Explica.

_____

_____

_____

7. **PIENSA MÁS** Sally tiene una fotografía que tiene un área de 35 pulgadas cuadradas. Ella crea dos ampliaciones de la fotografía. Las ampliaciones tienen un área de 140 pulgadas cuadradas y 560 pulgadas cuadradas. En cada fotografía, la longitud es $1\frac{2}{5}$ veces el ancho. Selecciona cuál de las siguientes opciones podría ser la dimensión de la fotografía original o una de las ampliaciones. Marca todas las opciones que correspondan.

(A) 5 pulgadas por 7 pulgadas

(B) 20 pulgadas por 28 pulgadas

(C) 7 pulgadas por 20 pulgadas

(D) 21 pulgadas por 15 pulgadas

(E) 10 pulgadas por 14 pulgadas

Resolución de problemas • Hallar longitudes desconocidas

Objetivo de aprendizaje Usarás la estrategia *adivinar, comprobar y revisar* para resolver problemas de fracciones haciendo diferentes cálculos y comparando las medidas resultantes.

---

1. La recámara de Kamal tiene un área de 120 pies cuadrados. El ancho de la recámara es $\frac{5}{6}$ de la longitud de la recámara. ¿Cuáles son las dimensiones de la recámara de Kamal?

Adivina: $6 \times 20 = 120$
Comprueba: $\frac{5}{6} \times 20 = 16\frac{2}{3}$; prueba con un ancho mayor.
Adivina: $10 \times 12 = 120$
Comprueba: $\frac{5}{6} \times 12 = 10$. ¡Correcto!

10 pies por 12 pies

---

2. Marisol pinta sobre un lienzo que tiene un área de 180 pulgadas cuadradas. La longitud de la pintura es $1\frac{1}{4}$ veces su ancho. ¿Qué dimensiones tiene la pintura?

---

3. Un pequeño avión exhibe un cartel que tiene forma rectangular. El área del cartel es 144 pies cuadrados. El ancho del cartel es $\frac{1}{4}$ de su longitud. ¿Qué dimensiones tiene el cartel?

---

4. **ESCRIBE** ▸*Matemáticas* Explica cómo puedes usar la estrategia *adivinar, comprobar* y *revisar* para resolver problemas cuyos datos incluyen el área y la relación entre las longitudes laterales.

Repaso de la lección

1. La sala de Consuelo tiene la forma de un rectángulo y un área de 360 pies cuadrados. El ancho de la sala es $\frac{5}{8}$ de su longitud. ¿Qué longitud tiene la sala?

2. Un parque rectangular tiene un área de $\frac{2}{3}$ de milla cuadrada. La longitud del parque es $2\frac{2}{3}$ de su ancho. ¿Qué ancho tiene el parque?

Repaso en espiral

3. Debra cuidó niños durante $3\frac{1}{2}$ horas el viernes y $1\frac{1}{2}$ veces ese tiempo el sábado. ¿Debra cuidó niños durante más, menos o la misma cantidad de horas el sábado que el viernes?

4. Tory practicó lanzamientos de básquetbol durante $\frac{2}{3}$ de hora. Tim practicó lanzamientos de básquetbol $\frac{3}{4}$ del tiempo que practicó Tory. ¿Cuánto tiempo practicó Tim lanzamientos de básquetbol?

5. Leah compró $4\frac{1}{2}$ libras de uvas. De esas uvas, $1\frac{7}{8}$ libras eran uvas rojas. El resto eran uvas verdes. ¿Cuántas libras de uvas verdes compró Leah?

6. ¿A qué valor posicional está redondeado el siguiente número?

5.927 a 5.93

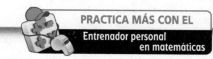

PRACTICA MÁS CON EL
Entrenador personal en matemáticas

Nombre _____

✓ Repaso y prueba del Capítulo 7

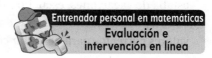

1. La Sra. Williams está organizando sus suministros de oficina. Hay 3 cajas abiertas de clips en el cajón de su escritorio. Cada caja tiene $\frac{7}{8}$ de clips en su interior. ¿Cuántas cajas de clips quedan? Sombrea el modelo y completa los cálculos de abajo para mostrar cómo hallaste tu respuesta.

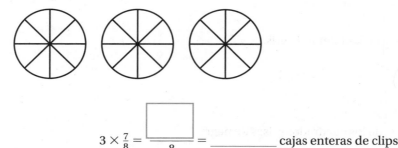

$$3 \times \frac{7}{8} = \frac{\boxed{}}{8} = \underline{\hspace{2cm}} \text{ cajas enteras de clips}$$

2. Diana trabajó en su proyecto de ciencias durante $5\frac{1}{3}$ horas. Gabi trabajó en su proyecto de ciencias $1\frac{1}{4}$ veces el tiempo que trabajó Diana. Paula trabajó en su proyecto de ciencias $\frac{3}{4}$ del tiempo que trabajó Diana. En los ejercicios 2a a 2d, elige Verdadero o Falso para cada enunciado.

2a. Diana trabajó en su proyecto de ciencias más tiempo que lo que Gabi trabajó en el suyo. ○ Verdadero ○ Falso

2b. Paula trabajó en su proyecto de ciencias menos tiempo que lo que Diana trabajó en el suyo. ○ Verdadero ○ Falso

2c. Gabi trabajó en su proyecto de ciencias más tiempo que lo que Paula trabajó en el suyo. ○ Verdadero ○ Falso

2d. Gabi trabajó en su proyecto de ciencias más tiempo que la suma de lo que trabajaron Diana y Paula en conjunto. ○ Verdadero ○ Falso

3. **MÁS AL DETALLE** Louis quiere colocar alfombra en el piso rectangular de su sótano. El sótano tiene un área de 864 metros cuadrados. El ancho del sótano es $\frac{2}{3}$ de su longitud. ¿Cuál es la longitud del sótano de Louis?

_____ pies

Opciones de evaluación
Prueba del capítulo

4. Frannie colocó $\frac{2}{3}$ de su colección de música en un reproductor de MP3. Mientras estaba de vacaciones, escuchó $\frac{3}{5}$ de la música que había en el reproductor. ¿Cuánto de su colección escuchó mientras estaba de vacaciones? En los ejercicios 4a a 4d, elige los valores correctos para describir cómo resolver el problema.

4a. Dibujo una matriz rectangular con 3 hileras y $\begin{array}{c} 3 \\ 4 \\ 5 \end{array}$ columnas.

4b. Sombreo $\begin{array}{c} 1 \\ 2 \\ 3 \end{array}$ de las hileras de gris.

4c. Sombreo $\begin{array}{c} 3 \\ 5 \\ 6 \end{array}$ de los cuadrados grises de negro.

4d. Frannie escuchó $\begin{array}{c} \frac{2}{5} \\ \frac{3}{5} \\ \frac{3}{10} \end{array}$ de la música de su colección mientras estaba de vacaciones.

5. Logan compró 15 globos. Cuatro quintos de los globos son morados. ¿Cuántos de los globos son morados? Dibuja un modelo para mostrar cómo hallaste tu respuesta.

_____ globos morados

6. Kayla camina $3\frac{2}{5}$ millas cada día. ¿Cuáles de los siguientes enunciados describen correctamente qué tan lejos camina? Marca todas las opciones que correspondan.

(A) Kayla camina $14\frac{2}{5}$ millas en 4 días.

(B) Kayla camina $23\frac{4}{5}$ millas en 7 días.

(C) Kayla camina 34 millas en 10 días.

(D) Kayla camina $102\frac{2}{5}$ millas en 31 días.

7. Escribe cada expresión de multiplicación en el recuadro correcto.

$\frac{4}{5} \times 1\frac{1}{8}$ $\frac{1}{3} \times \frac{4}{5}$ $3 \times \frac{4}{5}$ $\frac{4}{5} \times \frac{4}{5}$ $\frac{8}{8} \times \frac{4}{5}$ $\frac{4}{5} \times \frac{2}{2}$

El producto es igual a $\frac{4}{5}$.	El producto es mayor que $\frac{4}{5}$.	El producto es menor que $\frac{4}{5}$.

8. Una tarjeta postal tiene un área de 24 pulgadas cuadradas. Dos ampliaciones de la tarjeta tienen áreas de 54 pulgadas cuadradas y 96 pulgadas cuadradas. En cada tarjeta, la longitud es $1\frac{1}{2}$ veces el ancho. ¿Cuál de las siguientes opciones podría ser la dimensión de la tarjeta o una de las ampliaciones? Selecciona todas las que correspondan.

(A) 6 pulgadas por 9 pulgadas   (D) 6 pulgadas por 12 pulgadas

(B) 10 pulgadas por 15 pulgadas   (E) 4 pulgadas por 6 pulgadas

(C) 8 pulgadas por 12 pulgadas

9. En una clase de quinto grado, $\frac{4}{5}$ de las niñas tienen cabello castaño. De las niñas con cabello castaño, $\frac{3}{4}$ tienen cabello largo. De las niñas con cabello castaño y largo, $\frac{1}{3}$ tienen ojos verdes.

Parte A

¿Qué fracción de las niñas en la clase tienen cabello castaño?

_____ de las niñas

Parte B

¿Qué fracción de las niñas de la clase tiene cabello largo y castaño y ojos verdes? Explica cómo hallaste tu respuesta.

_____ de las niñas

10. **PIENSA MÁS +** La sala familiar de Caleb tiene las dimensiones que se muestran. Necesita encontrar el área de la sala para saber cuánta alfombra comprar. Completa el modelo del área que se muestra abajo para hallar el área de la sala familiar.

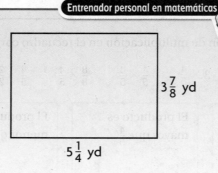

$3\frac{7}{8}$ yd

$5\frac{1}{4}$ yd

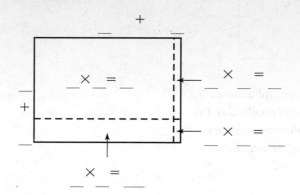

área de la sala = _____ yardas cuadradas

11. Doreen vive a $\frac{3}{4}$ de milla de la biblioteca. Sheila vive a $\frac{1}{3}$ de la distancia de la biblioteca a la que vive Doreen. Para los números 11a a 11c, elige Sí o No para responder cada pregunta.

11a. ¿Vive Doreen más lejos de la biblioteca que Sheila?   ○ Sí   ○ No

11b. ¿Vive Sheila a $\frac{1}{4}$ de milla de la biblioteca?   ○ Sí   ○ No

11c. ¿Vive Sheila dos veces más lejos de la biblioteca que Doreen?   ○ Sí   ○ No

12. Taniqua hizo una prueba que tenía 20 preguntas de respuesta múltiple y 10 preguntas de Verdadero/Falso. Contestó correctamente $\frac{9}{10}$ de las preguntas de respuesta múltiple y contestó correctamente $\frac{4}{5}$ de las preguntas de Verdadero/Falso.

12a. ¿Cuántas preguntas de respuesta múltiple contestó correctamente Taniqua?

_____ preguntas de respuesta múltiple

12b. ¿Cuántas preguntas de Verdadero/Falso contestó correctamente Taniqua?

_____ preguntas de Verdadero/Falso

13. En la tabla se muestra cuántas horas trabajaron la semana pasada algunos de los empleados de medio tiempo de la tienda de juguetes.

Nombre	Horas trabajadas
Conrad	$6\frac{2}{3}$
Giovanni	$9\frac{1}{2}$
Sally	$10\frac{3}{4}$

Esta semana, Conrad trabajará $1\frac{3}{4}$ veces la cantidad que trabajó la semana pasada. Giovanni trabajará $1\frac{1}{3}$ veces la cantidad que trabajó la semana pasada. Sally trabajará $\frac{2}{3}$ de la cantidad de horas que trabajó la semana pasada. Empareja el nombre de cada empleado con el número de horas que trabajará esta semana.

Empleado

Conrad ●

Giovanni ●

Sally ●

Horas esta semana

● $7\frac{1}{6}$

● $12\frac{2}{3}$

● $11\frac{2}{3}$

14. Peggy está haciendo un edredón con paneles que tienen $\frac{1}{2}$ pie por $\frac{1}{2}$ pie. La colcha tiene $5\frac{1}{2}$ pies de longitud y 4 pies de ancho.

Parte A

Cada cuadrado de la siguiente cuadrícula representa $\frac{1}{2}$ pie por $\frac{1}{2}$ pie. Dibuja un rectángulo en la cuadrícula para representar el edredón.

Parte B

¿Cuál es el área del edredón? Explica cómo hallaste tu respuesta.

_____ pies cuadrados

15. Ruby hizo una encuesta y descubrió que $\frac{5}{6}$ de sus compañeros de clase tienen una mascota y que $\frac{2}{3}$ de esas mascotas son perros. ¿Qué fracción de sus compañeros de clase tiene perros? Escribe un número de las fichas numéricas en cada recuadro para completar el cálculo que se muestra más abajo. Puedes usar los números más de una vez o no usarlos para nada.

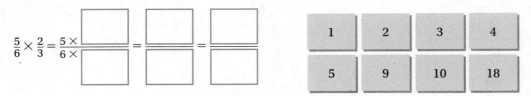

$$\frac{5}{6} \times \frac{2}{3} = \frac{5 \times \boxed{}}{6 \times \boxed{}} = \frac{\boxed{}}{\boxed{}} = \frac{\boxed{}}{\boxed{}}$$

| 1 | 2 | 3 | 4 |
| 5 | 9 | 10 | 18 |

_____ de sus compañeros de clase

16. Robbie está usando la receta que se muestra a continuación para hacer sopa de pollo y fideos. Planea hacer 6 tandas de sopa. Tiene $\frac{2}{3}$ de cucharadita de pimienta negra.

> **Sopa de pollo y fideos**
>
> 4 tazas de caldo de pollo
>
> 1 zanahoria mediana, cortada
>
> 1 tallo de apio, cortado
>
> $\frac{1}{2}$ taza de fideos de huevo sin cocinar
>
> $\frac{1}{8}$ de cucharadita de pimienta negra
>
> 1 taza de pollo cocido desmenuzado

Parte A

Escribe una expresión que Robbie puede usar para determinar cuánta pimienta negra se necesita para 6 tandas.

_____

Parte B

Dibuja un modelo para mostrar cómo puede Robbie hallar el producto de la Parte A.

Parte C

¿Tiene Robbie suficiente pimienta negra para 6 tandas de la sopa? Explica tu razonamiento.

Dividir fracciones

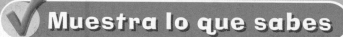

Muestra lo que sabes

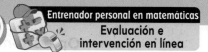

Entrenador personal en matemáticas
Evaluación e intervención en línea

Comprueba si comprendes las destrezas importantes.

Nombre _____

▶ **Parte de un grupo** Escribe la fracción que indica la parte sombreada.

1. fichas en total _____

fichas sombreadas _____

fracción _____

2. grupos en total _____

grupos sombreados _____

fracción _____

▶ **Relacionar la multiplicación y la división** Usa operaciones inversas y familias de operaciones para resolver los problemas.

3. Puesto que $6 \times 4 = 24$,

entonces _____ $\div\ 4 = 6$.

4. Puesto que _____ $\times\ 8 = 56$,

entonces _____ $\div\ 7 = 8$.

5. Puesto que $9 \times 3 =$ _____,

entonces _____ $\div\ 3 = 9$.

6. Puesto que _____ $\div\ 4 = 10$,

entonces $4 \times 10 =$ _____.

▶ **Fracciones equivalentes** Escribe una fracción equivalente.

7. $\frac{16}{20}$ _____

8. $\frac{3}{8}$ _____

9. $\frac{5}{12}$ _____

10. $\frac{25}{45}$ _____

Emily gastó $\frac{1}{2}$ de su dinero en la tienda de comestibles. Luego, gastó en la panadería $\frac{1}{2}$ de lo que sobró. A continuación, en la tienda de música, gastó $\frac{1}{2}$ de lo que sobró en un CD que estaba en oferta. Gastó los $6.00 restantes en un almuerzo en la cafetería. Halla cuánto dinero tenía Emily al principio.

Capítulo 8 489

Desarrollo del vocabulario

▶ **Visualízalo**

Completa el mapa de flujo con las palabras de repaso.

Operaciones inversas

Multiplicación

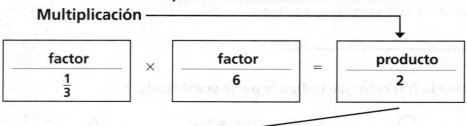

factor		factor		producto
$\frac{1}{3}$	×	6	=	2

División

2	÷	$\frac{1}{3}$	=	6

▶ **Comprende** el vocabulario

Completa las oraciones con las palabras de repaso.

1. El número que divide el dividendo es el

    _____.

2. Una expresión numérica o algebraica que muestra que dos

    cantidades son iguales es una _____.

3. Un número que nombra una parte de un entero o una parte de un

    grupo se denomina _____.

4. El _____ es el número que se va a dividir en
   un problema de división.

5. El _____ es el número que resulta de la división,
   sin incluir el residuo.

- **Libro interactivo del estudiante**
- **Glosario multimedia**

Vocabulario del Capítulo 8

dividendo

dividend

21

divisor

divisor

22

ecuación

equation

23

fracción

fraction

35

operaciones inversas

inverse operations

50

producto

product

62

cociente

quotient

5

residuo

remainder

67

Número entre el cual se divide el dividendo

Ejemplo: $15 \div 3$ o $3\overline{)15}$

divisor

Número que se divide en una división

Ejemplo: $36 \div 6$ o $6\overline{)36}$

dividendo

Número que nombra una parte de un entero o una parte de un grupo

Ejemplos:

$\frac{3}{4}$

parte de un entero

parte de un grupo

Enunciado numérico o algebraico que muestra que dos cantidades son iguales

Ejemplos: $3 + 1 = 4$ y $2x + 5 = 9$

Resultado de una multiplicación

Ejemplo: $3 \times 15 = 45$

producto

Operaciones opuestas u operaciones que se cancelan entre sí, como la suma y la resta o la multiplicación y la división

Ejemplos:

| $6 + 3 = 9$ |
| $9 - 6 = 3$ |

| $5 \times 2 = 10$ |
| $10 \div 2 = 5$ |

Cantidad que sobra cuando un número no se puede dividir en partes iguales

Ejemplo:

$$
\begin{array}{r}
102\ r2 \\
6\overline{)614} \\
-6 \\
\hline
01 \\
-0 \\
\hline
14 \\
-12 \\
\hline
2
\end{array}
$$

residuo

residuo

Resultado de una división

Ejemplo: $8 \div 4 = 2$

cociente

¡Toma una!

Recuadro de palabras

cociente

dividendo

divisor

ecuación

fracción

operaciones inversas

producto

residuo

Para 3 jugadores

Materiales

* 4 juegos de tarjetas de palabras

Instrucciones

1. Se reparten 5 tarjetas a cada jugador. Con las tarjetas que quedan se forma una pila.

2. Cuando sea tu turno, pregunta a algún jugador si tiene una palabra que coincide con una de tus tarjetas de palabras.

3. Si el jugador tiene la palabra, te da la tarjeta de palabras y tú defines la palabra.
   * Si aciertas, quédate con la tarjeta y coloca el par que coincide frente a ti. Vuelve a jugar.
   * Si te equivocas, devuelve la tarjeta . Tu turno terminó.

4. Si el jugador no tiene la palabra, contesta: "¡Toma una!" y tomas una tarjeta de la pila.

5. Si la tarjeta que sacaste coincide con una de tus tarjetas de palabras, sigue las instrucciones del Paso 3. Si no coincide, tu turno terminó.

6. El juego terminará cuando un jugador se quede sin tarjetas. Ganará la partida el jugador con la mayor cantidad de pares.

Diario

Escríbelo

Reflexiona

Elige una idea. Escribe sobre ella.

- Explica cómo puedes usar operaciones inversas para comprobar tu resultado en un problema de división.
- Lena quiere dividir 5 sándwiches en cuartos. Dibuja y rotula un diagrama para representar cuántos pedazos de sándwich tendrá.
- ¿Cuál de las siguientes expresiones tendrá un cociente mayor que su dividendo? Explica tu respuesta.

$$\frac{1}{4} \div 6 \qquad\qquad 6 \div \frac{1}{4}$$

- Escribe una nota a un amigo sobre algo que aprendiste en el Capítulo 8.

Nombre _____

Dividir fracciones y números enteros

Pregunta esencial ¿Cómo se divide un número entero entre una fracción y una fracción entre un número entero?

Objetivo de aprendizaje Usarás tiras fraccionarias o rectas numéricas para dividir un número entero entre una fracción y una fracción entre un número entero.

Investigar

Materiales ▪ tiras fraccionarias

A. María recorre un sendero de ejercicios físicos de 2 millas. Se detiene cada $\frac{1}{5}$ de milla para hacer ejercicio. ¿Cuántas veces se detiene a hacer ejercicio?

- Dibuja una recta numérica de 0 a 2. Divide la recta numérica en quintos. Rotula cada quinto en la recta numérica.

- Cuenta de quinto en quinto de 0 a 2 para hallar $2 \div \frac{1}{5}$.

  Hay _____ quintos en 2 enteros.

Puedes usar la relación que existe entre la multiplicación y la división para explicar y comprobar tu solución.

- Anota y comprueba el cociente.

  $2 \div \frac{1}{5} =$ _____ porque _____ $\times \frac{1}{5} = 2$.

Entonces, María se detiene a hacer ejercicio _____ veces.

B. Roger tiene 2 yardas de cuerda. Corta la cuerda en pedazos de $\frac{1}{3}$ de yarda de longitud. ¿Cuántos pedazos de cuerda tiene Roger?

- Usa 2 tiras fraccionarias enteras para representar 2.

- Luego coloca suficientes tiras de $\frac{1}{3}$ que encajen exactamente debajo

  de los 2 enteros. Hay _____ pedazos de un tercio en 2 enteros.

- Anota y comprueba el cociente.

  $2 \div \frac{1}{3} =$ _____ porque _____ $\times \frac{1}{3} = 2$.

Entonces, Roger tiene _____ pedazos de cuerda.

1. Cuando divides un número entero entre una fracción, ¿qué relación hay entre el cociente y el dividendo? Explícalo.

_____

_____

2. **Aplica** Explica de qué manera conocer el número de quintos que hay en 1 podría ayudarte a hallar el número de quintos que hay en 2.

_____

_____

3. Describe cómo hallarías $4 \div \frac{1}{5}$.

_____

_____

Hacer conexiones

Puedes usar tiras fraccionarias para dividir una fracción entre un número entero.

Calia reparte medio paquete de plastilina en partes iguales entre ella y 2 amigas. ¿Qué fracción del paquete de plastilina entero recibirá cada amiga?

PASO 1 Coloca una tira de $\frac{1}{2}$ debajo de una tira de 1 entero para representar $\frac{1}{2}$ de paquete de plastilina.

PASO 2 Halla 3 tiras fraccionarias, todas con el mismo denominador, que encajen exactamente debajo de la tira de $\frac{1}{2}$.

Cada pedazo es _____ del entero.

PASO 3 Anota y comprueba el cociente.

$\frac{1}{2} \div 3 =$ _____ porque _____ $\times 3 = \frac{1}{2}$.

Entonces, cada amiga recibirá _____ del paquete de plastilina entero.

Piensa: ¿A cuánto del entero equivale cada pedazo cuando se divide $\frac{1}{2}$ entre 3 partes iguales?

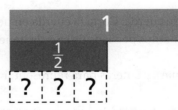

PRÁCTICAS Y PROCESOS MATEMÁTICOS ②

Razona de forma cuantitativa Cuando divides una fracción entre un número entero, ¿qué relación hay entre el cociente y el dividendo? Explica.

Nombre _____

Comparte y muestra

Divide y comprueba el cociente.

1.

1			1			1		
$\frac{1}{3}$	$\frac{1}{3}$	$\frac{1}{3}$	$\frac{1}{3}$	$\frac{1}{3}$	$\frac{1}{3}$	$\frac{1}{3}$	$\frac{1}{3}$	$\frac{1}{3}$

$3 \div \frac{1}{3} =$ _____ porque _____ $\times \frac{1}{3} = 3$.

2.

0   1   2   3

Piensa: ¿Qué rótulo debería escribir para cada una de las marcas chicas?

$3 \div \frac{1}{6} =$ _____ porque

_____ $\times \frac{1}{6} = 3$.

3.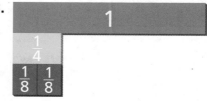

$\frac{1}{4} \div 2 =$ _____ porque

_____ $\times 2 = \frac{1}{4}$.

Divide. Dibuja una recta numérica o usa tiras fraccionarias.

4. $1 \div \frac{1}{3} =$ _____

5. $3 \div \frac{1}{4} =$ _____

6. $\frac{1}{5} \div 2 =$ _____

Resolución de problemas • Aplicaciones

7. _MÁS AL DETALLE_ Luke tiene $\frac{1}{3}$ de un paquete de albaricoques desecados. Divide los albaricoques en partes iguales en 3 pequeñas bolsas. Le da una de las bolsas a un amigo y se queda con las otras dos bolsas. ¿Con qué fracción del paquete entero de albaricoques se quedó Luke?

_____

8. _PIENSA MÁS_ En los ejercicios 8a a 8e, elige Verdadero o Falso para cada ecuación.

8a. $4 \div \frac{1}{3} = \frac{1}{12}$ ○ Verdadero   ○ Falso

8b. $6 \div \frac{1}{2} = 12$ ○ Verdadero   ○ Falso

8c. $\frac{1}{8} \div 2 = 16$ ○ Verdadero   ○ Falso

8d. $\frac{1}{3} \div 4 = \frac{1}{12}$ ○ Verdadero   ○ Falso

8e. $\frac{1}{5} \div 3 = 15$ ○ Verdadero   ○ Falso

PIENSA MÁS ¿Tiene sentido?

9. Emilio y Julia usaron maneras diferentes de hallar $\frac{1}{2} \div 4$. Emilio usó un modelo para hallar el cociente. Julia usó una ecuación de multiplicación relacionada para hallar el cociente. ¿Qué resultado tiene sentido? ¿Qué resultado no tiene sentido? Explica tu razonamiento.

Trabajo de Emilio

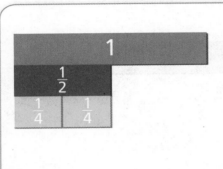

$\frac{1}{2} \div 4 = \frac{1}{4}$

Trabajo de Julia

Si $\frac{1}{2} \div 4 = \blacksquare$, entonces $\blacksquare \times 4 = \frac{1}{2}$.

Sé que $\frac{1}{8} \times 4 = \frac{1}{2}$.

Entonces, $\frac{1}{2} \div 4 = \frac{1}{8}$ porque $\frac{1}{8} \times 4 = \frac{1}{2}$.

• Para el resultado que no tiene sentido, describe cómo hallar el resultado correcto.

10. **PRÁCTICAS Y PROCESOS MATEMÁTICOS 5** Usa un modelo concreto Si quisieras hallar $\frac{1}{2} \div 5$, explica cómo usarías tiras fraccionarias para hallar el cociente.

Nombre _____

Dividir fracciones y números enteros

Objetivo de aprendizaje Usarás tiras fraccionarias o rectas numéricas para dividir un número entero entre una fracción y una fracción entre un número entero.

Divide y comprueba el cociente.

1.

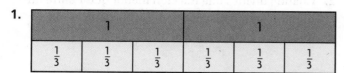

$2 \div \frac{1}{3} =$ ___**6**___ porque ___**6**___ $\times \frac{1}{3} = 2$.

2.

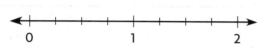

$2 \div \frac{1}{4} =$ _____ porque _____ $\times \frac{1}{4} = 2$.

3.

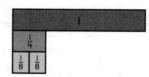

$\frac{1}{4} \div 2 =$ _____ porque _____ $\times 2 = \frac{1}{4}$.

Divide. Dibuja una recta numérica o usa tiras fraccionarias.

4. $1 \div \frac{1}{5} =$ _____

5. $\frac{1}{6} \div 3 =$ _____

6. $4 \div \frac{1}{6} =$ _____

7. $3 \div \frac{1}{3} =$ _____

8. $\frac{1}{4} \div 6 =$ _____

9. $5 \div \frac{1}{4} =$ _____

Resolución de problemas

10. Amy puede correr $\frac{1}{10}$ de milla por minuto. ¿Cuántos minutos tardará Amy en correr 3 millas?

11. Jeremy tiene 3 yardas de cinta que usa para envolver regalos. Corta la cinta en trozos que miden $\frac{1}{4}$ de yarda de largo. ¿Cuántos trozos de cinta tiene Jeremy?

_____

_____

11. **ESCRIBE** ▸*Matemáticas* Explica cómo podrías usar un modelo para hallar el cociente $4 \div \frac{1}{3}$.

_____

_____

Repaso de la lección

1. Kaley corta la mitad de una hogaza de pan en 4 partes iguales. ¿Qué fracción de la hogaza entera representa cada una de las 4 partes?

_____

_____

2. Cuando divides una fracción menor que 1 entre un número entero mayor que 1, ¿el cociente es mayor que, menor que o igual al dividendo?

_____

_____

Repaso en espiral

3. Para una receta de pollo y arroz se necesitan $3\frac{1}{2}$ libras de pollo. Lisa quiere ajustar la receta para que rinda $1\frac{1}{2}$ veces más de pollo y arroz. ¿Cuánto pollo necesitará?

_____

4. Tim y Sue comparten una pizza. Tim come $\frac{2}{3}$ de la pizza. Sue come la mitad de la cantidad que come Tim. ¿Qué fracción de la pizza come Sue?

_____

5. En una clase de gimnasia, corres $\frac{3}{5}$ de milla. Tu entrenador corre 10 veces esa distancia por día. ¿Qué distancia corre tu entrenador por día?

_____

6. Sterling planta un árbol que mide $4\frac{3}{4}$ pies de altura. Un año después, el árbol mide $5\frac{2}{5}$ pies de altura. ¿Cuántos pies creció el árbol?

_____

PRACTICA MÁS CON EL
Entrenador personal
en matemáticas

Nombre _____

Resolución de problemas •
Usar la multiplicación

Pregunta esencial ¿De qué manera la estrategia *hacer un diagrama* te puede ayudar a escribir un enunciado de multiplicación para resolver problemas de división de fracciones?

Objetivo de aprendizaje Usarás la estrategia de *hacer un diagrama* para resolver problemas de división de fracciones, al dividir un número de modelos fraccionarios entre un número de partes fraccionarias, luego multiplicando por el número de partes en cada modelo.

Soluciona el problema En el mundo

Érica prepara 6 emparedados con una hogaza entera de pan y corta cada emparedado en tercios. ¿Cuántas partes de $\frac{1}{3}$ de emparedado tiene?

Lee el problema

¿Qué debo hallar?

Debo hallar _____

_____

_____ .

¿Qué información debo usar?

Debo usar el tamaño de cada _____ de

emparedado y el número de _____ que

corta.

¿Cómo usaré la información?

Puedo _____ para
organizar la información del problema. Luego puedo usar la información organizada para hallar

_____

_____ .

Resuelve el problema

Como Érica corta 6 emparedados, en mi diagrama se deben mostrar 6 rectángulos que representen los emparedados. Puedo dividir cada uno de los 6 rectángulos en tercios.

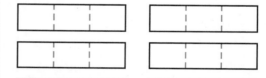

Para hallar el número total de tercios que hay en los 6 rectángulos, puedo multiplicar la cantidad de tercios que hay en cada rectángulo por la cantidad de rectángulos.

$6 \div \frac{1}{3} = 6 \times$ _____ = _____

Entonces, Érica tiene _____ partes de un tercio de emparedado.

Charla matemática

PRÁCTICAS Y PROCESOS MATEMÁTICOS 6

Describe cómo puedes usar la multiplicación para comprobar tu resultado.

🔑 Haz otro problema

Roberto corta 3 tartas de arándanos en mitades para repartir entre sus vecinos. ¿Cuántos vecinos recibirán un trozo de $\frac{1}{2}$ tarta?

Lee el problema	Resuelve el problema
¿Qué debo hallar?	
¿Qué información debo usar?	
¿Cómo usaré la información?	

Entonces, _____ vecinos recibirán un trozo de $\frac{1}{2}$ tarta.

- **PRÁCTICAS Y PROCESOS MATEMÁTICOS ⑥** **Explica** de qué manera el diagrama que hiciste para el problema de división te ayuda para escribir un enunciado de multiplicación.

_____

_____

Nombre _____

1. Una cocinera tiene 5 bloques de mantequilla. Cada bloque pesa 1 libra. Corta cada bloque en cuartos. ¿Cuántos trozos de $\frac{1}{4}$ de libra de mantequilla tiene la cocinera?

Primero, dibuja rectángulos para representar los bloques de mantequilla.

Luego, divide cada rectángulo en cuartos.

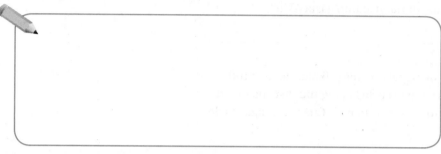

Por último, multiplica la cantidad de cuartos de cada bloque por la cantidad de bloques.

Entonces, la cocinera tiene _____ trozos de mantequilla de un cuarto de libra.

2. **¿Qué pasaría si** la cocinera tuviera 3 bloques de mantequilla y los cortara en tercios? ¿Cuántos trozos de $\frac{1}{3}$ de libra de mantequilla tendría la cocinera?

_____

3. Holly corta 3 cintas en octavos para un proyecto de manualidades. ¿Cuántos pedazos de $\frac{1}{8}$ de cinta tiene Holly?

_____

4. Jason tiene 2 pizzas y las corta en cuartos. ¿Cuántos trozos de $\frac{1}{4}$ de pizza hay?

_____

5. Thomas prepara 5 emparedados y los corta en tercios. ¿Cuántas partes de $\frac{1}{3}$ de emparedado tiene?

_____

ESCRIBE ▸ *Matemáticas*
Muestra tu trabajo

Por tu cuenta

6. **PIENSA MÁS** Julie quiere hacer un dibujo que sea $\frac{1}{4}$ del tamaño del original. Sahil hace un dibujo que es $\frac{1}{3}$ del tamaño del original. Un árbol en el dibujo original mide 12 pulgadas de altura. ¿Cuál será la diferencia entre la altura del árbol en el dibujo de Julie y la altura del árbol en el dibujo de Sahil?

_____

7. Tres amigos van a una feria de libros. Allen gasta $2.60. María gasta 4 veces más que Allen. Akio gasta $3.45 menos que María. ¿Cuánto gasta Akio?

_____

8. **MÁS AL DETALLE** Brianna tiene una hoja de papel que mide 6 pies de longitud. Corta la longitud del papel en sextos y luego corta la longitud de cada uno de estos pedazos de $\frac{1}{6}$ en tercios. ¿Cuántos pedazos tiene? ¿Cuántas pulgadas de longitud tiene cada pedazo?

_____

9. **PRÁCTICAS Y PROCESOS MATEMÁTICOS ⑧ Usa el razonamiento repetitivo** Vuelve a mirar el Problema 8. Cambia la longitud del papel y el tamaño de los pedazos y escribe un problema similar.

_____

_____

_____

_____

Entrenador personal en matemáticas

10. **PIENSA MÁS +** Adrian hizo 3 barras de cereal. Cortó cada barra en cuartos. ¿Cuántos trozos de $\frac{1}{4}$ de barra de cereal tiene Adrian? Dibuja líneas en el modelo para hallar la respuesta.

Adrian tiene _____ trozos de un cuarto de barra de cereal.

Resolución de problemas •
Usar la multiplicación

Objetivo de aprendizaje Usarás la estrategia de *hacer un diagrama* para resolver problemas de división de fracciones dividiendo un número de modelos fraccionarios entre un número de partes fraccionarias y luego multiplicando por el número de partes en cada modelo.

1. Sebastián hornea 4 tartas y las corta en sextos. ¿Cuántos trozos de $\frac{1}{6}$ de tarta tiene?

Para hallar el número total de sextos que hay en las 4 tartas, multiplica 4 por el número de sextos de cada tarta. $4 \div \frac{1}{6} = 4 \times 6 = 24$ trozos de un sexto de tarta

2. Ali tiene 2 pizzas de verduras que corta en octavos. ¿Cuántos trozos de $\frac{1}{8}$ tiene?

_____

3. Un panadero tiene 6 hogazas de pan que pesan 1 libra cada una. Corta cada una de las hogazas en tercios. ¿Cuántas hogazas de $\frac{1}{3}$ de libra tiene el panadero ahora?

_____

4. Supón que el panadero tiene 4 hogazas de pan y las corta en mitades. ¿Cuántas hogazas de pan de $\frac{1}{2}$ libra tendría?

_____

5. Madalyn tiene 3 sandías, las corta en mitades y las regala a sus vecinos. ¿Cuántos vecinos recibirán una parte de $\frac{1}{2}$ sandía?

_____

6. **ESCRIBE** ▸*Matemáticas* Haz un diagrama y explica cómo puedes usarlo para hallar $3 \div \frac{1}{5}$.

_____

_____

Repaso de la lección

1. Julia tiene 12 trozos de tela y corta cada trozo en cuartos. ¿Cuántos trozos de $\frac{1}{4}$ de tela tiene?

2. Josué tiene 3 tartas de queso y las corta en tercios. ¿Cuántos trozos de $\frac{1}{3}$ de tarta tiene?

Repaso en espiral

3. Escribe un enunciado de multiplicación relacionado que pueda ayudarte a hallar el cociente $6 \div \frac{1}{4}$?

4. Ellie usa 12.5 libras de papas para hacer puré de papas. Usa un décimo de esa cantidad de libras de mantequilla. ¿Cuántas libras de mantequilla usa Ellie?

5. Tiffany colecciona botellas de perfumes. Tiene 99 botellas en su colección. Dos tercios de las botellas son de cristal. ¿Cuántas botellas de la colección de Tiffany son de cristal?

6. Stephen compra un melón y lo corta en 6 trozos. Come $\frac{1}{3}$ del melón durante el fin de semana. ¿Cuántos trozos de melón come Stephen durante el fin de semana?

PRACTICA MÁS CON EL
Entrenador personal en matemáticas

Nombre _____

Relacionar las fracciones con la división

Pregunta esencial ¿Cómo puedes usar una fracción para representar la división?

RELACIONA Se puede escribir una fracción como un problema de división.

$$\frac{3}{4} = 3 \div 4 \qquad\qquad \frac{12}{2} = 12 \div 2$$

Soluciona el problema

En una clase de artesanías, hay 3 estudiantes y 2 hojas de cartulina para repartir en partes iguales. ¿Qué parte de la cartulina recibirá cada estudiante?

- Encierra en un círculo el dividendo.
- Subraya el divisor.

 Usa un dibujo.

Divide. $2 \div 3$

PASO 1 Dibuja líneas para dividir cada cartulina en 3 pedazos iguales.

 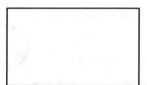

La parte de una hoja de cartulina que corresponde a cada estudiante es _____.

PASO 2 Cuenta el número de tercios que recibe cada estudiante. Como hay 2 hojas de cartulina, cada estudiante recibirá 2 de los

_____ o 2 × _____.

PASO 3 Completa el enunciado numérico.

$2 \div 3 = \dfrac{\quad}{\quad}$

PASO 4 Comprueba tu resultado.

Puesto que _____ × _____ = _____, el cociente es correcto.
　　　　　　 cociente　　divisor　　dividendo

Entonces, cada estudiante recibirá _____ de una hoja de cartulina.

Charla matemática

PRÁCTICAS Y PROCESOS MATEMÁTICOS ⑥

Describe un problema de división en el que cada estudiante reciba $\frac{3}{4}$ de una hoja de cartulina.

🔒 Ejemplo

Cuatro amigos reparten 6 hojas de cartulina en partes iguales.
¿Cuántas hojas de cartulina recibe cada amigo?

Divide. 6 ÷ 4

PASO 1 Dibuja líneas para dividir cada una de las 6 hojas en cuartos.

La parte de 1 hoja de cartulina
que corresponde a cada amigo es _____.

PASO 2 Cuenta el número de cuartos que recibe cada amigo.
Como hay 6 hojas de cartulina, cada amigo recibirá

_____ de los cuartos, o ——.

PASO 3 Completa el enunciado numérico. Escribe la fracción
como un número mixto en su mínima expresión.

6 ÷ 4 = —— o ☐ ——

PASO 4 Comprueba tu resultado.

Puesto que _____ × 4 = _____, el cociente es correcto.

Entonces, cada amigo recibirá _____ hojas de cartulina.

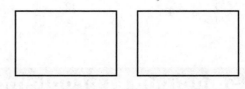
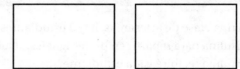
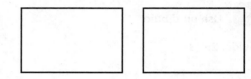

Charla matemática

PRÁCTICAS Y PROCESOS MATEMÁTICOS ❷

Razona de forma abstracta
Describe una manera diferente en la que las hojas de cartulina podrían dividirse en 4 partes iguales.

¡Inténtalo!

La maestra Ruiz tiene una cuerda que mide 125 pulgadas de longitud. La maestra divide la cuerda en partes iguales entre 8 grupos de estudiantes para un experimento de ciencias. ¿Cuánta cuerda recibirá cada grupo?

Puedes representar este problema como una ecuación de división o como una fracción.

- Divide. Escribe el residuo como una fracción. 125 ÷ 8 = _____

- Escribe $\frac{125}{8}$ como un número mixto en su mínima expresión. $\frac{125}{8}$ = _____

Entonces, cada grupo recibirá _____ pulgadas de cuerda.

- **PRÁCTICAS Y PROCESOS MATEMÁTICOS ❶** **Evalúa** Explica por qué 125 ÷ 8 da el mismo resultado que $\frac{125}{8}$.

_____

_____

Nombre _____

Comparte y muestra

Dibuja líneas en el modelo para completar el enunciado numérico.

1. Seis amigos reparten 4 pizzas en partes iguales.

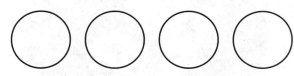

$4 \div 6 =$ _____

La parte de cada amigo es _____ de una pizza.

2. Cuatro hermanos reparten 5 paquetes de adhesivos en partes iguales.

$5 \div 4 =$ _____

La parte de cada hermano es _____ paquetes de adhesivos.

Completa el enunciado numérico para resolver el problema.

3. Doce amigos reparten 3 melones en partes iguales. ¿Qué fracción de un melón recibe cada amigo?

$3 \div 12 =$ _____

La parte de cada amigo es _____ de un melón.

4. Tres estudiantes reparten 8 bloques de plastilina en partes iguales. ¿Cuánta plastilina recibe cada estudiante?

$8 \div 3 =$ _____

La parte de cada estudiante es _____ bloques de plastilina.

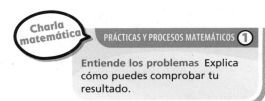

Charla matemática PRÁCTICAS Y PROCESOS MATEMÁTICOS ①

Entiende los problemas Explica cómo puedes comprobar tu resultado.

Por tu cuenta

Completa el enunciado numérico para resolver el problema.

5. Cuatro estudiantes reparten 7 pies de cinta en partes iguales. ¿Cuántos pies de cinta recibe cada estudiante?

$7 \div 4 =$ _____

La parte de cada estudiante es _____ pies de cinta.

6. Ocho niñas reparten 5 barras de frutas en partes iguales. ¿Qué fracción de una barra de frutas recibe cada niña?

$5 \div 8 =$ _____

La parte de cada niña es _____ de una barra de frutas.

7. _PIENSA MÁS_ Ocho estudiantes reparten 12 panecillos de avena en partes iguales y 6 estudiantes reparten 15 panecillos de manzana en partes iguales. Carmine se encuentra en ambos grupos de estudiantes. ¿Cuántos panecillos recibe Carmine en total?

_____

Resolución de problemas • Aplicaciones

8. A la casa de Shawna irán 3 adultos y 2 niños. Shawna va a servir 2 tartas pequeñas de manzana. Si planea darle a cada persona, incluida ella misma, la misma cantidad de tarta, ¿cuánta tarta recibirá cada persona?

_____

9. 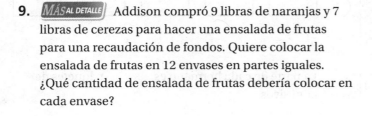 Addison compró 9 libras de naranjas y 7 libras de cerezas para hacer una ensalada de frutas para una recaudación de fondos. Quiere colocar la ensalada de frutas en 12 envases en partes iguales. ¿Qué cantidad de ensalada de frutas debería colocar en cada envase?

_____

10. **PRÁCTICAS Y PROCESOS MATEMÁTICOS 2** **Usa el razonamiento** Nueve amigos piden 4 pizzas grandes. Cuatro de los amigos reparten 2 pizzas en partes iguales y los otros 5 amigos reparten 2 pizzas en partes iguales. ¿En qué grupo recibe más pizza cada miembro? Explica tu razonamiento.

_____

_____

_____

_____

11. **PIENSA MÁS** Jason cultivó 5 calabacines en su jardín. Quiere repartirlos en partes iguales entre 3 de sus vecinos. ¿Cuántos calabacines recibirá cada vecino? Usa los números para completar el enunciado numérico. Algunos números pueden usarse más de una vez o no usarse en absoluto.

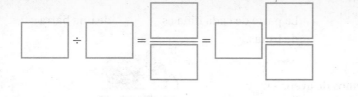

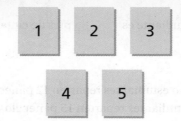

Nombre _____

Relacionar las fracciones con la división

Objetivo de aprendizaje Usarás un dibujo para mostrar cómo las fracciones pueden escribirse como problemas de división cuyo resultado es una fracción o un número mixto.

Completa el enunciado numérico para resolver el problema.

1. Seis estudiantes reparten 8 manzanas en partes iguales. ¿Cuántas manzanas recibe cada estudiante?

$$8 \div 6 = \underline{\quad \frac{8}{6} \text{ o } 1\frac{1}{3} \quad}$$

2. Diez niños reparten 7 barras de cereal en partes iguales. ¿Qué fracción de una barra de cereal recibe cada niño?

$$7 \div 10 = \underline{\qquad}$$

3. Ocho amigos reparten 12 tartas en partes iguales. ¿Cuántas tartas recibe cada amigo?

$$12 \div 8 = \underline{\qquad}$$

4. Tres niñas reparten 8 yardas de tela en partes iguales. ¿Cuántas yardas de tela recibe cada niña?

$$8 \div 3 = \underline{\qquad}$$

5. Cinco panaderos reparten 2 hogazas de pan en partes iguales. ¿Qué fracción de una hogaza de pan recibe cada panadero?

$$2 \div 5 = \underline{\qquad}$$

6. Nueve amigos reparten 6 galletas en partes iguales. ¿Qué fracción de una galleta recibe cada amigo?

$$6 \div 9 = \underline{\qquad}$$

Resolución de problemas En el mundo

7. Hay 12 estudiantes en una clase de joyería y 8 conjuntos de dijes. ¿Qué fracción de un conjunto de dijes recibirá cada estudiante?

_____

_____

8. Cinco amigos reparten 6 tartas de fruta en partes iguales. ¿Cuántas tartas de fruta recibirá cada amigo?

_____

_____

9. **ESCRIBE** ▸ *Matemáticas* Jason divide 8 libras de comida para perro en partes iguales entre 6 perros. Dibuja un diagrama y explica cómo puedes usarlo para hallar la cantidad de comida que recibe cada perro.

_____

_____

Repaso de la lección

1. Ocho amigos reparten 4 racimos de uvas en partes iguales. ¿Qué fracción de un racimo de uvas recibe cada amigo?

2. Diez estudiantes reparten 8 láminas de cartón para cartel en partes iguales. ¿Qué fracción de una lámina de cartón para cartel recibe cada estudiante?

Repaso en espiral

3. Arturo tiene un tronco que mide 4 yardas de longitud. Lo corta en partes que miden $\frac{1}{3}$ de yarda de longitud. ¿Cuántas partes tendrá Arturo?

4. Vince tiene 2 pizzas y las corta en sextos. ¿Cuántos trozos de $\frac{1}{6}$ tiene?

5. Se alquilan kayaks a $35 por día. Usa la propiedad distributiva para escribir una expresión que pueda usarse para hallar el costo en dólares del alquiler de 3 kayaks por un día.

6. Louisa mide 152.7 centímetros de estatura. Su hermana menor es 8.42 centímetros más baja que ella. ¿Cuál es la estatura de la hermana menor de Louisa?

PRACTICA MÁS CON EL
Entrenador personal en matemáticas

Nombre _____

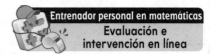
Conceptos y destrezas

1. **Explica** cómo puedes saber, sin calcular, si el cociente de $\frac{1}{2} \div 6$ es mayor que 1 o menor que 1.

_____

_____

Divide. Dibuja una recta numérica o usa tiras fraccionarias.

2. $3 \div \frac{1}{2} =$ _____

3. $1 \div \frac{1}{4} =$ _____

4. $\frac{1}{2} \div 2 =$ _____

5. $\frac{1}{3} \div 4 =$ _____

6. $2 \div \frac{1}{6} =$ _____

7. $\frac{1}{4} \div 3 =$ _____

Completa el enunciado numérico para resolver el problema.

8. Dos estudiantes reparten 3 barras de cereal en partes iguales. ¿Cuántas barras recibe cada estudiante?

$3 \div 2 =$ _____

La parte de cada estudiante es _____ barras de cereal.

9. Cinco niñas reparten 4 emparedados en partes iguales. ¿Qué fracción de un emparedado recibe cada niña?

$4 \div 5 =$ _____

La parte de cada niña es _____ de un emparedado.

10. Nueve niños reparten 4 pizzas en partes iguales. ¿Qué fracción de una pizza recibe cada niño?

$4 \div 9 =$ _____

La parte de cada niño es _____ de una pizza.

11. Cuatro amigos reparten 10 barras de frutas en partes iguales. ¿Cuántas barras de frutas recibe cada amigo?

$10 \div 4 =$ _____

La parte de cada amigo es _____ barras de frutas

12. Mateo tiene 8 litros de refresco de frutas para una fiesta. Cada vaso puede contener $\frac{1}{5}$ de litro de refresco. ¿Cuántos vasos de refresco puede llenar Mateo?

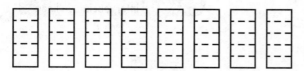

_____

13. Cuatro amigos reparten 3 hojas de cartulina en partes iguales. ¿Qué fracción de una hoja de cartulina recibe cada amigo?

_____

14. Caleb y 2 amigos reparten $\frac{1}{2}$ cuarto de galón de leche en partes iguales. ¿Qué fracción del cuarto de galón de leche recibe cada amigo?

_____

15. **MÁS AL DETALLE** Toni y Makayla están trabajando en un proyecto de manualidades. Makayla tiene 3 yardas de cinta y Toni tiene 4 yardas de cinta. Cortan la cinta en pedazos que miden $\frac{1}{4}$ de yarda de longitud. ¿Cuántos pedazos de cinta tienen?

_____

Nombre _____

La división de fracciones y números enteros

Pregunta esencial ¿Cómo puedes dividir fracciones si resuelves un enunciado de multiplicación relacionado?

Objetivo de aprendizaje Usarás un modelo de área para mostrar cómo dividir un número en partes fraccionarias, y luego escribirás un enunciado de multiplicación relacionado para resolver el problema de división.

 **Soluciona el problema**

Tres amigos reparten un paquete de cuentas de $\frac{1}{4}$ de libra en partes iguales. ¿Qué fracción de una libra de cuentas recibe cada amigo?

Divide. $\frac{1}{4} \div 3$

- Sea el rectángulo 1 libra de cuentas. Divide el rectángulo en cuartos y luego divide cada cuarto en tres partes iguales.

  El rectángulo ahora está dividido en _____ partes iguales.

- Cuando divides un cuarto en 3 partes iguales, estás hallando una de tres partes iguales, o $\frac{1}{3}$ de $\frac{1}{4}$. Sombrea $\frac{1}{3}$ de $\frac{1}{4}$.

  La parte sombreada representa _____ del rectángulo entero.

- Completa el enunciado numérico.

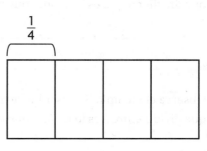

$$\frac{1}{4} \div 3 = \frac{1}{3} \times \frac{1}{4} = \text{_____}$$

Entonces, cada amigo recibe _____ de una libra de cuentas.

Ejemplo

Brad tiene 9 libras de carne de pavo molida para preparar hamburguesas para una merienda. ¿Cuántas hamburguesas de $\frac{1}{3}$ de libra puede preparar?

Divide. $9 \div \frac{1}{3}$

- Dibuja 9 rectángulos para representar cada libra de carne de pavo molida. Divide cada rectángulo en tercios.

- Cuando divides los _____ rectángulos en tercios, estás hallando la cantidad de tercios que hay en 9 rectángulos, o

  bien, estás hallando 9 grupos de _____. Hay _____ tercios.

- Completa el enunciado numérico.

- ¿La cantidad de hamburguesas de pavo será menor o mayor que 9?

  _____

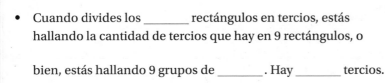

$$9 \div \frac{1}{3} = \text{_____} \times \text{_____} = \text{_____}$$

Entonces, Brad puede preparar _____ hamburguesas de pavo de un tercio de libra.

RELACIONA Has aprendido cómo usar un modelo y cómo escribir un enunciado de multiplicación para resolver un problema de división.

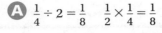

A $\frac{1}{4} \div 2 = \frac{1}{8}$ $\frac{1}{2} \times \frac{1}{4} = \frac{1}{8}$

B $4 \div \frac{1}{2} = 8$ $4 \times 2 = 8$

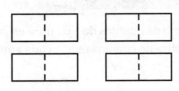

1. Observa el Ejemplo A. Describe de qué manera se muestra en el modelo que dividir entre 2 es lo mismo que multiplicar por $\frac{1}{2}$.

_____

_____

2. Observa el Ejemplo B. Describe de qué manera se muestra en el modelo que dividir entre $\frac{1}{2}$ es lo mismo que multiplicar por 2.

_____

_____

Cuando divides entre números enteros mayores que 1, el cociente siempre es menor que el dividendo. Por ejemplo, el cociente de $6 \div 2$ es menor que 6 y el cociente de $2 \div 3$ es menor que 2. Completa la sección ¡Inténtalo! para aprender sobre la relación que existe entre el cociente y el dividendo cuando divides fracciones y números enteros.

¡Inténtalo!

De las dos expresiones de abajo, ¿cuál tendrá un cociente mayor que el dividendo? Explica.

$\frac{1}{2} \div 3$ $3 \div \frac{1}{2}$

_____

_____

Entonces, cuando divido una fracción entre un número entero mayor que 1, el cociente es

_____ el dividendo. Cuando divido un número entero entre una fracción

menor que 1, el cociente es _____ el dividendo.

Nombre _____

1. Usa el modelo para completar el enunciado numérico.

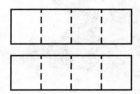

$2 \div \frac{1}{4} = 2 \times$ _____ = _____

Escribe un enunciado de multiplicación relacionado para resolver los ejercicios.

2. $\frac{1}{9} \div 3$

_____

3. $7 \div \frac{1}{2}$

_____

Por tu cuenta

Escribe un enunciado de multiplicación relacionado para resolver los ejercicios.

4. $\frac{1}{3} \div 4$

_____

5. $\frac{1}{4} \div 12$

_____

6. $6 \div \frac{1}{5}$

_____

7. $\frac{2}{3} \div 3$

_____

8. **PRÁCTICAS Y PROCESOS MATEMÁTICOS ③** **Describe las relaciones** Describe de qué manera el modelo representa que dividir entre 2 es lo mismo que hallar $\frac{1}{2}$ de $\frac{1}{4}$.

$\frac{1}{4} \div 2 = \frac{1}{8}$

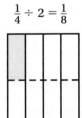

_____

_____

_____

9. **MÁS AL DETALLE** La maestra Lía tiene 12 libras de plastilina para modelar. Divide la plastilina en bloques de $\frac{1}{2}$ libra. Si la maestra Lía separa 6 bloques y reparte el resto entre los estudiantes de su clase de manualidades, ¿cuántos bloques de plastilina de $\frac{1}{2}$ libra reparte entre los estudiantes?

_____

Soluciona el problema En el mundo

10. **PIENSA MÁS** El mamífero más lento es el perezoso de tres dedos. La mayor velocidad de desplazamiento de un perezoso de tres dedos en la tierra es aproximadamente $\frac{1}{4}$ de pie por segundo. La mayor velocidad de desplazamiento de una tortuga gigante en la tierra es aproximadamente $\frac{1}{3}$ de pie por segundo. ¿Cuánto tiempo más tardaría un perezoso de tres dedos en avanzar en la tierra 10 pies que una tortuga gigante?

a. ¿Qué debes hallar? _____

_____

b. ¿Qué operaciones usarás para resolver el problema? _____

_____

c. Muestra los pasos que seguiste para resolver el problema.

d. Completa las oraciones.

Un perezoso de tres dedos avanzaría 10 pies en

_____ segundos.

Una tortuga gigante avanzaría 10 pies en

_____ segundos.

Puesto que _____ − _____ = _____, un perezoso de tres dedos tardaría

_____ segundos más en avanzar 10 pies.

Entrenador personal en matemáticas

11. **PIENSA MÁS +** Jamie tiene una tela a rayas que mide 5 yardas de longitud y una tela lisa que mide 4 yardas de largo. Corta la tela a rayas en partes iguales que miden $\frac{1}{4}$ de yarda de largo y la tela lisa en partes iguales que miden $\frac{1}{3}$ de yarda de largo. ¿Cuántas partes más de tela a rayas que de tela lisa tiene Jamie? Explica cómo resolviste el problema.

_____

_____

_____

_____

La división de fracciones y números enteros

Objetivo de aprendizaje Usarás un modelo de área para mostrar como dividir un número en partes fraccionarias, y luego escribirás un enunciado de multiplicación relacionado para resolver el problema de división.

Escribe un enunciado de multiplicación relacionado para resolver los ejercicios.

1. $3 \div \frac{1}{2}$

2. $\frac{1}{5} \div 3$

3. $2 \div \frac{1}{8}$

4. $\frac{1}{3} \div 4$

_____   _____   _____   _____

5. $5 \div \frac{1}{4}$

6. $\frac{1}{2} \div 2$

7. $\frac{1}{4} \div 6$

8. $6 \div \frac{1}{5}$

_____   _____   _____   _____

9. $\frac{1}{5} \div 5$

10. $4 \div \frac{1}{8}$

11. $\frac{1}{3} \div 7$

12. $9 \div \frac{1}{2}$

_____   _____   _____   _____

Resolución de problemas En el mundo

13. Isaac tiene una cuerda que mide 5 yardas de largo. ¿En cuántas partes de $\frac{1}{2}$ yarda puede cortar la cuerda Isaac?

14. Dos amigos reparten $\frac{1}{2}$ de una piña en partes iguales. ¿Qué fracción de la piña entera recibe cada amigo?

_____   _____

15. **ESCRIBE** ▸*Matemáticas* Indica si el cociente es mayor o menor que el dividendo cuando divides un número entero entre una fracción. Explica tu razonamiento.

_____

_____

Repaso de la lección

1. Steven divide 8 tazas de cereal en porciones de $\frac{1}{4}$ de taza. ¿Cuántas porciones de cereal tiene?

2. Brandy usó una expresión de multiplicación relacionada para resolver $\frac{1}{6} \div 5$. ¿Qué expresión de multiplicación usó?

Repaso en espiral

3. Nueve amigos reparten 12 libras de pacanas en partes iguales. ¿Cuántas libras de pacanas recibe cada amigo?

4. Un científico tiene $\frac{2}{3}$ de litro de solución. Usa $\frac{1}{2}$ solución para un experimento. ¿Cuánta solución usa el científico para el experimento?

5. Naomi necesita 2 tazas de manzanas cortadas para una ensalada de fruta que va a hacer. Tiene solamente una taza graduada de $\frac{1}{4}$. ¿Cuántas veces tendrá que llenar la taza graduada para obtener 2 tazas de manzanas?

6. Michaela pescó 3 peces que pesan un total de $19\frac{1}{2}$ libras. Un pez pesa $7\frac{5}{8}$ libras y otro pesa $5\frac{3}{4}$ libras. ¿Cuánto pesa el tercer pez?

PRACTICA MÁS CON EL
Entrenador personal
en matemáticas

Nombre _____

Interpretar la división con fracciones

Pregunta esencial ¿Cómo puedes usar diagramas, ecuaciones y problemas para representar la división?

Objetivo de aprendizaje Representarás la división con fracciones usando modelos de área, escribiendo ecuaciones de división con ecuaciones de multiplicación relacionadas y escribiendo problemas.

Soluciona el problema

Elisa tiene 6 tazas de pasas y las divide en porciones de $\frac{1}{4}$ de taza. ¿Cuántas porciones de pasas tiene?

Puedes usar diagramas, ecuaciones y problemas para representar la división.

 Haz un diagrama para resolver el problema.

- Dibuja 6 rectángulos para representar las tazas de pasas. Dibuja líneas para dividir cada uno de los rectángulos en cuartos.

- Para hallar $6 \div \frac{1}{4}$, cuenta la cantidad total de cuartos que hay en los 6 rectángulos.

  $6 \div$ _____ = _____

Entonces, Elisa tiene _____ porciones de pasas.

- ¿Cuántas porciones de $\frac{1}{4}$ de taza hay en 1 taza?

  _____

- ¿Cuántas tazas tiene Elisa?

  _____

 Ejemplo 1   Escribe una ecuación para resolver el problema.

Cuatro amigos reparten $\frac{1}{4}$ de galón de jugo de naranja. ¿Qué fracción de un galón de jugo de naranja recibe cada amigo?

PASO 1

Escribe una ecuación.

$\frac{1}{4} \div$ _____ = n

PASO 2

Escribe una ecuación de multiplicación relacionada. Luego resuélvela.

$\frac{1}{4} \times$ _____ = n

_____ = n

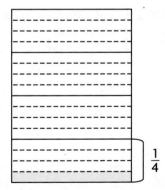

Entonces, cada amigo recibe _____ de galón de jugo de naranja.

Capítulo 8   517

Ejemplo 2 Escribe un problema. Luego haz un diagrama para resolverlo.

$4 \div \frac{1}{3}$

PASO 1 Elige el objeto que quieres dividir.

> **Piensa:** Tu problema debería ser sobre la cantidad de grupos de $\frac{1}{3}$ que hay en 4 enteros.

Objetos posibles: 4 emparedados, 4 pies de cinta, 4 manzanas

PASO 2 Usa el objeto que elegiste para escribir un problema que represente $4 \div \frac{1}{3}$. Describe cómo se divide el objeto en tercios. Luego escribe una pregunta sobre la cantidad de tercios que hay.

_____

_____

_____

PASO 3 Haz un diagrama para resolver el problema.

$4 \div \frac{1}{3} = $ _____

 Ejemplo 3 Escribe un problema. Luego haz un diagrama para resolverlo.

$\frac{1}{2} \div 5$

PASO 1 Elige el objeto que quieres dividir.

> **Piensa:** Tu problema debería ser sobre $\frac{1}{2}$ objeto que se pueda dividir en 5 partes iguales.

Objetos posibles: $\frac{1}{2}$ pizza, $\frac{1}{2}$ yarda de cuerda, $\frac{1}{2}$ galón de leche

PASO 2 Usa el objeto que elegiste para escribir un problema que represente $\frac{1}{2} \div 5$. Describe cómo se divide el objeto en 5 partes iguales. Luego escribe una pregunta sobre el tamaño de cada parte.

_____

_____

_____

PASO 3 Haz un diagrama para resolver el problema.

$\frac{1}{2} \div 5 = $ _____

Charla matemática

PRÁCTICAS Y PROCESOS MATEMÁTICOS ④

Usa diagramas Explica cómo decidiste qué tipo de diagrama hacer para resolver tu problema.

Nombre _____

Comparte y muestra

1. Completa el problema para representar $3 \div \frac{1}{4}$.

Carmen tiene un rollo de papel que mide _____ pies de largo.

Lo corta en pedazos que miden _____ de pie de largo cada uno.
¿Cuántos pedazos de papel tiene Carmen?

2. Haz un diagrama para representar el problema. Luego resuélvelo.

April tiene 6 barras de frutas. Las corta en mitades. ¿Cuántas partes de $\frac{1}{2}$ barra tiene?

3. Escribe una ecuación para representar el problema. Luego resuélvelo.

Dos amigos reparten $\frac{1}{4}$ de una tarta grande de durazno. ¿Qué fracción de la tarta entera recibe cada amigo?

_____

Por tu cuenta

4. **PIENSA MÁS** Escribe una ecuación para representar el problema. Luego resuélvelo.

Benito tiene $\frac{1}{3}$ de kilogramo de uvas. Reparte las uvas en partes iguales en 3 bolsas. ¿Qué fracción de un kilogramo de uvas contiene cada bolsa?

5. **MÁS AL DETALLE** Haz un diagrama para representar el problema. Luego resuélvelo.

Sonya tiene 5 emparedados. Corta cada emparedado en cuartos y regala 6 partes. ¿Cuántas partes de $\frac{1}{4}$ de emparedado tiene Sonya?

_____

6. **PRÁCTICAS Y PROCESOS MATEMÁTICOS ②** **Representa un problema** Escribe un problema para representar $2 \div \frac{1}{8}$. Luego resuélvelo.

_____

Resolución de problemas • Aplicaciones En el mundo

PIENSA MÁS **Plantea un problema**

7. Amy escribió el siguiente problema para representar $4 \div \frac{1}{6}$.

Jacob tiene una tabla que mide 4 pies de longitud. La corta en pedazos que tienen una longitud de $\frac{1}{6}$ de pie. ¿Cuántos pedazos tiene Jacob ahora?

Luego Amy hizo este diagrama para resolver su problema.

Entonces, Jacob tiene 24 pedazos.

Escribe otro problema en el que se divida un objeto diferente y que incluya partes fraccionarias diferentes. Luego haz un diagrama para resolver tu problema.

Plantea un problema.	**Haz un diagrama para resolver tu problema.**

8. **PIENSA MÁS** Melvin tiene $\frac{1}{4}$ de galón de refresco de frutas. Reparte el refresco en partes iguales entre él y 2 amigos. ¿Qué ecuación representa la fracción de galón de refresco que recibe cada amigo? Marca todas las que correspondan.

(A) $\frac{1}{4} \div \frac{1}{3} = n$ (C) $3 \div \frac{1}{4} = n$ (E) $\frac{1}{4} \div 3 = n$

(B) $\frac{1}{4} \times \frac{1}{3} = n$ (D) $3 \div 4 = n$ (F) $3 \times \frac{1}{4} = n$

Nombre _____

Interpretar la división con fracciones

Objetivo de aprendizaje Representarás la divisón con fracciones usando modelos de área, escribiendo ecuaciones de división con ecuaciones de multiplicación relacionada y escribiendo problemas.

Escribe una ecuación para representar el problema. Luego resuélvelo.

1. Daniel tiene un trozo de cable que mide $\frac{1}{2}$ yarda de longitud. Lo corta en 3 partes iguales. ¿Qué fracción de una yarda mide cada parte?

$\frac{1}{2} \div 3 = n; \frac{1}{2} \times \frac{1}{3} = n; n = \frac{1}{6}; \frac{1}{6}$ de yarda

2. Vivian tiene un trozo de cinta que mide 5 metros de longitud. La corta en partes que miden $\frac{1}{3}$ de metro de longitud. ¿Cuántas partes corta Vivian?

Haz un diagrama para representar el problema. Luego resuélvelo.

3. Lina tiene 3 panecillos. Corta cada panecillo en cuartos. ¿Cuántas partes de $\frac{1}{4}$ de panecillo tiene?

4. Dos amigos reparten $\frac{1}{4}$ de galón de limonada en partes iguales. ¿Qué fracción del galón de limonada recibe cada amigo?

5. **ESCRIBE** *Matemáticas* Escribe un problema para representar $3 \div \frac{1}{2}$.

6. **ESCRIBE** *Matemáticas* Escribe un problema para representar $\frac{1}{4} \div 2$.

Resolución de problemas En el mundo

7. Spencer tiene $\frac{1}{3}$ de libra de frutos secos. Divide los frutos en partes iguales en 4 bolsas. ¿Qué fracción de una libra de frutos secos hay en cada bolsa?

8. Humma tiene 3 manzanas. Corta cada manzana en octavos. ¿Cuántas partes de $\frac{1}{8}$ de manzana tiene?

Repaso de la lección

1. Abigail tiene $\frac{1}{2}$ galón de jugo de naranja. Vierte la misma cantidad de jugo en cada uno de los 6 vasos que tiene. ¿Qué ecuación representa la fracción de un galón de jugo de naranja que hay en cada vaso?

2. Escribe una expresión que represente la siguiente situación. Riley tiene un cable de 4 yardas de largo. Lo corta en trozos que miden $\frac{1}{2}$ yarda de largo. ¿Cuántos trozos de cable tiene Riley?

Repaso en espiral

3. Hannah compra $\frac{2}{3}$ de libra de rosbif. Usa $\frac{1}{4}$ de libra para hacer un sándwich para el almuerzo. ¿Cuánto rosbif le queda?

4. Alex compra $2\frac{1}{2}$ libras de uvas y compra $1\frac{1}{4}$ veces más libras de manzanas que de uvas. ¿Cuántas libras de manzana compra?

5. El carro de Maritza tiene 16 galones de gasolina en el tanque. Maritza usa $\frac{3}{4}$ de la gasolina. ¿Cuántos galones de gasolina usa?

6. Jaime tiene un cartón que mide 8 pies de largo. Lo corta en tres partes iguales. ¿Cuál es la longitud de cada parte?

PRACTICA MÁS CON EL
Entrenador personal
en matemáticas

✓Repaso y prueba del Capítulo 8

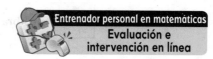

Entrenador personal en matemáticas
Evaluación e intervención en línea

1. Un constructor tiene un terreno de 8 acres dividido en lotes de $\frac{1}{4}$ de acre.
   ¿Cuántos lotes de $\frac{1}{4}$ de acre hay?

   Hay ☐ lotes.

2. En los ejercicios 2a a 2e, elige Verdadero o Falso para cada ecuación.

   2a. $3 \div \frac{1}{4} = \frac{1}{12}$ ○ Verdadero   ○ Falso

   2b. $7 \div \frac{1}{2} = 14$ ○ Verdadero   ○ Falso

   2c. $\frac{1}{5} \div 4 = 20$ ○ Verdadero   ○ Falso

   2d. $\frac{1}{2} \div 5 = \frac{1}{10}$ ○ Verdadero   ○ Falso

   2e. $\frac{1}{7} \div 3 = 21$ ○ Verdadero   ○ Falso

3. Se reparten doce libras de frijoles en 8 bolsas para donar al banco de alimentos.
   ¿Cuántas libras de frijoles hay en cada bolsa?

   _____ libras

Entrenador personal en matemáticas

4. **PIENSA MÁS ➕** Gabriel hizo 4 panes de carne pequeños. Cortó cada pan en
   cuartos. ¿Cuántos trozos de $\frac{1}{4}$ de pan de carne tiene Gabriel? Dibuja líneas en el
   modelo para hallar la respuesta.

   ☐☐☐ ☐☐☐ ☐☐☐ ☐☐☐

   Gabriel tiene ☐ trozos de $\frac{1}{4}$ de pan de carne.

5. Cinco amigos se reparten 3 bolsas de frutos secos surtidos en partes iguales.
   ¿Qué fracción de una bolsa de frutos secos surtidos recibe cada amigo?

APRENDE EN LÍNEA   **Opciones de evaluación**
Prueba del capítulo

6. Landon y Colin compraron $\frac{1}{2}$ libra de fresas y las reparten en partes iguales.

   Cada uno recibirá [   ] de libra de fresas.

7. Elige los números para crear un problema que represente $4 \div \frac{1}{3}$.

   Bill compró [4 / $\frac{1}{3}$ / $\frac{4}{3}$] libras de queso.

   Hizo emparedados de queso gratinado y usó [4 / $\frac{1}{3}$ / $\frac{4}{3}$] de libra de queso para cada emparedado.

   Bill hizo 12 emparedados.

8. Una tortuga gigante puede desplazarse sobre tierra a alrededor de $\frac{1}{10}$ de metro por segundo. Una tortuga de agua puede desplazarse sobre tierra a alrededor de $\frac{1}{2}$ de metro por segundo.

   Parte A

   ¿Cuánto tardaría una tortuga gigante en desplazarse 5 metros?
   Muestra tu trabajo.

   Parte B

   ¿Cuánto más tardaría una tortuga gigante que una tortuga de agua en desplazarse 10 metros sobre tierra? Explica cómo hallaste tu respuesta.

9. Camilla tiene $\frac{1}{2}$ libra de pasas que dividirá en partes iguales entre 5 bolsas. Sombrea el diagrama para representar la fracción de una libra que habrá en cada bolsa.

10. La maestra Green escribió el siguiente problema en la pizarra:

Lisa y Frank compartieron $\frac{1}{3}$ de libra de cerezas en partes iguales. ¿Qué fracción de una libra recibió cada uno?

Parte A

Molly escribió la siguiente ecuación para resolver el problema: $2 \div \frac{1}{3} = n$. ¿Estás de acuerdo con la ecuación de Molly? Usa la información del problema para apoyar tu respuesta.

Parte B

Noah dibujó este diagrama para resolver el problema. ¿Puede Noah usar este diagrama para hallar la fracción de una libra de cerezas que recibió cada persona? Usa la información del problema para apoyar tu respuesta.

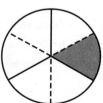

11. Divide. Dibuja una recta numérica para mostrar tu trabajo.

$2 \div \frac{1}{3} =$ ◻

12. Zoe tiene 5 pepinos que cultivó en su jardín. Quiere repartirlos en partes iguales entre 4 de sus vecinos. ¿Cuántos pepinos recibirá cada vecino? Usa los números de las fichas para completar el enunciado numérico. Puedes usar algún número más de una vez o no usarlo en absoluto.

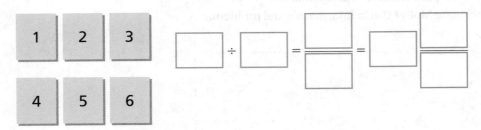

13. Dora compra un paquete de 1 libra, un paquete de 2 libras y un paquete de 4 libras de carne molida para hacer hamburguesas.

¿Cuántas hamburguesas de $\frac{1}{4}$ de libra de carne molida puede hacer? Muestra tu trabajo usando palabras, dibujos o números.

14. Adán tiene $\frac{1}{2}$ cuarto de galón de leche. Si vierte la leche en 3 vasos en partes iguales, cada vaso contendrá ◻ de cuarto de galón de leche.

15. Nueve amigos reparten 3 tartas de calabaza en partes iguales. ¿Qué fracción de una tarta de calabaza recibe cada amigo?

Cada amigo recibe ◻ de una tarta de calabaza.

16. Jesse está preparando una jarra de un batido de frutas que contiene 3 tazas de jugo de naranjas. Su taza medidora solo tiene capacidad para $\frac{1}{4}$ de taza. ¿Cuántas veces tendrá que llenar Jesse la taza medidora para alcanzar las 3 tazas de jugo de naranjas?

17. Kayleigh tiene $\frac{1}{4}$ de taza de aceite. Lo vierte en dos lámparas de aceite en partes iguales. ¿Qué ecuación representa la fracción de una taza de aceite que hay en cada lámpara? Marca todas las que correspondan.

Ⓐ $\frac{1}{2} \div \frac{1}{4} = n$

Ⓑ $\frac{1}{4} \times \frac{1}{2} = n$

Ⓒ $2 \div \frac{1}{4} = n$

Ⓓ $4 \div 2 = n$

Ⓔ $\frac{1}{4} \div 2 = n$

Ⓕ $2 \times \frac{1}{4} = n$

18. Brendan hizo una hogaza de pan. Dio porciones iguales de $\frac{1}{2}$ hogaza de pan a 6 amigos. ¿Qué diagrama podría usar Brendan para hallar la fracción de la hogaza de pan que recibió cada amigo? Marca todas las opciones que correspondan.

Ⓐ

Ⓑ

Ⓒ

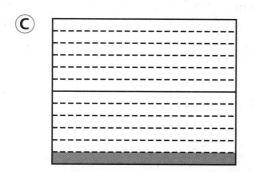

Ⓓ

19. La maestra te da el siguiente problema: $6 \div \frac{1}{5}$.

Parte A

Dibuja un diagrama para representar $6 \div \frac{1}{5}$.

Parte B

Escribe un problema para representar $6 \div \frac{1}{5}$.

Parte C

Usa una expresión de multiplicación relacionada para resolver tu problema.
Muestra tu trabajo.

20. *MÁS AL DETALLE* Siete amigos compraron 7 cuartos de arándanos. Tres de los amigos compartirán 4 cuartos de los arándanos en partes iguales y los otros 4 amigos compartirán 3 cuartos de los arándanos en partes iguales. ¿En qué grupo cada amigo recibirá una mayor cantidad de arándanos? Explica tu razonamiento.

Geometría y medición

LA GRAN IDEA Ampliar los conceptos de medición haciendo conversiones entre unidades de diferentes tamaños, desarrollando patrones numéricos y representando conjuntos de datos de medidas en forma de fracciones. Desarrollar la comprensión de los conceptos de volumen y relacionarlo con la multiplicación y con la suma.

Un *rover* lunar es un vehículo que se usa en la Luna para explorar su superficie. ▶

Arquitectura espacial

El Equipo de Arquitectura Lunar de la NASA desarrolla ideas para *rovers* y hábitats espaciales. Un hábitat espacial está formado por módulos unidos por esclusas de aire. Las esclusas tienen puertas dobles que permiten que las personas se muevan entre los módulos sin perder atmósfera.

Para comenzar

Con un compañero, diseña un hábitat espacial compuesto por 3 módulos. En el recuadro de Datos importantes se mencionan algunos módulos que puedes elegir para tu diseño. Recorta, dobla y pega con cinta adhesiva los patrones de los módulos que elegiste, y los del cubo para medir.

Usa una fórmula para hallar el volumen del cubo para medir en centímetros cúbicos. Para estimar el volumen de los módulos, llena cada módulo con arroz y luego echa el arroz en el cubo para medir. Haz de cuenta que cada centímetro cúbico del cubo representa 32 pies cúbicos. Determina cuál sería el volumen de tu hábitat espacial en pies cúbicos.

Conecta los módulos para completar tu hábitat espacial.

Datos importantes

Módulos de un hábitat espacial

- recámara
- cocina
- habitación para hacer ejercicio
- baño

- habitación de trabajo
- esclusa de aire
- habitación de almacenamiento (para las provisiones de aire y agua)

_____

_____

_____

_____

_____

_____

_____

Completado por _____

Álgebra: Patrones y confección de gráficas

✓ Muestra lo que sabes

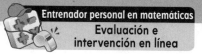

Entrenador personal en matemáticas
Evaluación e intervención en línea

Comprueba si comprendes las destrezas importantes.

Nombre _____

▶ **Leer y usar una gráfica de barras** Usa la gráfica para responder las preguntas.

1. ¿Qué fruta obtuvo la mayor cantidad de votos?

_____

2. ¿Qué fruta obtuvo 5 votos? _____

3. Hubo _____ votos en total.

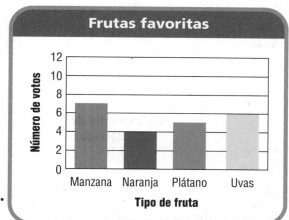

Frutas favoritas

▶ **Ampliar patrones** Halla los números que faltan. Luego escribe una descripción para cada patrón.

4. 0, 5, 10, 15, _____ , _____ , _____

descripción: _____

5. 70, 60, 50, 40, _____ , _____ , _____

descripción: _____

6. 12, 18, 24, 30, _____ , _____ , _____

descripción: _____

7. 150, 200, 250, 300, _____ , _____ , _____

descripción: _____

8. 200, 180, 160, 140, _____ , _____ , _____

descripción: _____

Representa gráficamente las coordenadas del mapa y conéctalas para localizar los documentos secretos en el maletín perdido.

(3, 3), (4, 2), (4, 4), (5, 3)

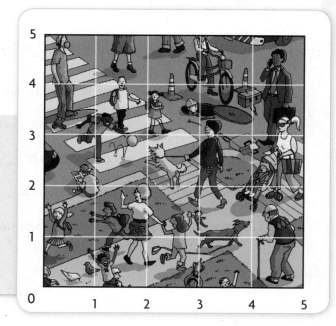

Desarrollo del vocabulario

▶ **Visualízalo** •

Usa las palabras marcadas para completar el mapa de árbol.

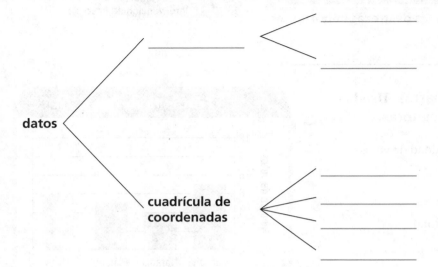

Palabras de repaso

datos

diagrama de puntos

Palabras nuevas

coordenada *x*

coordenada *y*

✓ eje *x*

✓ eje *y*

✓ escala

✓ gráfica lineal

✓ intervalo

✓ origen

✓ par ordenado

▶ **Comprende el vocabulario** •

Completa las oraciones con las palabras nuevas.

1. Una gráfica en la que se usan segmentos para mostrar cómo

   cambian los datos a través del tiempo es una _____ .

2. El par de números que se usa para ubicar puntos

   en una cuadrícula se llama _____ .

3. El punto (0, 0), también llamado _____ , es donde se
   cruzan el eje *x* y el eje *y*.

4. En una cuadrícula de coordenadas, la recta numérica horizontal es el

   _____ y la recta numérica vertical es el _____ .

5. El primer número de un par ordenado es la _____ y

   el segundo número de un par ordenado es la _____ .

6. La diferencia entre los valores de la escala de una gráfica

   es un _____ .

© Houghton Mifflin Harcourt Publishing Company

• **Libro interactivo del estudiante**
• **Glosario multimedia**

Vocabulario del Capítulo 9

cuadrícula de coordenadas

coordinate grid

10

datos

data

13

intervalo

interval

39

gráfica lineal

line graph

37

diagrama de puntos

line plot

19

par ordenado

ordered pair

53

origen

origin

52

escala

scale

27

Información recopilada sobre personas o cosas, generalmente para sacar conclusiones sobre ellas

Ejemplo:

Temperatura exterior	
Hora	Temp. (en °F)
6:00 a. m.	38°
8:00 a. m.	41°
10:00 a. m.	49°
12:00 p. m.	59°
2:00 p. m.	62°

Cuadrícula formada por una línea horizontal llamada eje x y una línea vertical llamada eje y

Ejemplo:

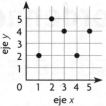

Gráfica en la que se usan segmentos para mostrar cómo cambian los datos en el transcurso del tiempo

Ejemplo:

Diferencia entre un número y el siguiente en la escala de una gráfica

Ejemplo:

Par de números que se usan para ubicar un punto en una cuadrícula; el primer número indica la posición izquierda-derecha y el segundo número indica la posición arriba-abajo.

Ejemplo:

Ejemplo:

Gráfica que muestra la frecuencia de los datos en una recta numérica

Ejemplo:

Millas recorridas

Sucesión de números que están ubicados a una distancia fija entre sí en una gráfica, que ayudan a rotular esa gráfica

Ejemplo:

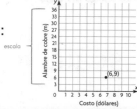

Punto donde se intersecan los dos ejes de una cuadrícula de coordenadas; (0, 0)

Ejemplo:

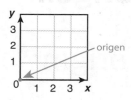

Vocabulario del Capítulo 9 *(continuación)*

eje *x*

x-axis

24

coordenada *x*

x-coordinate

8

eje *y*

y-axis

25

coordenada *y*

y-coordinate

9

Primer número de un par ordenado que indica la distancia desde la cual hay que moverse hacia la derecha o la izquierda desde (0, 0)

Ejemplo:

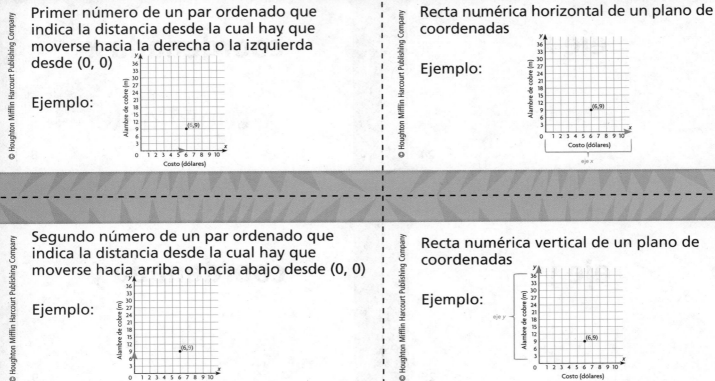

Recta numérica horizontal de un plano de coordenadas

Ejemplo:

eje x

Segundo número de un par ordenado que indica la distancia desde la cual hay que moverse hacia arriba o hacia abajo desde (0, 0)

Ejemplo:

Recta numérica vertical de un plano de coordenadas

Ejemplo:

eje y

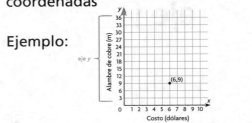

Visita a la Luna

Para 2 jugadores

Materiales

- 1 de cada color: fichas de juego rojas y azules
- 1 cubo numerado

Instrucciones

1. Cada jugador elige una ficha de juego y la coloca en la SALIDA.
2. Cuando sea tu turno, lanza el cubo numerado. Avanza tu ficha de juego ese número de espacios.
3. Si caes en los siguientes espacios:

   Espacio verde claro   Explica el significado del término matemático o úsalo en una oración. Si tu respuesta es correcta, avanza hasta el próximo espacio que tiene el mismo término.

   Espacio verde oscuro   Sigue las instrucciones del espacio. Si no tiene instrucciones, quédate donde estás.

4. Ganará la partida el primer jugador que alcance la LLEGADA.

Recuadro de palabras

coordenada x

coordenada y

cuadrícula de coordenadas

datos

diagrama de puntos

eje x

eje y

escala

gráfica lineal

intervalo

origen

par ordenado

Juego

INSTRUCCIONES Cada jugador elige una ficha de juego y la coloca en la SALIDA. • Cuando sea tu turno, lanza el cubo numerado . Avanza tu ficha de juego ese número de espacios. • Si caes en los siguientes espacios: Espacio verde claro: Explica el significado del término matemático o úsalo en una oración. Si tu respuesta es correcta, avanza hasta el próximo espacio que tiene el mismo término. • Espacio verde oscuro: Sigue las instrucciones del espacio. Si no tiene instrucciones, quédate donde estás. • Ganará la partida el primer jugador que alcance la LLEGADA.

LLEGADA | datos | cuadrícula de coordenadas | coordenada y | eje y

eje y | coordenada y | Vuelve a | cuadrícula de coordenadas | datos

coordenada x | eje x | escala | origen

diagrama de puntos | par ordenado | origen | escala | eje x

gráfica lineal | intervalo | Vuelve a | datos | cuadrícula de coordenadas

SALIDA | cuadrícula de coordenadas | datos | intervalo | gráfica lineal

Juego

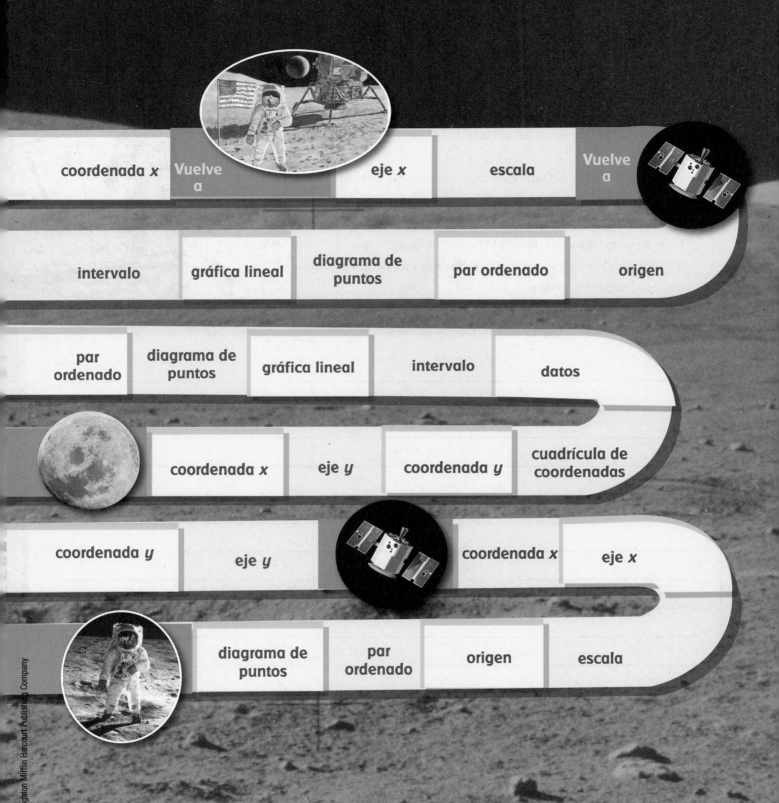

coordenada *x*

Vuelve a

eje *x*

escala

Vuelve a

intervalo

gráfica lineal

diagrama de puntos

par ordenado

origen

par ordenado

diagrama de puntos

gráfica lineal

intervalo

datos

coordenada *x*

eje *y*

coordenada *y*

cuadrícula de coordenadas

coordenada *y*

eje *y*

coordenada *x*

eje *x*

diagrama de puntos

par ordenado

origen

escala

Escríbelo

Reflexiona

Elige una idea. Escribe sobre ella.

- Explica cómo se relacionan los términos *coordenada x, coordenada y* y *par ordenado.*

- Explica a qué distancia del origen se encuentra el par ordenado (4, 2).

- ¿Cuándo usarías un diagrama de puntos para colocar datos? ¿Cuándo usarías una gráfica lineal? Explica tu respuesta.

- Durante una tormenta, mides la cantidad de agua que cae cada hora durante seis horas. Describe una tabla con una escala e intervalo adecuados para tus datos.

Nombre _____

Diagramas de puntos

Objetivo de aprendizaje Usarás un diagrama de puntos y seguirás el orden de las operaciones para hallar un promedio con datos expresados en fracciones.

Pregunta esencial ¿De qué manera un diagrama de puntos te puede ayudar a hallar un promedio a partir de datos expresados en fracciones?

¿Soluciona el problema

Los estudiantes midieron distintas cantidades de agua en vasos de precipitados para un experimento. A continuación se muestra la cantidad de agua que había en cada vaso de precipitados.

$\frac{1}{4}$ de taza, $\frac{1}{4}$ de taza, $\frac{1}{2}$ taza, $\frac{3}{4}$ de taza, $\frac{1}{4}$ de taza, $\frac{1}{4}$ de taza,

$\frac{1}{4}$ de taza, $\frac{1}{2}$ taza, $\frac{1}{4}$ de taza, $\frac{3}{4}$ de taza, $\frac{1}{4}$ de taza, $\frac{3}{4}$ de taza

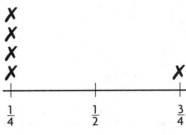

Agua usada (en tazas)

Si la cantidad total de agua quedó igual, ¿cuál sería la cantidad de agua promedio en un vaso de precipitados?

PASO 1 Cuenta el número de tazas para cada cantidad. Dibuja una **✗** para representar el número de veces que se registra cada cantidad en el diagrama de puntos.

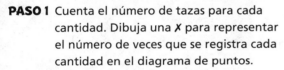

PASO 2 Halla la cantidad total de agua en todos los vasos de precipitados que contienen $\frac{1}{4}$ de taza de agua.

Hay _____ vasos de precipitados con $\frac{1}{4}$ de

taza de agua. Entonces, hay _____ cuartos, o

$\frac{}{}$ o $\frac{}{}$ tazas.

PASO 3 Halla la cantidad total de agua en todos los vasos de precipitados que contienen $\frac{1}{2}$ taza de agua.

Hay _____ vasos de precipitados con $\frac{1}{2}$ taza de agua. Entonces, hay _____ mitades o

$\frac{}{}$ o 1 taza.

PASO 4 Halla la cantidad total de agua en todos los vasos de precipitados que contienen $\frac{3}{4}$ de taza de agua.

$3 \times \frac{3}{4} = \frac{}{}$ o $\frac{}{}$

PASO 5 Suma para hallar la cantidad total de agua en todos los vasos de precipitados.

$1\frac{3}{4} + 1 + 2\frac{1}{4} = $ _____

Entonces, la cantidad de agua promedio en un vaso de precipitados

es _____ de taza.

PASO 6 Para hallar el promedio, divide la suma que hallaste en el Paso 5 entre el número de vasos de precipitados.

$5 \div 12 = \frac{}{}$

Capítulo 9 533

¡Inténtalo!

Puedes usar el orden de las operaciones para hallar el promedio. Resuelve el problema como una serie de expresiones separadas con paréntesis y corchetes. Primero, haz las operaciones que están entre los paréntesis y luego las que están entre los corchetes.

$$\left[\left(7 \times \tfrac{1}{4}\right) + \left(2 \times \tfrac{1}{2}\right) + \left(3 \times \tfrac{3}{4}\right)\right] \div 12$$

Haz las operaciones que están entre paréntesis.

 $\div 12$

A continuación, haz las operaciones que están entre corchetes.

$\boxed{} \div 12$

Divide.

$\dfrac{}{}$

Escribe la expresión como una fracción.

🔑 Ejemplo

Raine divide tres bolsas de arroz de 2 onzas en bolsas más pequeñas. La primera bolsa se divide en bolsas que pesan $\tfrac{1}{6}$ de onza cada una, la segunda se divide en bolsas que pesan $\tfrac{1}{3}$ de onza cada una y la tercera se divide en bolsas que pesan $\tfrac{1}{2}$ onza cada una.

Halla el número de bolsas de arroz de $\tfrac{1}{6}$ de onza, $\tfrac{1}{3}$ de onza y $\tfrac{1}{2}$ onza. Luego representa los resultados gráficamente en el diagrama de puntos.

PASO 1 Escribe un título para tu diagrama de puntos. Debe describir lo que estás contando.

PASO 2 Rotula $\tfrac{1}{6}$, $\tfrac{1}{3}$ y $\tfrac{1}{2}$ en el diagrama de puntos para representar las distintas cantidades en las que se dividen las tres bolsas de 2 onzas.

PASO 3 Usa la división para hallar el número de bolsas de $\tfrac{1}{6}$ de onza, $\tfrac{1}{3}$ de onza y $\tfrac{1}{2}$ onza que se hicieron a partir de las tres bolsas de arroz originales.

$$2 \div \frac{1}{6} \qquad 2 \div \frac{1}{3} \qquad 2 \div \frac{1}{2}$$

$$2 \times \boxed{} = \boxed{} \qquad 2 \times \boxed{} = \boxed{} \qquad 2 \times \boxed{} = \boxed{}$$

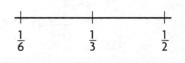

$$\frac{1}{6} \qquad \frac{1}{3} \qquad \frac{1}{2}$$

PASO 4 Dibuja una ✗ sobre $\tfrac{1}{6}$, $\tfrac{1}{3}$ o $\tfrac{1}{2}$ para representar el número de bolsas de arroz.

Charla matemática

PRÁCTICAS Y PROCESOS MATEMÁTICOS ②

Razona de forma cuantitativa
Explica por qué hay más bolsas de arroz de $\tfrac{1}{6}$ de onza que de $\tfrac{1}{2}$ onza.

Nombre _____

Usa los datos para completar el diagrama de puntos. Luego responde las preguntas.

Lilly necesita comprar cuentas para un collar. Las cuentas se venden por masa. Lilly hace un diseño para determinar qué cuentas necesita y luego anota sus tamaños. Los tamaños son los siguientes:

$\frac{2}{5}$ g, $\frac{2}{5}$ g, $\frac{4}{5}$ g, $\frac{2}{5}$ g, $\frac{1}{5}$ g, $\frac{1}{5}$ g, $\frac{3}{5}$ g,

$\frac{4}{5}$ g, $\frac{1}{5}$ g, $\frac{2}{5}$ g, $\frac{3}{5}$ g, $\frac{3}{5}$ g, $\frac{2}{5}$ g

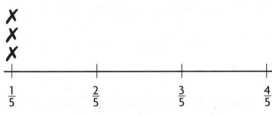

Masa de las cuentas (en gramos)

1. ¿Cuál es la masa combinada de las cuentas que tienen una masa de $\frac{1}{5}$ gramo?

Piensa: Hay _____ X sobre $\frac{1}{5}$ en el diagrama de puntos, entonces la masa combinada de las cuentas

es igual a _____ quintos o _____ de gramo.

2. ¿Cuál es la masa combinada de todas las cuentas que tienen una masa de $\frac{2}{5}$ de gramo?

_____

3. ¿Cuál es la masa combinada de todas las cuentas del collar?

_____

4. ¿Cuál es el peso promedio de las cuentas del collar?

_____

Por tu cuenta

Usa los datos para completar el diagrama de puntos. Luego responde las preguntas.

Un cocinero usó distintas cantidades de leche para preparar un desayuno con panqueques, según el número de órdenes de panqueques. A continuación se muestran los resultados.

$\frac{1}{2}$ tz, $\frac{1}{4}$ de tz, $\frac{1}{2}$ tz, $\frac{3}{4}$ de tz, $\frac{1}{2}$ tz, $\frac{3}{4}$ de tz, $\frac{1}{2}$ tz, $\frac{1}{4}$ de tz, $\frac{1}{2}$ tz, $\frac{1}{2}$ tz

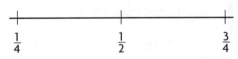

Leche usada en pedidos de panqueque (en tazas)

5. ¿Cuánta leche combinada se usa en las cantidades de $\frac{1}{2}$ taza? _____

6. PIENSA MÁS ¿Cuál es la cantidad promedio de leche que se usa para un pedido de panqueques? _____

7. MÁS AL DETALLE ¿Cuántas órdenes más de panqueques usaron $\frac{1}{2}$ taza que $\frac{1}{4}$ de taza y $\frac{3}{4}$ de taza de leche combinadas? _____

8. PRÁCTICAS Y PROCESOS MATEMÁTICOS ❷ Usa el razonamiento Describe una cantidad que podrías sumar a los datos que haría que el promedio aumentara.

_____

Soluciona el problema En el mundo

9. **PRÁCTICAS Y PROCESOS MATEMÁTICOS ①** **Entiende los problemas** Durante 10 días consecutivos, Samantha midió la cantidad de alimento que comió su gato Dewey y anotó los resultados que se muestran a continuación. Representa los resultados gráficamente en el diagrama de puntos. ¿Cuál es la cantidad promedio de alimento que Dewey comió por día?

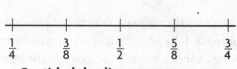

Cantidad de alimento para gatos que comió (en tazas)

$\frac{1}{2}$ tz, $\frac{3}{8}$ de tz, $\frac{5}{8}$ de tz, $\frac{1}{2}$ tz, $\frac{5}{8}$ de tz, $\frac{1}{4}$ de tz, $\frac{3}{4}$ de tz, $\frac{1}{4}$ de tz, $\frac{1}{2}$ tz, $\frac{5}{8}$ de tz

a. ¿Qué debes saber? _____

_____

b. ¿Cómo puedes usar un diagrama de puntos para organizar la información?

_____

_____

_____

c. ¿Qué pasos podrías seguir para hallar la cantidad promedio de alimento que Dewey comió por día?

_____

_____

_____

d. Completa los espacios en blanco con los totales de cada cantidad medida.

$\frac{1}{4}$ de taza: _____ $\frac{5}{8}$ de taza: _____

$\frac{3}{8}$ de taza: _____ $\frac{3}{4}$ de taza: _____

$\frac{1}{2}$ taza: _____

e. Halla la cantidad total de alimento que comió en 10 días.

_____ + _____ + _____ + _____ +

_____ = _____

Entonces, la cantidad promedio de alimento

que Dewey comió por día fue _____.

10. **PIENSA MÁS**   Maya midió las alturas de las plántulas que está cultivando. Las alturas fueron $\frac{3}{4}$ pulg, $\frac{7}{8}$ pulg, $\frac{1}{2}$ pulg, $\frac{3}{4}$ pulg, $\frac{5}{8}$ pulg, $\frac{3}{4}$ pulg, $\frac{7}{8}$ pulg, $\frac{5}{8}$ pulg, $\frac{1}{2}$ pulg y $\frac{3}{4}$ pulg. Organiza la información en un diagrama de puntos.

¿Cuál es la altura promedio de las plántulas? _____ de pulgada.

Nombre _____

Diagramas de puntos

Usa los datos para completar el diagrama de puntos. Luego responde las preguntas.

Objetivo de aprendizaje Usarás un diagrama de puntos y seguirás el orden de las operaciones para hallar un promedio con datos expresados en fracciones.

Un empleado de una tienda naturista rellena bolsas con frutos secos surtidos. A continuación se enumera la cantidad de frutos secos surtidos que hay en cada bolsa.

$\frac{1}{4}$ lb, $\frac{1}{4}$ lb, $\frac{3}{4}$ lb, $\frac{1}{2}$ lb, $\frac{1}{4}$ lb, $\frac{3}{4}$ lb,

$\frac{3}{4}$ lb, $\frac{3}{4}$ lb, $\frac{1}{2}$ lb, $\frac{1}{4}$ lb, $\frac{1}{2}$ lb, $\frac{1}{2}$ lb

1 lb

1. ¿Cuánto pesan las bolsas de $\frac{1}{4}$ lb juntas? _____

  Piensa: Hay cuatro bolsas de $\frac{1}{4}$ de libra.

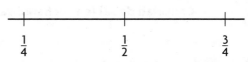

Peso de los frutos secos surtidos (en libras)

2. ¿Cuánto pesan las bolsas de $\frac{1}{2}$ lb juntas? _____

3. ¿Cuánto pesan las bolsas de $\frac{3}{4}$ lb juntas? _____

4. ¿Cuánto pesan en total los frutos secos surtidos que se usaron para

  rellenar todas las bolsas? _____

5. ¿Cuál es la cantidad promedio de frutos secos surtidos que hay en

  cada bolsa? _____

Julie usa cristales para hacer una pulsera. A continuación se muestra la longitud de los cristales.

$\frac{1}{2}$ pulg, $\frac{5}{8}$ pulg, $\frac{3}{4}$ pulg, $\frac{1}{2}$ pulg, $\frac{3}{8}$ pulg, $\frac{1}{2}$ pulg, $\frac{3}{4}$ pulg,

$\frac{3}{8}$ pulg, $\frac{3}{4}$ pulg, $\frac{5}{8}$ pulg, $\frac{1}{2}$ pulg, $\frac{3}{8}$ pulg, $\frac{5}{8}$ pulg, $\frac{3}{4}$ pulg

Longitud de los cristales (en pulgadas)

6. ¿Cuál es la longitud de los cristales de $\frac{1}{2}$ pulg juntos? _____

7. ¿Cuál es la longitud de los cristales de $\frac{5}{8}$ pulg juntos? _____

8. ¿Cuál es la longitud total de todos los cristales de la pulsera? _____

9. ¿Cuál es la longitud promedio de cada cristal de la pulsera? _____

10. **ESCRIBE** ▸*Matemáticas* Describe los pasos que puedes usar para hallar el promedio
   de las cantidades fraccionarias.

Repaso de la lección

Una panadera usa diferentes cantidades de sal para hacer panes según la receta que siga. En el siguiente diagrama de puntos se muestra la cantidad de sal que se necesita para cada receta.

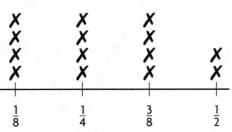

Cantidad de sal (en cucharaditas)

1. Según el diagrama de puntos, ¿en cuántas recetas se necesita más de $\frac{1}{4}$ de cdta. de sal?

   _____

2. ¿Cuál es la cantidad promedio de sal que se necesita para cada receta?

   _____

Repaso en espiral

3. Ramona tenía $8\frac{3}{8}$ pulg de cinta. Usó $2\frac{1}{2}$ pulg para un proyecto de arte. ¿Cuántas pulgadas de cinta le quedan? Halla la diferencia en su mínima expresión.

4. Benjamín compró $\frac{1}{2}$ libra de queso para preparar 3 sándwiches. Si usa la misma cantidad de queso en cada sándwich, ¿cuánto queso tendrá cada sándwich?

5. ¿Cuánto es 92.583 redondeado al décimo más próximo?

6. En el jardín de Yoshi, $\frac{3}{4}$ de las flores son tulipanes. De esos tulipanes, $\frac{2}{3}$ son amarillos. ¿Qué fracción de las flores del jardín de Yoshi son tulipanes amarillos?

PRACTICA MÁS CON EL
Entrenador personal
en matemáticas

Nombre _____

Pares ordenados

Pregunta esencial ¿Cómo puedes identificar y marcar puntos en una cuadrícula de coordenadas?

RELACIONA Ubicar un punto en una cuadrícula de coordenadas es como usar norte/sur y oeste/este para indicar direcciones. La recta numérica horizontal de la cuadrícula es el **eje x**. La recta numérica vertical de la cuadrícula es el **eje y**.

Cada punto de la cuadrícula de coordenadas se puede describir con un **par ordenado** de números. La **coordenada x,** el primer número del par ordenado, representa la ubicación horizontal, o la distancia a la que se encuentra el punto del 0 en la dirección del eje x. La **coordenada y**, el segundo número del par ordenado, representa la ubicación vertical, o la distancia a la que se encuentra el punto del 0 en la dirección del eje y.

$$(x, y)$$

coordenada x ⌐ ⌐ coordenada y

El eje x y el eje y se cruzan en el punto (0, 0), llamado **origen**.

 ## Soluciona el problema En el mundo

🔒 **Escribe los pares ordenados que representan las ubicaciones del estadio y del acuario.**

Ubica el punto para el que quieres escribir un par ordenado.

Observa el eje x abajo para identificar la distancia horizontal del punto desde 0, que es su coordenada x.

Observa el eje y a la izquierda para identificar la distancia vertical del punto desde 0, que es su coordenada y.

Entonces, el par ordenado del estadio es (3, 2) y el par ordenado

del acuario es (_____, _____).

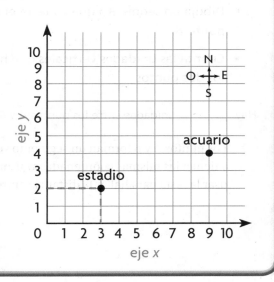

- Describe el camino que seguirías para llegar al acuario desde el origen, usando primero desplazamientos horizontales y luego verticales.

_____

_____

Charla matemática PRÁCTICAS Y PROCESOS MATEMÁTICOS ④

Usa gráficas Usa las coordenadas x y y para describir la distancia del punto (3, 2) respecto de los ejes x y y.

🔑 Ejemplo 1 Usa la gráfica.

Se puede rotular un punto de una cuadrícula de coordenadas con un par ordenado, una letra o ambos.

Ⓐ Marca el punto (5, 7) y rotúlalo con la letra *J*.

Desde el origen, desplázate 5 unidades hacia la derecha y luego 7 unidades hacia arriba.

Marca y rotula el punto.

Ⓑ Marca el punto (8, 0) y rotúlalo con la letra *S*.

Desde el origen, desplázate _____ unidades hacia la

derecha y luego _____ unidades hacia arriba.

Marca y rotula el punto.

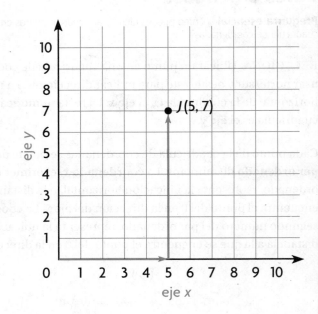

🔑 Ejemplo 2 Halla la distancia entre dos puntos.

Puedes hallar la distancia entre dos puntos cuando se encuentran sobre la misma recta horizontal o vertical.

- Dibuja un segmento que conecte el punto *A* y el punto *B*.

- Cuenta las unidades verticales que hay entre los dos puntos.

Hay _____ unidades entre los puntos *A* y *B*.

1. Los puntos *A* y *B* forman un segmento vertical y tienen las mismas coordenadas *x*. ¿Cómo puedes usar la resta para hallar la distancia entre los puntos?

_____

_____

_____

2. Representa gráficamente los puntos (3, 2) y (5, 2). Explica cómo puedes usar la resta para hallar la distancia horizontal entre los dos puntos.

_____

_____

_____

Nombre _____

En la Cuadrícula de coordenadas A, escribe un par ordenado para el punto dado.

1. *C* _____   **2.** *D* _____

3. *E* _____   ✓ **4.** *F* _____

Marca y rotula los puntos en la Cuadrícula de coordenadas A.

5. *M*(0, 9)   **6.** *H*(8, 6)

7. *K*(10, 4)   **8.** *T*(4, 5)

9. *W*(5, 10)   ✓**10.** *R*(1, 3)

Cuadrícula de coordenadas A

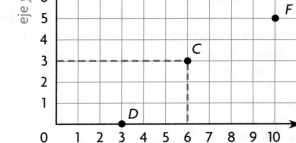

Por tu cuenta

En la Cuadrícula de coordenadas B, escribe un par ordenado para el punto dado.

11. *G* _____   **12.** *H* _____

13. *I* _____   **14.** *J* _____

15. *K* _____   **16.** *L* _____

Marca y rotula los puntos en la Cuadrícula de coordenadas B.

17. *W*(8, 2)   **18.** *E*(0, 4)

19. *X*(2, 9)   **20.** *B*(3, 4)

21. *R*(4, 0)   **22.** *F*(7, 6)

23. *T*(5, 7)   **24.** *A*(7, 1)

Cuadrícula de coordenadas B

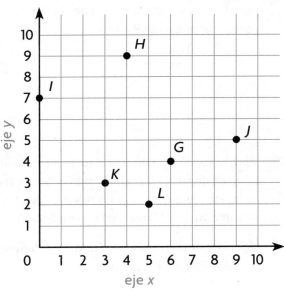

25. **ESCRIBE** ▸*Matemáticas* Explica cómo hallar la distancia que hay entre el punto *F* y el punto *A*.

_____

_____

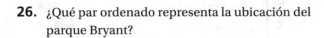

Resolución de problemas • Aplicaciones

Nathan y sus amigos planean un viaje a la ciudad de New York. Usa el mapa para resolver los problemas 26 a 30. Cada unidad representa 1 cuadra de la ciudad.

Mapa de la ciudad de New York

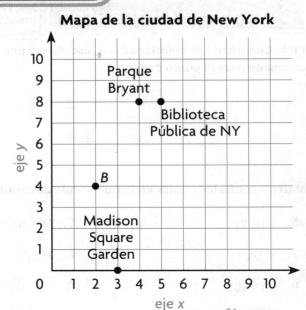

26. ¿Qué par ordenado representa la ubicación del parque Bryant?

_____

27. 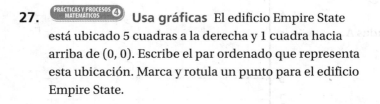 **Usa gráficas** El edificio Empire State está ubicado 5 cuadras a la derecha y 1 cuadra hacia arriba de (0, 0). Escribe el par ordenado que representa esta ubicación. Marca y rotula un punto para el edificio Empire State.

_____

28. **PIENSA MÁS** **¿Cuál es el error?** Nathan dice que el Madison Square Garden está ubicado en (0, 3) en el mapa. ¿Es correcto su par ordenado? Explica.

_____

_____

29. **MÁS AL DETALLE** Paulo camina desde el punto *B* hasta el parque Bryant. Raúl camina desde el punto *B* hasta el Madison Square Garden. Si solo caminan por las líneas de la cuadrícula, ¿quién camina más? Explica.

_____

_____

_____

Entrenador personal en matemáticas

30. **PIENSA MÁS +** Observa el mapa de la Ciudad de Nueva York de arriba. Imagina que una estación de subterráneo está ubicada en el punto (6, 5). ¿Cuál de los siguientes enunciados describe con precisión la ubicación de la estación de subterráneo? Marca todas las opciones que correspondan.

(A) La estación queda 2 cuadras a la derecha y 3 hacia abajo respecto del Parque Bryant.

(B) La estación queda 4 cuadras a la derecha y 1 hacia abajo respecto del punto B.

(C) La estación queda 1 cuadra a la derecha y 3 hacia abajo respecto de la biblioteca.

(D) La estación queda 5 cuadras a la derecha y 3 hacia arriba respecto del Madison Square Garden.

Pares ordenados

En la Cuadrícula de coordenadas A, escribe un par ordenado para el punto dado.

1. A (2, 3)

2. B

Cuadrícula de coordenadas A

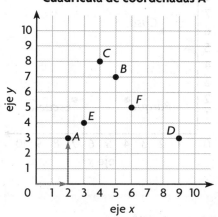

3. C

4. D

5. E

6. F

Marca y rotula los puntos en la Cuadrícula de coordenadas B.

7. $N(7, 3)$

8. $R(0, 4)$

Cuadrícula de coordenadas B

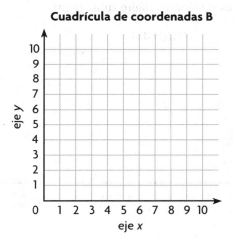

9. $O(8, 7)$

10. $M(2, 1)$

11. $P(5, 6)$

12. $Q(1, 5)$

Resolución de problemas

Usa el mapa para responder las preguntas 13 y 14.

13. ¿Qué edificio está ubicado en el punto $(5, 6)$?

_____

14. ¿Cuál es la distancia entre La Pizzería de Kip y el banco?

_____

15. ESCRIBE ▸ *Matemáticas* ¿En qué situación podrías ubicar puntos en una cuadrícula de coordenadas?

_____

Port Charlotte

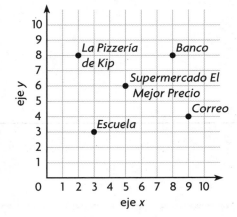

Repaso de la lección

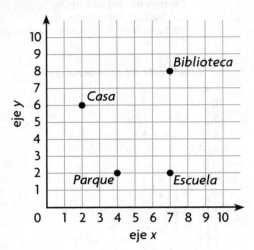

1. ¿Qué par ordenado describe la ubicación del parque?

_____

2. ¿Cuál es la distancia entre la escuela y la biblioteca?

_____

Repaso en espiral

3. ¿Cuál es el valor del dígito subrayado?

45,7<u>6</u>9,331

_____

4. Andrew cobra $18 por cortar el césped de un jardín. Si corta el césped de 17 jardines por mes, ¿cuánto dinero ganará Andrew por mes?

_____

5. Harlow puede montar bicicleta a una tasa de 18 millas por hora. ¿Cuántas horas tardaría en recorrer un tramo de carretera que mide 450 millas de largo?

_____

6. Molly usa 192 cuentas para hacer una pulsera y un collar. El collar lleva 5 veces más cuentas que la pulsera. ¿Cuántas cuentas usa Molly para hacer el collar?

_____

PRACTICA MÁS CON EL
Entrenador personal
en matemáticas

Nombre _____

Representar datos gráficamente

Pregunta esencial ¿Cómo puedes usar una cuadrícula de coordenadas para mostrar datos recopilados en un experimento?

Objetivo de aprendizaje Recopilarás y graficarás datos de un experimento en una cuadrícula de coordenadas, luego analizarás los datos en la gráfica.

Investigar

Materiales ■ vaso de papel ■ agua ■ termómetro en grados Fahrenheit ■ cubos de hielo ■ cronómetro

Al recopilar datos, estos se pueden organizar en una tabla.

A. Llena más de la mitad del vaso de papel con agua a temperatura ambiente.

B. Coloca el termómetro en grados Fahrenheit en el agua y mide su temperatura inicial antes de añadir hielo. Anota la temperatura en la tabla, en la hilera de los 0 segundos.

C. Coloca tres cubos de hielo en el agua e inicia el cronómetro. Mide la temperatura cada 10 segundos durante 60 segundos. Anota las temperaturas en la tabla.

Temperatura del agua	
Tiempo (en segundos)	Temperatura (en °F)
0	
10	
20	
30	
40	
50	
60	

Capítulo 9 545

Sacar conclusiones

1. Explica por qué anotarías la temperatura inicial en la hilera de los 0 segundos.

_____

_____

2. Describe lo que sucede con la temperatura del agua a los 60 segundos, durante el experimento.

_____

_____

3. **PRÁCTICAS Y PROCESOS MATEMÁTICOS ⑧** **Saca conclusiones** Analiza tus observaciones sobre la temperatura del agua durante los 60 segundos, y explica qué crees que sucedería con la temperatura si el experimento continuara durante 60 segundos más.

_____

_____

_____

Hacer conexiones

Puedes usar una cuadrícula de coordenadas para representar gráficamente y analizar los datos que recopilaste en el experimento.

PASO 1 Escribe los pares de datos relacionados como pares ordenados

(0, _____) (20, _____) (40, _____)

(10, _____) (30, _____) (50, _____)

(60, _____)

PASO 2 Haz una cuadrícula de coordenadas y escribe un título para ella. Rotula los ejes.

PASO 3 Marca un punto para cada par ordenado.

Charla matemática **PRÁCTICAS Y PROCESOS MATEMÁTICOS ④**

Usa gráficas ¿Cuál es el par ordenado que anotaste para los datos a los 10 segundos? Explica qué representa cada coordenada.

Temperatura del agua

Temperatura (en °F) eje y

Tiempo (en segundos)

eje x

Nombre _____

Para los ejercicios 1 a 3, representa los datos gráficamente en la cuadrícula de coordenadas.

1. Escribe los pares ordenados para cada punto.

_____

2. ¿Qué indica el par ordenado (3, 38) acerca de la edad y la estatura de Ryan?

_____

_____

3. ¿Por qué el punto (6, 42) no tendría sentido?

_____

_____

_____

_____

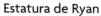

Estatura de Ryan					
Edad (en años)	1	2	3	4	5
Estatura (en pulgadas)	30	35	38	41	44

Estatura de Ryan

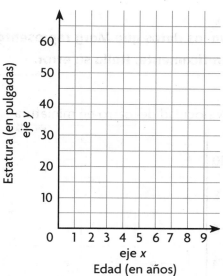

Resolución de problemas • Aplicaciones

4. PIENSA MÁS En la tabla se muestra la profundidad del río Dakota en diferentes momentos durante una tormenta.

Representa gráficamente los pares ordenados de las fichas en la cuadrícula de coordenadas.

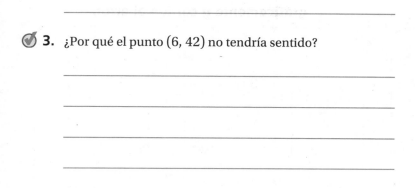

Profundidad del río

Río Dakota					
Tiempo (horas)	1	2	3	4	5
Profundidad (pies)	7	8	10	12	15

(1, 7)

(2, 8)

(3, 10)

(4, 12)

(5, 15)

PIENSA MÁS **¿Cuál es el error?**

5. Mary coloca un carro en miniatura en una pista con lanzadores. A cada pie, se anota la velocidad del carro. Algunos de los datos se muestran en la tabla. Mary representa los datos gráficamente en la siguiente cuadrícula de coordenadas.

Velocidad del carro en miniatura	
Distancia (en pies)	Velocidad (en millas por hora)
0	0
1	4
2	8
3	6
4	3

Observa los datos que Mary representó gráficamente. Halla su error.

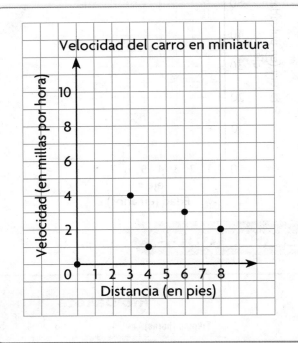

Representa los datos gráficamente y corrige el error.

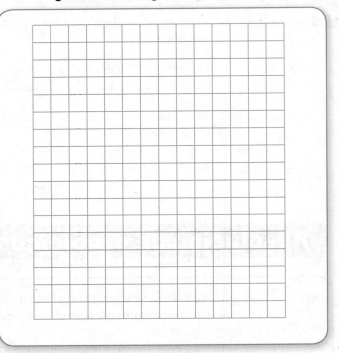

6. **PRÁCTICAS Y PROCESOS MATEMÁTICOS ③** **Verifica el razonamiento de otros** Describe el error de Mary.

_____

_____

7. **MÁS AL DETALLE** ¿A qué distancia crees que se detendrá el carro? Explícalo y escribe el par ordenado.

_____

_____

Representar datos gráficamente

Objetivo de aprendizaje Recopilarás y graficarás datos de un experimento en una cuadrícula de coordenadas, luego analizarás los datos en la gráfica.

Representa los datos gráficamente en la cuadrícula de coordenadas.

1.

Temperatura exterior					
Hora	1	3	5	7	9
Temperatura (°F)	61	65	71	75	77

a. Escribe los pares ordenados para cada punto.

_____

_____

b. ¿Cómo cambiarían los pares ordenados si la temperatura exterior se registrara cada hora durante 4 horas consecutivas?

_____

_____

_____

_____

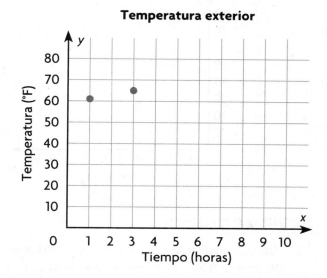

Temperatura exterior

Resolución de problemas

2.

Ventanas reparadas					
Día	1	2	3	4	5
Cantidad total reparada	14	30	45	63	79

a. Escribe los pares ordenados para cada punto.

_____

_____

b. ¿Qué te indica el par ordenado (2, 30) acerca de la cantidad de ventanas reparadas?

_____

_____

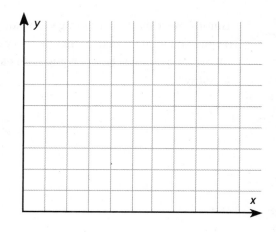

Repaso de la lección

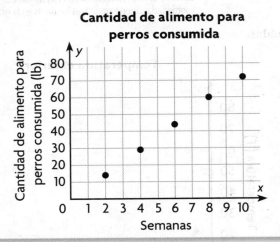

Cantidad de alimento para perros consumida

1. ¿Aproximadamente cuántas semanas tardó el perro en consumir 45 libras de alimento?

_____

2. Al final de la semana 8, ¿cuánto alimento había consumido el perro?

_____

Repaso en espiral

3. Una cadena de restaurantes encargó 3,940 libras de arroz en bolsas de 20 libras. ¿Aproximadamente cuántas bolsas de 20 libras de arroz encargó la cadena de restaurantes?

4. La población de Linton es 12 veces mayor que la población de Ellmore. La población de las dos ciudades juntas es de 9,646 personas. ¿Cuál es la población de Linton?

5. Timothy necesita $\frac{1}{2}$ taza de migas de pan para un guisado y $\frac{1}{3}$ de taza de migas de pan para la cobertura. ¿Cuántas tazas de migas de pan necesita Timothy?

6. Jessie compró 3 camisetas a $6 cada una y 4 camisetas a $5 cada una. ¿Qué expresión puedes usar para describir lo que compró Jessie?

PRACTICA MÁS CON EL
Entrenador personal en matemáticas

Nombre _____

Gráficas lineales

Pregunta esencial ¿Cómo puedes usar una gráfica lineal para mostrar y analizar datos del mundo real?

Objetivo de aprendizaje Usarás pares ordenados para hacer gráficas lineares y analizarlas.

 Soluciona el problema *En el mundo*

Una **gráfica lineal** es una gráfica en la que se usan segmentos para mostrar cómo cambian los datos a través del tiempo. Las series de números ubicados a distancias fijas que rotulan la gráfica son la **escala** de la gráfica. Los **intervalos**, o la diferencia entre los valores de una escala, deben ser iguales.

Representa los datos gráficamente. Usa la gráfica para determinar las horas entre las que se dieron los mayores cambios de temperatura.

Temperaturas registradas							
Hora (a. m.)	1:00	2:00	3:00	4:00	5:00	6:00	7:00
Temperatura (en °F)	51	49	47	44	45	44	46

- Escribe los pares de números relacionados como pares ordenados.

(1:00 , 51)   (____ , ____)

(____ , ____)   (____ , ____)

(____ , ____)   (____ , ____)

(____ , ____)

PASO 1 Para el eje vertical, elige una escala y un intervalo que sean apropiados para los datos. Puedes representar una ruptura en la escala entre 0 y 40 debido a que no hay temperaturas entre 0°F y 44°F.

PASO 2 En el eje horizontal, escribe las horas del día. Escribe un título para la gráfica y rotula cada eje. Luego representa los pares ordenados gráficamente. Conecta los puntos con segmentos para completar la gráfica.

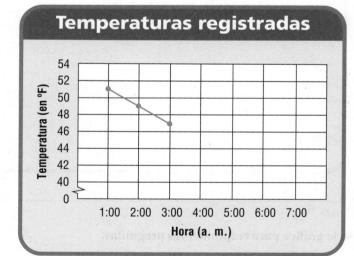

Observa cada segmento de la gráfica. Halla el segmento que muestra el mayor cambio de temperatura entre dos puntos consecutivos.

El mayor cambio de temperatura se dio entre las _____ y las _____ .

¡Inténtalo! Jill usó un pluviómetro para recopilar datos sobre las precipitaciones que hubo durante 6 días en su casa, en Miami. Leyó la cantidad de lluvia que se almacenaba en el pluviómetro cada día, sin vaciarlo. Sus datos se muestran en la tabla. Haz una gráfica lineal para representar los datos de Jill.

PASO 1 Escribe los pares de datos relacionados como pares ordenados.

(Lun., ___2___) (___, ___) (___, ___)

(___, ___) (___, ___) (___, ___)

PASO 2 Elige una escala y un intervalo para los datos.

PASO 3 Rotula el eje horizontal y el eje vertical. Escribe un título para la gráfica. Representa los pares ordenados gráficamente. Conecta los puntos con segmentos.

Agua de lluvia recolectada	
Día	Precipitaciones (en pulgadas)
Lun.	2
Mar.	2
Mié.	3
Jue.	6
Vie.	8
Sáb.	9

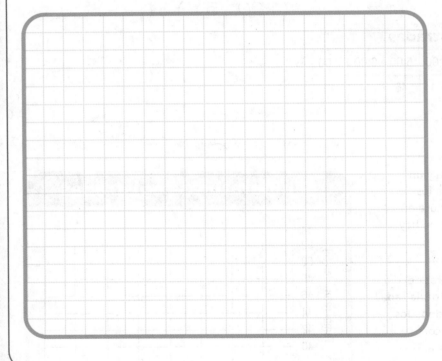

Charla matemática PRÁCTICAS Y PROCESOS MATEMÁTICOS ④

Representa las matemáticas ¿Cómo podrías usar la gráfica para identificar las dos lecturas entre las que no llovió?

Usa la gráfica para responder las preguntas.

1. ¿Qué día se registró la mayor cantidad de precipitaciones?

_____

2. ¿Qué día registró Jill el mayor incremento en precipitaciones con respecto al día anterior?

_____

Nombre _____

Usa la tabla de la derecha para responder las preguntas 1 a 3.

1. ¿Qué escala e intervalo serían apropiados para representar los datos gráficamente?

_____

_____

2. Escribe los pares relacionados como pares ordenados.

_____

_____

☑ 3. Haz una gráfica lineal con los datos.

☑ 4. Usa la gráfica para determinar entre qué dos meses se dio el menor cambio en la temperatura promedio.

_____

Temperatura mensual promedio en Tupelo, Mississippi					
Mes	Ene.	Feb.	Mar.	Abr.	May.
Temperatura (en °F)	40	44	54	62	70

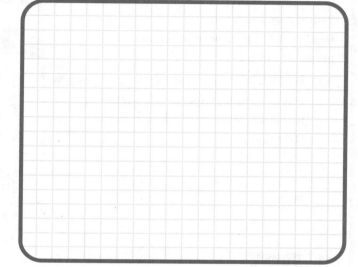

Por tu cuenta

Usa la tabla de la derecha para responder las preguntas 5 a 7.

5. Escribe los pares de números relacionados que indican la altura de la planta como pares ordenados.

_____

6. ¿Qué escala e intervalo serían apropiados para representar los datos gráficamente?

_____

7. Haz una gráfica lineal con los datos.

8.  Usa la gráfica para hallar entre qué dos meses la planta tuvo el mayor y el menor crecimiento.

_____

_____

9. **PIENSA MÁS** Usa la gráfica para estimar la altura de la planta a los $1\frac{1}{2}$ meses.

_____

Altura de la planta				
Mes	1	2	3	4
Altura (en pulgadas)	20	25	29	32

La evaporación convierte el agua en estado líquido de la superficie terrestre en vapor de agua. El vapor de agua se condensa en la atmósfera y vuelve a la superficie terrestre en forma de precipitaciones. Este proceso se llama ciclo del agua. El océano es una parte importante de este ciclo. Influye sobre la temperatura promedio y las precipitaciones de los distintos lugares.

En la siguiente gráfica superpuesta se usan dos escalas verticales para representar las precipitaciones y las temperaturas mensuales promedio de Redding, en California.

Usa la gráfica para responder las preguntas 10 a 11.

10. **PRÁCTICAS Y PROCESOS MATEMÁTICOS 4** **Usa gráficas** Explica cómo te ayuda la gráfica superpuesta a relacionar las precipitaciones y las temperaturas de cada mes.

_____

_____

_____

11. *MÁS AL DETALLE* Describe cómo cambia la temperatura promedio en los primeros 5 meses del año. Describe la relación entre la temperatura promedio y la cantidad de precipitaciones.

_____

_____

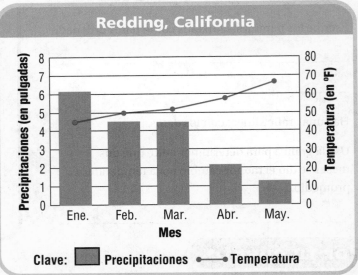

12. *PIENSA MÁS* La gráfica lineal muestra la cantidad de nieve que cae durante varios días.

Para los enunciados 12a a 12c, elige Verdadero o Falso.

12a. No hubo cambios en la cantidad de nieve del día 2 al día 3.   ○ Verdadero   ○ Falso

12b. El mayor aumento en la cantidad de nieve entre días consecutivos se dio del día 4 al día 5.   ○ Verdadero   ○ Falso

12c. Del día 1 al día 6, la cantidad de nieve aumentó de 1 pie a 8.   ○ Verdadero   ○ Falso

Gráficas lineales

Objetivo de aprendizaje Usarás pares ordenados para hacer gráficas lineares y analizarlas.

Usa la tabla para resolver los ejercicios 1 a 5.

Temperatura a cada hora							
Hora	10 a. m.	11 a. m.	12 mediodía	1 p. m.	2 p. m.	3 p. m.	4 p. m.
Temperatura (°F)	8	11	16	27	31	38	41

1. Escribe los pares de números relacionados para la temperatura a cada hora como pares ordenados.

(10, 8); _____

_____

2. ¿Qué escala sería apropiada para representar los datos gráficamente?

_____

3. ¿Qué intervalo sería apropiado para representar los datos gráficamente?

_____

4. Haz una gráfica lineal con los datos.

_____

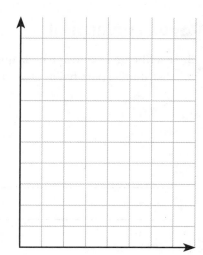

5. Usa la gráfica para hallar la diferencia de temperatura entre las 11 a. m. y la 1 p. m.

_____

Resolución de problemas

6. ¿Entre qué dos horas se dio el menor cambio de temperatura?

_____

_____

_____

7. ¿Cuál fue el cambio de temperatura entre las 12 del mediodía y las 4 p. m.?

_____

_____

Repaso de la lección

Altura de la planta cada semana

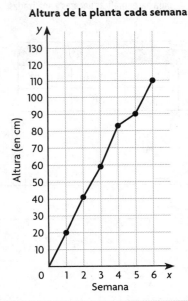

1. ¿Aproximadamente cuántos centímetros creció la planta en las primeras tres semanas?

   _____

2. ¿Entre qué dos semanas la planta creció menos?

   _____

Repaso en espiral

3. Escribe una expresión en la que uses la propiedad distributiva para hallar el producto de 7 × 63.

   _____

   _____

4. Lexi necesita comprar 105 floreros para una fiesta. Cada paquete tiene 6 floreros. ¿Cuántos paquetes debería comprar Lexi?

   _____

5. Un atleta-estudiante corre $3\frac{1}{3}$ millas en 30 minutos. Un corredor profesional puede correr $1\frac{1}{4}$ millas más en 30 minutos. ¿Qué distancia puede correr el corredor profesional en 30 minutos?

   _____

6. La receta para hacer un aderezo para ensalada indica que el aderezo debe llevar $\frac{1}{4}$ de taza de vinagre. Si tienes 4 tazas de vinagre, ¿cuántas tandas de aderezo para ensalada puedes hacer?

   _____

PRACTICA MÁS CON EL
Entrenador personal
en matemáticas

Nombre _____

 Revisión de la mitad del capítulo

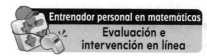

Vocabulario

Elige el término del recuadro que mejor corresponda.

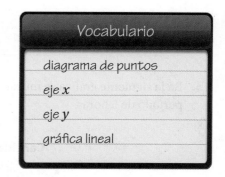

Vocabulario
diagrama de puntos
eje x
eje y
gráfica lineal

1. El _____ es la recta numérica horizontal de la cuadrícula de coordenadas. (pág. 539)

2. Una _____ es una gráfica en la que se usan segmentos para mostrar cómo cambian los datos a través del tiempo. (pág. 551)

Conceptos y destrezas

Usa el diagrama de puntos que está a la derecha para responder las preguntas 3 a 5.

3. ¿Cuántos gatitos pesan al menos $\frac{3}{8}$ de libra?

_____

4. ¿Cuál es el peso combinado de todos los gatitos?

_____

5. **MÁS AL DETALLE** ¿Cuál es el peso promedio de los gatitos del refugio?

_____

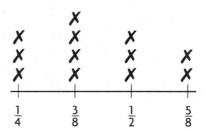

Peso de gatitos del refugio de animales (en lb)

Usa la cuadrícula de coordenadas que está a la derecha para resolver los ejercicios 6 a 13.

Escribe un par ordenado para el punto dado.

6. A _____

7. B _____

8. C _____

9. D _____

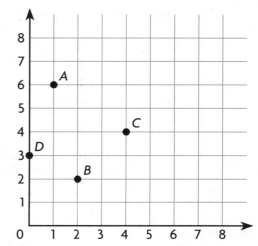

Marca y rotula los puntos en la cuadrícula de coordenadas.

10. $E(6, 2)$

11. $F(5, 0)$

12. $G(3, 4)$

13. $H(3, 1)$

14. Jane dibujó un punto que estaba 1 unidad hacia la derecha del eje *y* y 7 unidades por encima del eje *x*. ¿Cuál es el par ordenado que se encuentra en esta ubicación?

_____

15. En la siguiente gráfica se muestra la cantidad de nieve caída durante un período de 6 horas.

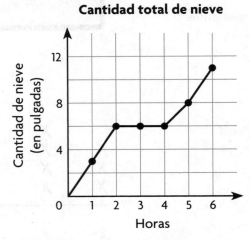

Cantidad total de nieve

¿Entre qué horas cayó la menor cantidad de nieve?

_____

16. Durante 5 días, Joy registró las distancias que caminó diariamente. ¿Qué distancia caminó en los 5 días?

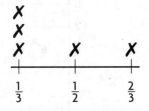

Distancia caminada por día (en millas)

_____

Nombre _____

Patrones numéricos

Pregunta esencial ¿Cómo puedes identificar una relación entre dos patrones numéricos?

Objetivo de aprendizaje Usarás dos reglas para hacer patrones numéricos e identificarás la relación entre los dos patrones.

Soluciona el problema (En el mundo)

Durante la primera semana de clases, Joel compra 2 películas y 6 canciones en su sitio multimedia favorito de Internet. Si compra la misma cantidad de películas y canciones todas las semanas, ¿qué relación hay entre la cantidad de canciones y la cantidad de películas compradas de una semana a la siguiente?

- ¿Cuántas películas compra Joel por semana?

  _____

- ¿Cuántas canciones compra Joel por semana?

  _____

PASO 1 Usa las dos reglas que se dan en el problema para crear los primeros 4 términos de la secuencia para la cantidad de películas y de la secuencia para la cantidad de canciones.

- La secuencia para la cantidad de películas por semana es:

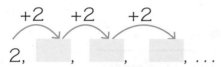

2, ⬜ , ⬜ , ⬜ , ...

- La secuencia para la cantidad de canciones por semana es:

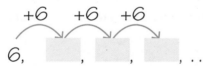

6, ⬜ , ⬜ , ⬜ , ...

PASO 2 Escribe pares de números que relacionen la cantidad de películas con la cantidad de canciones.

Semana 1: ___2, 6___   Semana 2: _____

Semana 3: _____   Semana 4: _____

PASO 3 Para cada par de números, compara la cantidad de películas con la cantidad de canciones. Escribe una regla para describir esta relación.

Piensa: En cada par de números relacionados, el segundo número es _____ veces mayor que el primero.

Regla: _____

Entonces, de una semana a la siguiente, la cantidad de canciones que Joel

compró es _____ veces mayor que la cantidad de películas compradas.

Capítulo 9   559

🔒 Ejemplo

Cada vez que Alice completa un nivel de su videojuego favorito, gana 3 vidas adicionales y 6 monedas de oro. ¿Qué regla puedes escribir para relacionar la cantidad de monedas de oro con la cantidad de vidas adicionales que ha ganado en cualesquiera de los niveles? ¿Cuántas vidas adicionales habrá ganado Alice cuando complete 8 niveles?

Suma _____.

Suma _____.

Nivel	0	1	2	3	4	...	8
Vidas adicionales	0	3	6	9	12	...	
Monedas de oro	0	6	12	18	24	...	48

Multiplica por _____

o divide entre _____.

PASO 1 A la izquierda de la tabla, completa la regla que describe cómo podrías hallar la cantidad de vidas adicionales que se ganan al pasar de un nivel al siguiente.

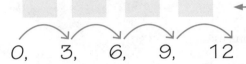

← diferencia entre términos consecutivos

0, 3, 6, 9, 12

De un nivel al siguiente, Alice gana _____ vidas adicionales más.

PASO 2 A la izquierda de la tabla, completa la regla que describe cómo podrías hallar la cantidad de monedas de oro que se ganan al pasar de un nivel al siguiente.

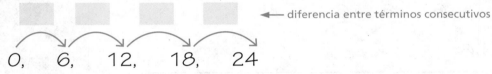

← diferencia entre términos consecutivos

0, 6, 12, 18, 24

De un nivel al siguiente, Alice gana _____ monedas de oro más.

PASO 3 Escribe los pares de números que relacionan la cantidad de monedas de oro con la cantidad de vidas adicionales ganadas en cada nivel.

Nivel 1: _6, 3_   Nivel 2: _____

Nivel 3: _____   Nivel 4: _____

PASO 4 Completa la regla que está a la derecha de la tabla que describe cómo se relacionan los pares de números. Usa la regla para hallar la cantidad de vidas adicionales en el nivel 8.

Piensa: En cada nivel, la cantidad de vidas adicionales es _____ mayor que la cantidad de monedas de oro.

Regla: _____

Entonces, después de completar 8 niveles, Alice habrá ganado _____ vidas adicionales.

Charla matemática

PRÁCTICAS Y PROCESOS MATEMÁTICOS 7

Identifica las relaciones ¿Cómo cambiaría la regla que escribiste si estuvieras relacionando las vidas adicionales con las monedas de oro en vez de relacionar las monedas de oro con las vidas adicionales?

Nombre _____

Usa las reglas dadas para completar las secuencias. Luego completa la regla que describe la relación entre las monedas de 5¢ y las monedas de 10¢.

1.

Cantidad de monedas	1	2	3	4	5
Suma 5. **Monedas de 5¢**	5	10	15	20	
Suma 10. **Monedas de 10¢**	10	20	30	40	

Multiplica por _____.

Completa la regla que describe la manera en que una secuencia se relaciona con la otra. Usa la regla para hallar el término desconocido.

2. Multiplica la cantidad de libros por _____ para hallar el dinero gastado.

Día	1	2	3	4	...	8
Cantidad de libros	3	6	9	12	...	24
Dinero gastado (en $)	12	24	36	48	...	

3. Divide el peso de la bolsa entre _____ para hallar la cantidad de canicas.

Bolsas	1	2	3	4	...	12
Cantidad de canicas	10	20	30	40	...	
Peso de la bolsa (en gramos)	30	60	90	120	...	360

Completa la regla que describe la manera en que una secuencia se relaciona con la otra. Usa la regla para hallar el término desconocido.

4. Multiplica la cantidad de huevos por _____ para hallar la cantidad de panecillos.

Tandas	1	2	3	4	...	9
Cantidad de huevos	2	4	6	8	...	18
Panecillos	12	24	36	48	...	

5. Divide la cantidad de metros entre _____ para hallar la cantidad de vueltas.

Corredores	1	2	3	4
Cantidad de vueltas	4	8	12	
Cantidad de metros	1,600	3,200	4,800	6,400

6. PRÁCTICAS Y PROCESOS MATEMÁTICOS **6** **Haz conexiones** Supón que la cantidad de huevos que se usan en el Ejercicio 4 cambia a 3 huevos por cada tanda de 12 panecillos, y que se usan 48 huevos en total. ¿Cuántas tandas y cuántos panecillos se obtendrán?

_____

Resolución de problemas • Aplicaciones

© Houghton Mifflin Harcourt Publishing Company

7. **MÁS AL DETALLE** Emily tiene un mapa de caminos con una clave que indica que una pulgada del mapa equivale a 5 millas de distancia real. Conducirá por dos caminos para ir a la playa. Un camino mide 7 pulgadas de longitud en el mapa. El otro camino mide 5 pulgadas de longitud. ¿Cuál es la distancia real que deberá conducir Emily hasta la playa? Escribe la regla que usaste para hallar la distancia real.

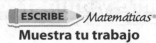
ESCRIBE ▸ *Matemáticas*
Muestra tu trabajo

_____

_____

8. **PRÁCTICAS Y PROCESOS MATEMÁTICOS ⑦** **Identifica las relaciones** Para preparar un tono de pintura color lavanda, Jon mezcla 4 onzas de tinte rojo y 28 onzas de tinte azul con un galón de pintura blanca. Si se usan 20 galones de pintura blanca y 80 onzas de tinte rojo, ¿cuánto tinte azul debe agregarse? Escribe una regla que puedas usar para hallar la cantidad necesaria de tinte azul.

_____

_____

9. **PIENSA MÁS** En la cafetería, las mesas están dispuestas en grupos de 4. En cada mesa se sientan 8 estudiantes. ¿Cuántos estudiantes pueden sentarse en 10 grupos de mesas? Escribe la regla que usaste para hallar la cantidad de estudiantes.

_____

_____

10. **PIENSA MÁS** Jessie hizo una tabla para mostrar la cantidad de millas que corrieron los corredores.

Día	1	2	3	4	5
Número de corredores	4	8	12	16	20
Número de millas	12	24	36	48	?

En los ejercicios 10a y 10b, elige los valores que describen correctamente cómo se relaciona una secuencia con la otra.

10a. El número desconocido del Día 5 es

| 54 |
| 56 |
| 60 |

10b. La regla que relaciona el número de millas con el número de corredores es

| multiplicar por 3 |
| sumar 10 |
| multiplicar por 5 |

Patrones numéricos

Objetivo de aprendizaje Usarás dos reglas para hacer patrones numéricos e identificarás la relación entre los dos patrones.

Completa la regla que describa la manera en que una secuencia se relaciona con la otra. Usa la regla para hallar el término desconocido.

1. Multiplica la cantidad de largos por __50__ para hallar la cantidad de yardas.

> **Piensa:** La cantidad de yardas es 50 veces la cantidad de largos.

Nadadores	1	2	3	4
Cantidad de largos	4	8	12	16
Cantidad de yardas	200	400	600	**800**

2. Multiplica la cantidad de libras por _____ para hallar el costo total.

Cajas	1	2	3	4	6
Cantidad de libras	3	6	9	12	18
Costo total (en $)	12	24	36	48	

3. Multiplica la cantidad de horas por _____ para hallar la cantidad de millas.

Carros	1	2	3	4
Cantidad de horas	2	4	6	8
Cantidad de millas	130	260	390	

4. Multiplica la cantidad de horas por _____ para hallar la cantidad de dinero ganado.

Días	1	2	3	4	7
Cantidad de horas	8	16	24	32	56
Cantidad de dinero ganado (en $)	96	192	288	384	

Resolución de problemas

5. En un mapa, una distancia de 200 millas está representada por un segmento de 5 pulgadas de longitud. Imagina que la distancia entre dos ciudades en el mapa es de 7 pulgadas. ¿Cuál es la distancia real entre las dos ciudades? Escribe la regla que usaste para hallar la distancia real.

_____

_____

_____

6. Para hacer un disfraz, Rachel usa 6 yardas de tela y 3 yardas de ribete. Imagina que usa un total de 48 yardas de tela para hacer varios disfraces. ¿Cuántas yardas de ribete usa? Escribe la regla que usaste para hallar la cantidad de yardas de ribete.

_____

_____

_____

7. **ESCRIBE** ▸*Matemáticas* Da un ejemplo usando el concepto del tiempo para describir la relación entre dos patrones numéricos. _____

Repaso de la lección

Usa la siguiente tabla para responder las preguntas 1 y 2.

Número de término	1	2	3	4	...	6
Secuencia 1	4	8	12	1	...	24
Secuencia 2	12	24	36	48	...	?

1. ¿Qué regla podrías escribir que relacione la Secuencia 2 con la Secuencia 1?

   _____

2. ¿Cuál es el número desconocido de la Secuencia 2?

   _____

Repaso en espiral

3. ¿Cuál es el valor de la siguiente expresión?

   $$40 - (3 + 2) \times 6$$

4. ¿Cuál es el valor del dígito 9 en el número 597,184?

5. ¿Cuál es la mejor estimación para la suma de $\frac{3}{8}$ y $\frac{1}{12}$?

6. Terry usa 3 tazas de semillas de calabaza para decorar 12 hogazas de pan. Pone igual cantidad de semillas en cada pan ¿Cuántas tazas de semillas de calabaza pone en cada pan?

PRACTICA MÁS CON EL
Entrenador personal en matemáticas

Resolución de problemas • Hallar una regla

Pregunta esencial ¿Cómo puedes usar la estrategia *resolver un problema más sencillo* para resolver un problema con patrones?

Objetivo de aprendizaje Usarás la estrategia resolver *un problema más sencillo* para resolver problemas de patrones separando cada patrón en pasos más sencillos.

Soluciona el problema

En una excavación arqueológica, Gabriel divide el sitio de excavación en secciones que tienen un área de 15 pies cuadrados cada una. Hay 3 miembros del equipo arqueológico excavando en cada sección. ¿Cuál es el área del sitio de excavación si hay 21 personas excavando al mismo tiempo?

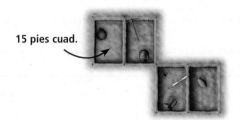

15 pies cuad.

Lee el problema

¿Qué debo hallar?

Debo hallar el

_____

_____

_____ .

¿Qué información debo usar?

Puedo usar el área de cada sección, que es

_____ , que

hay _____ miembros del equipo arqueológico en cada sección y que hay 21 personas excavando.

¿Cómo usaré la información?

Usaré la información para buscar patrones que me ayuden a resolver

un problema _____ .

Resuelve el problema

Reglas posibles:

* Multiplica el número de secciones por _____ para hallar la cantidad de miembros del equipo arqueológico.

Secciones	1	2	3	4	5	6	7
Cantidad de miembros	3	6	9	12	15	18	21
Área (en pies cuadrados)	15	30	45	60	75	90	

Suma 3.

Suma 15.

Multiplica por _____ .

Multiplica por _____ .

* Multiplica la cantidad de miembros del equipo arqueológico por _____ para hallar el área total. Completa la tabla.

Entonces, el área del sitio de excavación si hay 21 miembros

excavando es _____ pies cuadrados.

Charla matemática

PRÁCTICAS Y PROCESOS MATEMÁTICOS ⑥

Explica cómo puedes usar la división para hallar la cantidad de miembros del equipo arqueológico si sabes que el área del sitio de excavación es 135 pies cuadrados.

🔓 Haz otro problema

Casey está haciendo un diseño para un disfraz con triángulos y cuentas. En su diseño, cada unidad de patrón tiene en total 3 triángulos y 18 cuentas. Si Casey usa 72 triángulos en su diseño, ¿cuántas cuentas usa Casey?

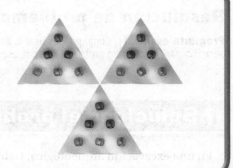

Usa el siguiente organizador gráfico para resolver el problema.

Lee el problema

¿Qué debo hallar?	¿Qué información debo usar?	¿Cómo usaré la información?

Resuelve el problema

Entonces, Casey usa _____ cuentas.

- ¿Qué regla puedes usar para hallar el número desconocido de cuentas si conoces la cantidad de triángulos relacionada?

_____

_____

Nombre _____

Comparte y muestra

1. Max construye cercas de madera. Para un estilo de cerca, usa
3 postes verticales y 6 travesaños horizontales en cada sección. ¿Cuántos
postes y travesaños necesita para una cerca de 27 postes?

1 sección

2 secciones

3 secciones

Primero, piensa en la pregunta del problema y en lo que ya sabes.
A medida que se agrega cada sección de cerca, ¿cómo cambia la
cantidad de postes y de travesaños?

A continuación, haz una tabla y busca un patrón. Usa lo que ya
sabes sobre 1, 2 y 3 secciones. Escribe una regla para la cantidad
de postes y travesaños necesarios para 9 secciones de cerca.

Cantidad de secciones	1	2	3	...	9
Cantidad de postes	3	6	9	...	27
Cantidad de travesaños	6	12	18	...	

Regla posible para los postes: _____

_____

Regla posible para los travesaños: _____

_____

Por último, usa la regla para resolver el problema.

2. PIENSA MÁS ¿Qué pasaría si otro estilo de cerca tuviera 6
travesaños entre cada par de postes? ¿Cuántos travesaños se
necesitarían para 27 postes?

Cantidad de secciones	1	2	3	...	9
Cantidad de postes	3	6	9	...	27
Cantidad de travesaños	12	24	36	...	

Regla posible: _____

Por tu cuenta

3. **PRÁCTICAS Y PROCESOS MATEMÁTICOS ⑦** **Busca el patrón** Jane trabaja como chofer de limusina. Gana $50 cada 2 horas trabajadas. ¿Cuánto dinero gana Jane en una semana si trabaja 40 horas semanales? Escribe una regla y completa la tabla.

Turno	1	2	3	...	20
Horas trabajadas	2	4	6	...	40
Paga de Jane (en $)	50	100	150	...	

Regla posible: _____

4. **PIENSA MÁS** Rosa juega juegos en una feria. Puede comprar 8 fichas por $1. Cada juego cuesta 2 fichas. ¿Cuántos juegos puede jugar con 120 fichas? Escribe una regla y completa la tabla.

Costo (en $)	1	2	3	4	...	15
Fichas	8	16	24	32	...	120
Juegos	4	8	12	16	...	

Regla posible: _____

_____

5. **MÁS AL DETALLE** Janelle está preparando refrigerios para sus compañeros. Hay dos tazas de pasas por tanda. Por cada 2 tazas de pasas, Janelle agrega 4 tazas de avena. ¿Cuántas tazas de avena necesitará si tiene 10 tazas de pasas? Dibuja una tabla y escribe una regla posible.

Regla posible: _____

> **Entrenador personal en matemáticas**

6. **PIENSA MÁS +** Busca un patrón.

Figura 1   Figura 2   Figura 3   Figura 4

2 cuadrados   6 cuadrados   10 cuadrados

¿Cuál es la regla? _____

¿Cuántos cuadrados habrá en la Figura 5? _____ cuadrados

Resolución de problemas • Hallar una regla

Objetivo de aprendizaje Usarás la estrategia *resolver un problema más sencillo* para resolver problemas de patrones separando cada patrón en pasos más sencillos.

Escribe una regla y completa la tabla. Luego responde la pregunta.

1. Fabiana compra 15 camisetas, que están en oferta a $3 cada una. ¿Cuánto dinero gasta Fabiana?

Cantidad de camisetas	1	2	3	5	10	15
Cantidad que gastó (en $)	3	6	9			

Regla posible:

Multiplica la cantidad de _____

camisetas por 3. _____

La cantidad total de dinero que gasta Fabiana

es _____**$45**_____.

2. La familia Goldman se inscribe en un gimnasio. Paga $35 por mes. En el mes 12, ¿cuánto dinero habrá gastado la familia Goldman?

Cantidad de meses	1	2	3	4	5	12
Cantidad total de dinero gastado (en $)	35	70				

Regla posible:

_____

_____

La familia Goldman habrá gastado _____.

3. Hettie está apilando vasos de papel. Cada pila de 15 vasos mide 6 pulgadas de altura. ¿Cuál es la altura total de 10 pilas de vasos?

Cantidad de pilas	1	2	3	10
Altura (in)	6	12	18	

Regla posible:

_____

_____

La altura total de 10 pilas es _____.

4. **ESCRIBE** ▸ *Matemáticas* Tienes una tabla que muestra un patrón. Describe dos maneras en la que podrías hallar la entrada número 15 en la tabla.

_____

Repaso de la lección

1. ¿Cuántos cuadrados se necesitan para formar la octava figura del patrón?

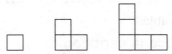

_____

2. ¿Qué expresión podría describir la cantidad de cuadrados de la figura que sigue en el patrón, es decir, la Figura 4?

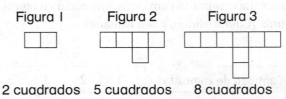

Figura 1	Figura 2	Figura 3
2 cuadrados	5 cuadrados	8 cuadrados

_____

Repaso en espiral

3. Talia guarda su colección de adhesivos en 7 álbumes, y todos tienen la misma cantidad de adhesivos. Si tiene 567 adhesivos, ¿cuántos hay en cada álbum?

_____

4. La Sra. Angelino cocinó 2 fuentes de lasaña y cortó cada una en doce porciones. Su familia comió $1\frac{1}{12}$ de fuentes de lasaña en la cena. ¿Cuánta lasaña quedó?

_____

5. ¿Cuál es el número que sigue en este patrón?

0.54, 0.6, 0.66, 0.72, ■, . . .

_____

6. ¿Cómo escribes 100 como una potencia de 10?

_____

PRACTICA MÁS CON EL
Entrenador personal
en matemáticas

Nombre _____

Representar gráficamente y analizar relaciones

Pregunta esencial ¿Cómo puedes escribir y representar gráficamente pares ordenados en una cuadrícula de coordenadas usando dos patrones numéricos?

Objetivo de aprendizaje Usarás dos reglas para graficar pares ordenados que forman patrones numéricos en una cuadrícula de coordenadas, luego usarás una regla del patrón para hallar un término desconocido.

Soluciona el problema

Sasha está preparando chocolate caliente para una fiesta. Para cada taza de chocolate, usa 3 cucharadas de chocolate en polvo y 6 onzas fluidas de agua caliente. Si Sasha usa un recipiente entero que contiene 18 cucharadas de chocolate en polvo, ¿cuántas onzas fluidas de agua usará?

PASO 1 Usa las dos reglas dadas en el problema para crear los primeros cuatro términos para el número de cucharadas de chocolate en polvo y el número de onzas fluidas de agua.

Chocolate en polvo (cda.)	3				...	18
Agua (oz fl)	6				...	

- ¿Cuántas cucharadas de chocolate en polvo usa Sasha para cada taza de chocolate?

_____

- ¿Cuántas onzas fluidas de agua usa Sasha para cada taza de chocolate?

_____

PASO 2 Escribe los pares de números como pares ordenados, relacionando el número de cucharadas de chocolate en polvo con el número de onzas fluidas de agua.

(3, 6) _____ _____ _____

PASO 3 Representa gráficamente y rotula los pares ordenados. Luego escribe una regla que describa la relación entre los pares de números.

- ¿Qué regla que describa la relación entre la cantidad de chocolate en polvo y la cantidad de agua puedes escribir?

_____

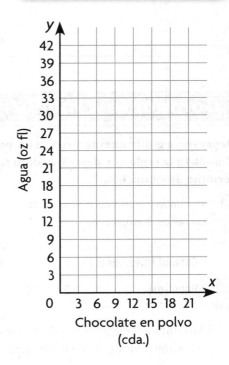

Entonces, si Sasha usa todo el contenido del recipiente de chocolate en polvo,

usará _____ onzas fluidas de agua.

- **PRÁCTICAS Y PROCESOS MATEMÁTICOS ⑦ Busca estructuras** Escribe el par de números final como un par ordenado. Luego represéntalo gráficamente y rotúlalo. Comenzando por el origen, conecta los puntos con segmentos rectos. ¿Qué forman los puntos conectados? Explica por qué.

_____

_____

¡Inténtalo! Halla el término desconocido de la tabla.

Cada bolsa de $2 de alambre de cobre contiene 6 metros de alambre.

Costo (en dólares)	2	4	6	8
Alambre de cobre (en m)	6	12	18	

Escribe los pares de números como pares ordenados y representa gráficamente los datos. Luego, escribe la regla que relaciona el costo con el número de metros de alambre de cobre.

Piensa: Multiplica el número de dólares por _____ para hallar el número de metros de alambre de cobre.

Halla el término desconocido de la tabla.

Charla matemática

PRÁCTICAS Y PROCESOS MATEMÁTICOS ⑦

Busca el patrón ¿Cómo se relacionan los términos de cada secuencia? ¿Cómo se relaciona una secuencia con la otra?

Comparte y muestra   MATH BOARD

Representa gráficamente y rotula los pares de números relacionados como pares ordenados. Completa la regla que describe cómo se relaciona una secuencia con la otra. Luego, usa la regla para hallar el término desconocido.

1. Por cada 2 pies cuadrados de césped, Charlie usa 8 onzas de fertilizante.

Césped (pies cuad.)	2	4	6	8	10
Peso (oz)	8	16	24	32	

Multiplica el número de pies cuadrados por _____ para hallar las onzas de fertilizante necesarias.

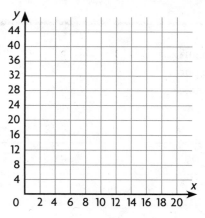

2. En el mapa de Mary, 2 pulgadas representan 10 millas.

Mapa (pulg)	2	4	6	8	10
Millas	10	20	30	40	

Multiplica el número de pulgadas por _____ para hallar la distancia en millas.

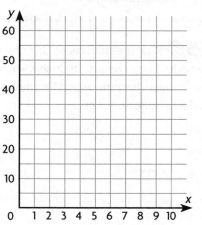

Nombre _____

3. _MÁS AL DETALLE_ En el dibujo a escala que hizo Sandy de la escuela, 2 pulgadas equivalen a 4 yardas. En el dibujo, la distancia entre los columpios y la pista es de 10 pulgadas y la distancia entre la pista y la cancha de básquetbol es de 4 pulgadas. ¿Cuánto más lejos que de la cancha de básquetbol está la pista de los columpios, en distancia real?

Dibuja tu propia gráfica. Escribe una regla que describa cómo se relaciona una secuencia de términos con la otra. Completa la tabla y resuelve.

Mapa (en pulg)	2	4	6	8	10
Distancia (en yd)	4	8	12	16	

_____

Regla: _____

_____

_____

4. _PIENSA MÁS_ Eric anotó el número total de flexiones que hizo en cada minuto durante 4 minutos.

Tiempo (en minutos)	1	2	3	4
Número de flexiones	15	30	45	60

Escribe los pares de números como pares ordenados.

_____

Representa gráficamente los pares ordenados en un plano de coordenadas.

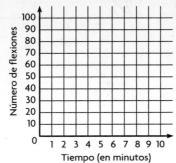

Escribe una regla para describir cómo se relacionan los pares de números.

_____

_____

Resolución de problemas • Aplicaciones

PIENSA MÁS **¿Tiene sentido?**

5. Elsa resolvió el siguiente problema.

Lou y George están preparando chile para el Baile Anual de los Bomberos. Lou usa 2 cucharaditas de salsa picante cada 2 tazas de chile que prepara, y George usa 3 cucharaditas de la misma salsa por cada taza de chile según su receta. ¿Quién prepara el chile más picante: George o Lou?

Escribe los pares de números relacionados como pares ordenados y luego represéntalos gráficamente. Usa la gráfica para comparar quién prepara el chile más picante, George o Lou.

Chile de Lou (tazas)	2	4	6	8
Salsa picante (cdtas.)	2	4	6	8

Chile de George (tazas)	1	2	3	4
Salsa picante (cdtas.)	3	6	9	12

Chile de Lou: 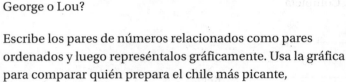 $(2, 2), (4, 4), (6, 6), (8, 8)$

Chile de George: 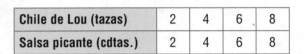 $(1, 3), (2, 6), (3, 9), (4, 12)$

Elsa dijo que el chile de George era más picante que el de Lou porque en la gráfica se mostraba que la cantidad de salsa picante en el chile de George era siempre 3 veces mayor que la cantidad de salsa picante en el chile de Lou. ¿La respuesta de Elsa tiene sentido o no? Explícalo.

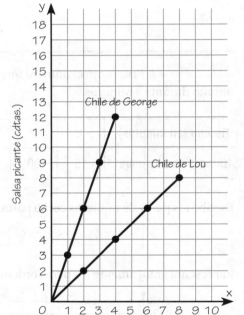

_____

_____

_____

_____

_____

Representar gráficamente y analizar relaciones

Objetivo de aprendizaje Usarás dos reglas para graficar pares ordenados que forman patrones numéricos en una cuadrícula de coordenadas, luego usarás una regla del patrón para hallar un término desconocido.

Representa gráficamente y rotula los pares de números como pares ordenados. Luego completa y usa la regla para hallar el término desconocido.

1. Multiplica la cantidad de yardas por ___**3**___ para hallar la cantidad de pies.

Yardas	1	2	3	4
Pies	3	6	9	**12**

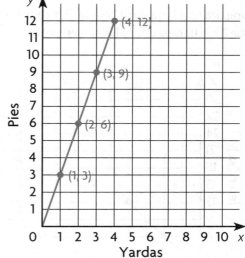

2. Multiplica la cantidad de cuartos por _____ para hallar la cantidad de tazas que miden la misma cantidad.

Cuartos	1	2	3	4	5
Tazas	4	8	12	16	

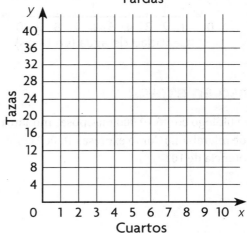

Resolución de problemas En el mundo

3. ¿Cómo puedes usar la gráfica del Ejercicio 2 para hallar cuántas tazas hay en 9 cuartos?

_____

_____

_____

_____

_____

_____

4. ¿Cuántas tazas hay en 9 cuartos? _____

Repaso de la lección

Usa los datos para completar la gráfica. Luego responde las preguntas.

Paola prepara una jarra de té helado. Por cada taza de agua, usa 3 cucharadas de té helado en polvo.

Cantidad de té helado (en cdas.)

Cantidad de agua (en tazas)

1. Escribe el número que falta para completar la siguiente regla.

   Multiplica la cantidad de té helado por _____ para obtener la cantidad de agua.

2. Imagina que Paola usa 18 cucharadas de té helado en polvo. ¿Cuántas tazas de agua debe usar?

   _____

Repaso en espiral

3. Un biólogo contó 10,000 mariposas monarca que migraban. ¿Cómo expresas 10,000 como una potencia de 10?

   _____

4. Halla el cociente. Escribe el resultado como un número decimal y redondea al centésimo más próximo.

   $$8{,}426 \div 82$$

   _____

5. ¿Cuánto es $54.38 + 29.7$?

6. Cierto día, $1 equivale a 30.23 rublos rusos. Omar tiene $75. ¿Cuántos rublos rusos recibirá a cambio?

PRACTICA MÁS CON EL
Entrenador personal
en matemáticas

✓Repaso y prueba del Capítulo 9

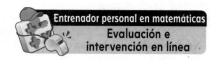

Entrenador personal en matemáticas
Evaluación e
intervención en línea

1. Las letras de la cuadrícula de coordenadas representan la ubicación de los primeros cuatro hoyos de un campo de golf. ¿Cuál de los siguientes enunciados describe con precisión la ubicación de un hoyo? Marca todas las opciones que correspondan.

Ⓐ El hoyo *U* está 4 unidades a la izquierda y 4 unidades debajo del hoyo *S*.

Ⓑ El hoyo *F* está 1 unidad a la derecha y 7 unidades debajo del hoyo *U*.

Ⓒ El hoyo *T* está 2 unidades a la izquierda y 4 unidades encima del hoyo *S*.

Ⓓ El hoyo *S* está 3 unidades a la izquierda y 5 unidades encima del hoyo *F*.

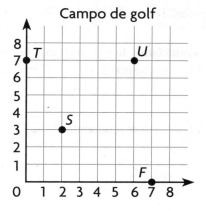

Campo de golf

2. 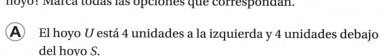 Un constructor está comprando propiedades para construir casas nuevas. Los tamaños de los terrenos son $\frac{1}{6}, \frac{1}{2}, \frac{1}{3}, \frac{1}{2}, \frac{1}{6}, \frac{1}{2}, \frac{1}{2}, \frac{1}{3}, \frac{1}{6}, \frac{1}{2}, \frac{1}{6}, \frac{1}{2}, \frac{1}{6}, \frac{1}{6}$ y $\frac{1}{3}$ de acre. Organiza la información en un diagrama de puntos.

¿Cuál es el tamaño promedio de los terrenos?

_____ de acre

3. Durante 6 días seguidos, Julia midió la profundidad de la nieve de una zona sombreada de su jardín. La gráfica lineal muestra los datos que obtuvo. ¿Entre qué dos días disminuyó más la profundidad de la nieve?

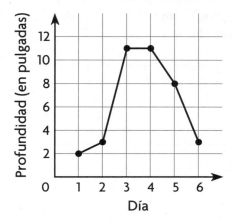

Profundidad de la nieve

entre el Día [ ] y el Día [ ]

Opciones de evaluación
Prueba del capítulo

4. Portia hizo una tabla para determinar cuánto ganó vendiendo camisetas.

Día	1	2	3	4	5
Número de camisetas vendidas	5	10	15	20	25
Cantidad ganada (en $)	20	40	60	80	?

En los enunciados 4a y 4b, usa la tabla para elegir los valores correctos para describir cómo se relaciona una secuencia con la otra.

4a. El número desconocido el Día 5 es
90
100
120
.

4b. La regla que describe cómo se relaciona el número de camisetas vendidas con la cantidad ganada es
sumar 15
multiplicar por 5
multiplicar por 4
.

5. Jawan hizo una tabla para hallar cuánto gana en su trabajo.

Ingresos						
Semana	1	2	3	4	...	6
Horas trabajadas	6	12	18	24	...	36
Cantidad ganada (en $)	54	108	162	216	...	?

Parte A

Escribe una regla que relacione la cantidad que gana Jawan con el número de horas que trabaja. Explica cómo puedes comprobar la regla.

Parte B

¿Cuánto gana en la semana 6?

$ _____

Entrenador personal en matemáticas

6. **PIENSA MÁS +** Busca un patrón.

Figura 1   Figura 2   Figura 3   Figura 4

¿Cuál es la regla? _____

¿Cuántos cuadrados habrá en la Figura 5? _____ cuadrados

7. Lindsey hizo un mapa de su ciudad. Une cada ubicación con el par ordenado correcto que lo indica en la cuadrícula de coordenadas. No se usarán todos los pares ordenados.

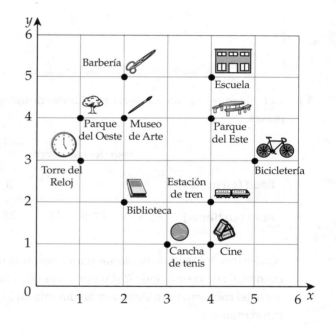

Torre del Reloj ●

Museo de Arte ●

Parque del Este ●

Cine ●

Escuela ●

● (4, 4)
● (4, 1)
● (1, 3)
● (5, 4)
● (4, 5)
● (3, 1)
● (2, 4)
● (1, 4)
● (4, 2)

8. La casa de Lucy está ubicada en el punto que se muestra en la cuadrícula de coordenadas. La casa de Ainsley está ubicada 2 unidades a la derecha y 3 unidades debajo de la casa de Lucy. Haz un punto en la cuadrícula de coordenadas que represente la ubicación de la casa de Ainsley.

¿Qué par ordenado representa la ubicación de la casa de Lucy? ☐

¿Qué par ordenado representa la ubicación de la casa de Ainsley? ☐

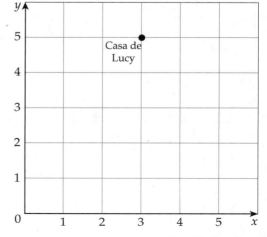

9. Todas las semanas, María ahorra una parte de su mesada. La gráfica lineal representa la cantidad de ahorros de María durante las primeras 5 semanas del año.

Ahorros de María

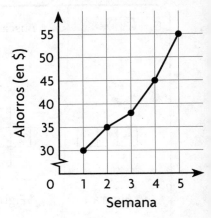

Para los enunciados 9a y 9b selecciona Verdadero o Falso.

9a. Los ahorros de María aumentaron de $30 a $55 durante el período de 5 semanas. ○ Verdadero ○ Falso

9b. El mayor aumento en los ahorros de María se dio de la Semana 1 a la Semana 2. ○ Verdadero ○ Falso

10. El diagrama de puntos muestra el peso de bolsas de frijoles. ¿Cuál es el peso promedio de las bolsas? Muestra tu trabajo.

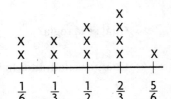

Peso de las bolsas de frijoles (en lb)

11. La tabla muestra cuánto pesa un cachorro desde que tiene 1 mes hasta que tiene 5 meses.

Peso del cachorro					
Edad (en meses)	1	2	3	4	5
Peso (en libras)	12	18	23	31	34

¿Qué pares ordenados dibujarías para mostrar el peso del cachorro en una cuadrícula de coordenadas? ¿En qué crees que cambiarían los pares ordenados si el peso del cachorro se midiera semanalmente en lugar de mensualmente? Explica tu razonamiento.

12. Randy está entrenando para una carrera. Hace una tabla que muestra cuánto tarda en correr diferentes distancias.

Tiempo y distancia corridos				
Distancia (en millas)	1	2	3	4
Tiempo (en minutos)	10	20	30	40

Parte A

Escribe los pares de números como pares ordenados. Luego, escribe la regla para describir cómo se relacionan los pares de números.

Parte B

Representa gráficamente los pares ordenados en el plano de coordenadas.

13. Un científico hizo una gráfica lineal que muestra cómo cambia el ritmo cardíaco promedio de un oso con el tiempo.

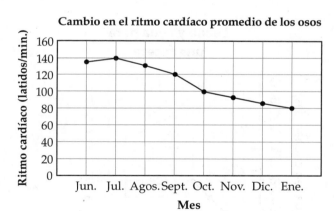

Para los enunciados 13a a 13c, elige Verdadero o Falso.

13a. El ritmo cardíaco promedio del oso alcanza su punto máximo en julio.   ○ Verdadero   ○ Falso

13b. El ritmo cardíaco promedio del oso aumenta en 10 latidos por minuto de julio a agosto.   ○ Verdadero   ○ Falso

13c. El ritmo cardíaco promedio del oso alcanza su punto mínimo en enero.   ○ Verdadero   ○ Falso

14. En la tabla se muestra el número total de entradas vendidas para la obra de teatro escolar cada día durante 5 días.

Venta de entradas					
Día	1	2	3	4	5
Entradas vendidas	20	30	45	75	90

Representa gráficamente los pares ordenados con las fichas en el plano de coordenadas.

• (1, 20)

• (2, 30)

• (3, 45)

• (4, 75)

• (5, 90)

15. La gráfica muestra la relación entre la cantidad de leche y agua usada en una receta. Determina una regla que relacione la cantidad de leche con la cantidad de agua; para ello, escribe el término o valor correcto de las fichas en cada espacio en blanco.

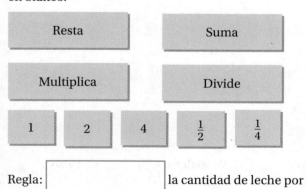

Resta   Suma

Multiplica   Divide

1   2   4 $\frac{1}{2}$ $\frac{1}{4}$

Regla: [   ] la cantidad de leche por [   ].

16. Steven compra una bicicleta de montaña por $272 en cuotas. Si paga $34 todas las semanas, ¿cuántas semanas tardará en pagar la bicicleta? ¿De qué manera hacer una tabla puede ayudarte a resolver el problema?

Convertir unidades de medida

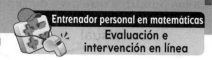

Muestra lo que sabes

Entrenador personal en matemáticas
Evaluación e
intervención en línea

Comprueba si comprendes las destrezas importantes.

Nombre _____

▶ **Medir la longitud a la pulgada más próxima**
Usa una regla en pulgadas. Mide la longitud a la pulgada más próxima.

1.

aproximadamente _____ pulgadas

2.

aproximadamente _____ pulgadas

▶ **Multiplicar y medir con 10, 100 y 1,000** **Usa el cálculo mental.**

3. $1 \times 5.98 = 5.98$
$10 \times 5.98 = 59.8$

$100 \times 5.98 =$ _____

$1,000 \times 5.98 =$ _____

4. $235 \div 1 = 235$
$235 \div 10 = 23.5$

$235 \div 100 =$ _____

$235 \div 1,000 =$ _____

▶ **Elegir unidades del sistema usual** **Escribe la unidad adecuada para medir cada longitud. Escribe *pulgada, pie, yarda* o *milla*.**

5. la longitud de un lápiz _____

6. la longitud de una cancha de

fútbol americano _____

Matemáticas En el mundo

Puedes usar una estimación para medir en pasos distancias de 5 pies. Dos pasos equivalen a aproximadamente 5 pies. Representa las instrucciones del mapa para hallar un tesoro. ¿Aproximadamente cuántos pies mide todo el camino hasta el tesoro que se muestra en el mapa?

2 pasos o 5 pies

▶ **Visualízalo** •

Clasifica las palabras nuevas y de repaso en el diagrama de Venn.

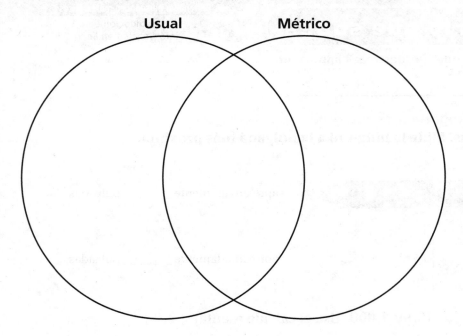

Usual   **Métrico**

▶ **Comprende el vocabulario** • • • • • • • • • • • • • • • •

Completa las oraciones.

1. Una unidad de longitud del sistema métrico que equivale a un

   décimo de un metro es un _____.

2. Una unidad de longitud del sistema métrico que equivale a un

   milésimo de un metro es un _____.

3. Una unidad de capacidad del sistema métrico que equivale a un

   milésimo de un litro es un _____.

4. Una unidad de longitud del sistema métrico que equivale a

   10 metros es un _____.

5. Una unidad de masa del sistema métrico que equivale a un

   milésimo de un gramo es un _____.

• **Libro interactivo del estudiante**
• **Glosario multimedia**

Vocabulario del Capítulo 10

capacidad

capacity

2

decímetro (dm)

decimeter (dm)

15

decámetro (dam)

dekameter (dam)

14

masa

mass

40

miligramo (mg)

milligram (mg)

42

mililitro (ml)

milliliter (mL)

43

tonelada (t)

ton (T)

70

peso

weight

56

Unidad del sistema métrico que se usa para medir la longitud o la distancia;
10 decímetros = 1 metro

aproximadamente 1 decímetro

Cantidad que puede contener un recipiente cuando se llena

Unidades de capacidad del sistema usual
1 taza (tz) = 8 onzas fluidas (oz fl)
1 pinta (pt) = 2 tazas
1 cuarto (ct) = 2 pintas
1 galón (gal) = 4 cuartos

1 taza (tz)

Cantidad de materia que hay en un objeto

Ejemplo:

El objeto de la derecha tiene más masa que el objeto de la izquierda.

Unidad del sistema métrico que se usa para medir la longitud o la distancia;
10 metros = 1 decámetro

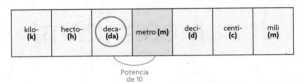

kilo- (k) | hecto- (h) | deca- (da) | metro (m) | deci- (d) | centi- (c) | mili (m)

Potencia de 10

Unidad del sistema métrico que se usa para medir la capacidad;
1,000 mililitros = 1 litro

1 mililitro

Unidad del sistema métrico que se usa para medir la masa;
1,000 miligramos = 1 gramo

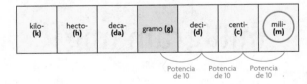

kilo- (k) | hecto- (h) | deca- (da) | gramo (g) | deci- (d) | centi- (c) | mili- (m)

Potencia de 10 | Potencia de 10 | Potencia de 10

Cuán pesado es un objeto

Ejemplo:

El objeto de la derecha pesa más que el objeto de la izquierda.

Unidad del sistema usual que se usa para medir el peso;
2,000 libras = 1 tonelada

aproximadamente 1 tonelada

¡Bingo!

Para 3 a 6 jugadores

Materiales

- 1 juego de tarjetas de palabras
- 1 tablero de bingo para cada jugador
- fichas de juego

Instrucciones

1. El árbitro elige una tarjeta y lee la definición. Luego coloca la tarjeta en una segunda pila.

2. Los jugadores colocan una ficha sobre la palabra que coincide con la definición cada vez que aparece en sus tableros de bingo.

3. Repitan el Paso 1 y el Paso 2 hasta que un jugador marque 5 casillas en una línea vertical, horizontal o diagonal y diga: "¡Bingo!".

- Para comprobar las respuestas, el jugador que dijo "¡Bingo!" lee las palabras en voz alta mientras el árbitro comprueba las definiciones.

Recuadro de palabras

capacidad

decámetro

decímetro

masa

miligramo (mg)

mililitro (ml)

peso

tonelada (t)

Escríbelo

Reflexiona

Elige una idea. Escribe sobre ella.

- Explica cómo el prefijo *mili-* te puede ayudar a saber el significado de las palabras *miligramo* y *mililitro*.
- Escribe un cuento en el que se usen estas palabras.

  miligramo   tonelada   peso

- Cuenta sobre una ocasión en la que necesitaste saber la capacidad de un recipiente.
- Explica la diferencia entre masa y peso.

Nombre _____

Unidades de longitud del sistema usual

Pregunta esencial ¿Cómo puedes comparar y convertir unidades de longitud del sistema usual?

Objetivo de aprendizaje Usarás un modelo de barras y escribirás una ecuación para comparar y convertir unidades del sistema usual a medidas de longitud mixtas.

🔑 Soluciona el problema

Para hacer un columpio nuevo, el Sr. Mattson necesita 9 pies de cuerda para cada lado del columpio y 6 pies más para la trepadora. La ferretería vende cuerda por yardas.

- ¿Cuántos pies de cuerda necesita el Sr. Mattson para

  el columpio? _____

- ¿Cuántos pies de cuerda necesita el Sr. Mattson para el

  columpio y la trepadora juntos? _____

El Sr. Mattson debe hallar cuántas yardas de cuerda necesita comprar. Deberá convertir 24 pies a yardas. ¿Cuántos grupos de 3 pies hay en 24 pies?

Una regla de 12 pulgadas equivale a 1 pie.		

Una regla de una yarda equivale a 1 yarda.

_____ pies = 1 yarda

🔒 **Usa un modelo de barras para escribir una ecuación.**

REPRESENTA

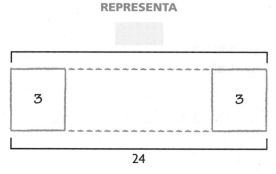

ANOTA

total de pies   pies en 1 yarda   total de yardas
↓   ↓   ↓

24   ÷   _____   =   _____

Entonces, el Sr. Mattson debe comprar _____ yardas de cuerda.

Charla matemática   PRÁCTICAS Y PROCESOS MATEMÁTICOS ⑥

¿Qué operación usaste para hallar la cantidad de grupos de 3 pies que hay en 24 pies? ¿Hay que multiplicar o dividir para convertir una unidad más pequeña a una más grande? **Explica.**

🔒 Ejemplo 1 Usa la tabla para hallar la relación entre las millas y los pies.

La distancia entre la escuela secundaria nueva y la cancha de fútbol americano es 2 millas. ¿Qué relación hay entre esa distancia y 10,000 pies?

Cuando conviertes unidades más grandes a unidades más pequeñas, debes multiplicar.

Unidades de longitud del sistema usual
1 pie (pie) = 12 pulgadas (pulg)
1 yarda (yd) = 3 pies (pie)
1 milla (mi) = 5,280 pies (pie)
1 milla = 1,760 yd

PASO 1 Convierte 2 millas a pies.

Piensa: 1 milla es igual a 5,280 pies.

Debo _____ el número total

de millas por _____.

total de millas	pies en 1 milla	total de pies
↓	↓	↓
2 ×	_____ =	_____

2 millas = _____ pies

PASO 2 Compara. Escribe <, > o =.

_____ pies 〇 10,000 pies

Puesto que _____ es _____ que 10,000, la distancia entre la escuela

secundaria nueva y la cancha de fútbol americano es _____ que 10,000 pies.

🔒 Ejemplo 2 Convierte a medidas mixtas.

En las medidas mixtas, se usa más de una unidad de medida.
Puedes convertir una unidad de medida única a unidades mixtas.

Convierte 62 pulgadas a pies y pulgadas.

PASO 1 Usa la tabla.

Piensa: 12 pulgadas es igual a 1 pie.

Estoy cambiando de una unidad más pequeña

a una más grande, entonces _____.

PASO 2 Convierte.

total de pulgadas	pulgadas en 1 pie	pies	pulgadas
↓	↓	↓	↓
62 ÷	_____ es	_____ r	_____

Entonces, 62 pulgadas es igual a _____ pies y _____ pulgadas.

- **PRÁCTICAS Y PROCESOS MATEMÁTICOS 6** **Explica** cómo puedes convertir las medidas mixtas 12 yardas y 2 pies a una unidad de medida única en pies. ¿A cuántos pies equivale?

_____

Nombre _____

Convierte.

1. 2 mi = _____ yd

2. 6 yd = _____ pies

3. 90 pulg = _____ pies y

_____ pulg

> **Charla matemática**
>
> **PRÁCTICAS Y PROCESOS MATEMÁTICOS ①**
>
> Entiende los problemas ¿Cómo sabes cuándo hay que multiplicar para convertir una medida?

Por tu cuenta

Práctica: Copia y resuelve **Convierte.**

4. 125 pulg = ▇ pies y ▇ pulg

5. 46 pies = ▇ yd y ▇ pie

6. 42 yd y 2 pies = ▇ pies

Compara. Escribe <, > o =.

7. 8 pies ◯ 3 yd

8. 2 mi ◯ 10,500 pies

9. 3 yd y 2 pies ◯ 132 pulg

10. **MÁS AL DETALLE** Terry está haciendo 6 conjuntos de sombrero y bufanda. Para cada bufanda se necesitan 2 yardas de material y para cada sombrero se necesitan 18 pulgadas de material. ¿Cuántos pies de material necesitará para los 6 conjuntos de sombrero y bufanda?

_____

11. **PIENSA MÁS** Elige la palabra y el número correctos para completar la oración.

La entrada para el auto de Katy mide 120 pies de longitud.

Para convertir pies a yardas, debo

sumar		3
restar	120 por	12
multiplicar		1,760
dividir		5,280

.

Resolución de problemas • Aplicaciones

12. **MÁS AL DETALLE** Javier está ayudando a su padre a construir una casa en un árbol. Tiene una tabla de 13 pies de largo. ¿Cuántos trozos de 1 yarda de largo puede cortar Javier? ¿Cuál será la longitud, en yardas, del trozo que le quede?

_____

13. **PIENSA MÁS** Patty está construyendo una escalera de cuerdas para una casa del árbol. Necesita 2 trozos de cuerda de 5 pies de largo para los lados de la escalera. Necesita 7 trozos de cuerda de 18 pulgadas cada uno para hacer los escalones. ¿Cuántos pies de cuerda necesita Patty para construir la escalera? Escribe tu resultado como un número mixto y como una medida mixta en pies y pulgadas.

_____

Conectar con la Lectura

Compara y contrasta

Cuando comparas y contrastas, indicas en qué se parecen y en qué se diferencian dos o más cosas. Puedes comparar y contrastar la información de una tabla.

Completa la siguiente tabla. Usa la tabla para responder las preguntas.

Unidades lineales				
Yardas	1	2	3	4
Pies	3	6	9	
Pulgadas	36	72		

14. **PRÁCTICAS Y PROCESOS MATEMÁTICOS ⑦** **Identifica las relaciones** ¿En qué se parecen los elementos de la tabla? ¿En qué se diferencian?

_____

_____

15. **PRÁCTICAS Y PROCESOS MATEMÁTICOS ⑦** **Busca el patrón** ¿Qué puedes decir acerca de la relación entre el número de unidades más grandes y más pequeñas a medida que aumenta la longitud? Explica.

_____

_____

Nombre _____

Unidades de longitud del sistema usual

Objetivo de aprendizaje Usarás un modelo de barras y escribirás una ecuación para comparar y convertir unidades del sistema usual a medidas de longitud mixtas.

Convierte.

1. 12 yd = _____36_____ pies

yardas totales   pies en 1 yarda   pies totales

12   ×   3   =   36

12 yardas = 36 pies

2. 5 pies = _____ pulg

3. 5 mi = _____ pies

4. 240 pulg = _____ pies

5. 100 yd = _____ pies

6. 10 pies = _____ pulg

7. 150 pulg = _____ pies ___ pulg

8. 7 yd 2 pies = _____ pies

9. 10 mi = _____ pies

Compara. Escribe <, > o =.

10. 23 pulg ◯ 2 pies

11. 25 yd ◯ 75 pies

12. 6,200 pies ◯ 1 mi 900 pies

13. 100 pulg ◯ 3 yd 1 pie

14. 1,000 pies ◯ 300 yd

15. 500 in ◯ 40 pies

Resolución de problemas

16. Marita pide 12 yardas de tela para hacer carteles. Si necesita 1 pie de tela para cada cartel, ¿cuántos carteles puede hacer?

_____

_____

17. Christy compró un trozo de madera de 8 pies para un librero. En total, necesita 100 pulgadas de madera para completar el trabajo. ¿Compró suficiente madera para el librero? Explica.

_____

_____

18. ▌ESCRIBE ▶*Matemáticas* Explica cómo comparar dos longitudes que han sido medidas en unidades de distintos tamaños.

_____

_____

Repaso de la lección

1. El jardín de Jenna mide 5 yardas de largo. ¿Cuánto mide su jardín en pies?

2. Ellen necesita comprar 180 pulgadas de cinta para envolver un regalo grande. La tienda vende las cintas solo por yardas enteras. ¿Cuántas yardas debe comprar Ellen para tener suficiente cinta?

Repaso en espiral

3. McKenzie trabaja para una empresa de cocina para eventos. Está preparando té helado para un evento. Para cada recipiente de té usa 16 bolsitas de té y 3 tazas de azúcar. Si McKenzie usa 64 bolsitas de té, ¿cuántas tazas de azúcar usará?

4. Javier compró 48 tarjetas deportivas en una venta en una casa del vecindario. $\frac{3}{8}$ de las tarjetas eran de béisbol. ¿Cuántas tarjetas eran de béisbol?

5. ¿Cuál es el cociente de 396 dividido entre 12?

6. ¿Cuál es el número desconocido en la Secuencia 2 de la tabla? ¿Qué regla puedes escribir para relacionar la Secuencia 2 con la Secuencia 1?

Número de secuencia	1	2	3	8	10
Secuencia 1	4	8	12	32	40
Secuencia 2	8	16	24	64	?

PRACTICA MÁS CON EL
Entrenador personal
en matemáticas

Nombre _____

Unidades de capacidad del sistema usual

Pregunta esencial ¿Cómo puedes comparar y convertir unidades de capacidad del sistema usual?

Objetivo de aprendizaje Usarás un modelo de barras y escribirás una ecuación para comparar y convertir unidades de capacidad del sistema usual.

Soluciona el problema En el mundo

Mara tiene una lata de pintura que contiene 3 tazas de pintura morada. También tiene una cubeta con una capacidad de 26 onzas fluidas. ¿Podrá contener la cubeta toda la pintura que tiene Mara?

La **capacidad** de un recipiente es la cantidad que este puede contener.

1 taza (tz) = _____ onzas fluidas (oz fl)

- ¿Qué capacidad debe convertir Mara?

  _____

- Después de convertir las unidades, ¿qué debe hacer Mara?

  _____

  _____

 Usa un modelo de barras para escribir una ecuación.

PASO 1 Convierte 3 tazas a onzas fluidas.

REPRESENTA	ANOTA

8	8	8

total de tazas → oz fl en 1 taza → total de oz fl →

3 × _____ = _____

PASO 2 Compara. Escribe <, > o =.

_____ oz fl ◯ 26 oz fl

Puesto que _____ onzas fluidas es _____ de 26 onzas fluidas, la

cubeta de Mara _____ contener toda la pintura.

- **PRÁCTICAS Y PROCESOS MATEMÁTICOS 6** ¿Qué pasaría si Mara tuviera 7 tazas de pintura verde y un recipiente con 64 onzas fluidas de pintura amarilla? ¿De qué color tendría más pintura Mara? **Explica** tu razonamiento.

_____

_____

🔑 Ejemplo

Coral preparó 32 pintas de refresco de frutas para una fiesta. Debe llevar el refresco de frutas en recipientes de 1 galón. ¿Cuántos recipientes necesita Coral?

Unidades de capacidad del sistema usual
1 taza (tz) = 8 onzas fluidas (oz fl)
1 pinta (pt) = 2 tazas
1 cuarto (ct) = 2 pintas
1 galón (gal) = 4 cuartos

> Para convertir una unidad más pequeña a una unidad más grande, hay que dividir. A veces, puede ser necesario convertir más de una vez.

Convierte 32 pintas a galones.

PASO 1 Escribe una ecuación para convertir pintas a cuartos.

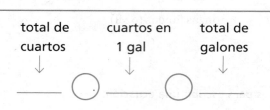

total de pintas   pintas en 1 ct   total de cuartos

32 ◯ _____ ◯ _____

PASO 2 Escribe una ecuación para convertir cuartos a galones.

total de cuartos   cuartos en 1 gal   total de galones

_____ ◯ _____ ◯ _____

Entonces, Coral necesita _____ recipientes de 1 galón para llevar el refresco de frutas.

Comparte y muestra 🖊 MATH BOARD

1. Usa la ilustración para completar los enunciados y convertir 3 cuartos a pintas.

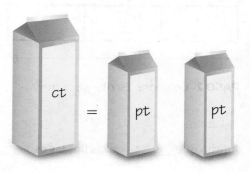

   a. 1 cuarto = _____ pintas

   b. 1 cuarto es _____ que 1 pinta.

   c. 3 ct ◯ _____ pt en 1 ct = _____ pt

Convierte.

2. 3 gal = _____ pt

✅ **3.** 5 ct = _____ pt

✅ **4.** 6 ct = _____ tz

Charla matemática   PRÁCTICAS Y PROCESOS MATEMÁTICOS ②

Razona de forma abstracta Explica en qué se parece convertir unidades de capacidad a convertir unidades de longitud. ¿En qué se diferencia?

Por tu cuenta

Convierte.

5. 38 tz = _____ pt

6. 36 ct = _____ gal

7. 104 oz fl = _____ tz

Práctica: Copia y resuelve Convierte.

8. 200 tz = ▧ ct

9. 22 pt = ▧ oz fl

10. 8 gal = ▧ ct

11. 72 oz fl = ▧ tz

12. 2 gal = ▧ pt

13. 48 pt = ▧ gal

Compara. Escribe <, > o =.

14. 28 tz ◯ 14 pt

15. 25 pt ◯ 13 ct

16. 20 ct ◯ 80 tz

17. 12 gal ◯ 50 ct

18. 320 oz fl ◯ 18 pt

19. 15 ct ◯ 63 tz

20. **ESCRIBE** ▸*Matemáticas* ¿Cuál de los ejercicios 14 a 19 podrías resolver mentalmente? Explica tu respuesta para un ejercicio.

_____

_____

_____

21. *MÁS AL DETALLE* Larry hizo 4 tandas de ponche. Para cada tanda utiliza 16 onzas fluidas de jugo de limón y 3 pintas de jugo de naranja. Si cada porción es de 1 taza, ¿cuántas porciones hizo en total?

_____

Resolución de problemas · Aplicaciones

Muestra tu trabajo. Usa la tabla para resolver los problemas 22 a 24.

22. **PRÁCTICAS Y PROCESOS MATEMÁTICOS ④** **Usa gráficas** Completa la tabla y haz una gráfica en la que se muestre la relación entre las pintas y los cuartos.

Cuartos	0	1	2	3	4
Pintas	0				

Relación pintas-cuartos

23. **MÁS AL DETALLE** Describe cualquier patrón que observes en los pares de números que representaste gráficamente. Escribe una regla para describir el patrón.

_____

_____

_____

_____

24. **PIENSA MÁS** ¿Qué otro par de unidades de capacidad del sistema usual tienen la misma relación que las pintas y los cuartos? Explica.

_____

_____

_____

25. **PIENSA MÁS** Shelby preparó 5 cuartos de jugo para un picnic. Dijo que preparó $1\frac{1}{4}$ tazas de jugo. Explica el error de Shelby.

_____

_____

_____

_____

Unidades de capacidad del sistema usual

Objetivo de aprendizaje Usarás un modelo de barras y escribirás una ecuación para comparar y convertir unidades de capacidad del sistema usual.

Convierte.

1. 5 gal = ___40___ pt

      Piensa: 1 galón = 4 cuartos
                1 cuarto = 2 pintas

2. 192 oz fl = _____ pt

3. 15 pt = _____ tz

4. 240 oz fl = _____ tz

5. 32 ct = _____ gal

6. 10 ct = _____ tz

7. 48 tz = _____ ct

8. 72 pt = _____ gal

9. 128 oz fl = _____ pt

Compara. Escribe <, > o =.

10. 17 ct ◯ 4 gal

11. 96 oz fl ◯ 8 pt

12. 400 pt ◯ 100 gal

13. 100 oz fl ◯ 16 pt

14. 74 oz fl ◯ 8 tz

15. 12 tz ◯ 3 ct

Resolución de problemas En el mundo

16. Vickie preparó una receta para hacer 144 onzas fluidas de cera para velas aromatizadas. ¿Cuántos moldes para vela de 1 taza podrá llenar con esa receta?

_____

17. Para preparar una receta se necesitan 32 onzas fluidas de crema doble. ¿Cuántos recipientes de 1 pinta de crema doble se necesitan para la receta?

_____

18. **ESCRIBE** ▸*Matemáticas* Da algunos ejemplos de situaciones en las que medirías capacidades en cada una de las unidades de capacidad que se muestran en la tabla de la página 592.

_____

_____

Repaso de la lección

1. Rosa preparó 12 galones de limonada para vender en un puesto de limonada. ¿Cuántas pintas de limonada preparó?

2. La pecera de Ebonae puede contener 40 galones de agua. ¿Cuántos cuartos de agua puede contener la pecera?

Repaso en espiral

3. Una alpinista escaló 15,840 pies en su camino hacia la cima de una montaña. ¿Cuántas millas escaló?

4. Jamal está preparando panqueques. Tiene $6\frac{3}{4}$ tazas de masa para panqueques, pero necesita 12 tazas en total. ¿Cuánta masa para panqueques más necesita?

5. En una obra en construcción hay 16 tarimas con bolsas de cemento. El peso total de todas las tarimas y el cemento es 4,856 libras. Todas las tarimas pesan lo mismo. ¿Cuánto pesa cada tarima con las bolsas de cemento?

6. Una editorial envió 15 cajas de libros a una librería. Cada caja contenía 32 libros. ¿Cuántos libros envió a la librería en total?

PRACTICA MÁS CON EL
Entrenador personal
en matemáticas

Nombre _____

Peso

Pregunta esencial ¿Cómo puedes comparar y convertir unidades de peso del sistema usual?

Objetivo de aprendizaje Usarás un dibujo, un modelo de barras, y escribirás una ecuación para comparar y convertir unidades de peso del sistema usual.

Soluciona el problema

En la escuela de Héctor habrá un concurso de cohetes de juguete. Para entrar al concurso, cada cohete debe pesar 4 libras o menos. El cohete de Héctor pesa 62 onzas sin la pintura. ¿Cuánto puede pesar como máximo la pintura que use en su cohete para que califique para el concurso?

El **peso** de un objeto es cuán pesado es el objeto.

- ¿Qué peso debe convertir Héctor?

  _____

- ¿Qué debe hacer Héctor después de convertir el peso?

  _____

1 libra = _____ onzas

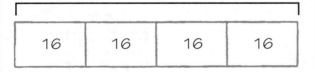

Usa un modelo de barras para escribir una ecuación.

PASO 1 Convierte 4 libras a onzas.

REPRESENTA

16	16	16	16

ANOTA

total de lb	oz en 1 lb	total de oz
↓	↓	↓

4 ◯ _____ ◯ _____

PASO 2 Resta el peso del cohete del total de onzas que puede pesar el cohete para calificar.

 _____ − 62 = _____

Entonces, el peso de la pintura puede ser como máximo _____ onzas para que el cohete de juguete de Héctor califique para el concurso.

Charla matemática

PRÁCTICAS Y PROCESOS MATEMÁTICOS ①

Entiende los problemas ¿Cómo elegiste qué operación usar para convertir libras a onzas? Explica.

🔑 Ejemplo

Cada propulsor de un transbordador espacial estadounidense pesa 1,292,000 libras en el momento del lanzamiento. ¿Cuántas toneladas pesa cada propulsor?

Usa el cálculo mental para convertir libras a toneladas.

PASO 1 Decide qué operación debes usar.	Puesto que las libras son más pequeñas que las toneladas, debo _____ el número de libras entre _____.

Unidades de peso

1 libra (lb) = 16 onzas (oz)
1 tonelada (t) = 2,000 lb

PASO 2 Descompón 2,000 en dos factores que sean fáciles de dividir mentalmente.

$2,000 = $ _____ $\times 2$

PASO 3 Divide 1,292,000 entre el primer factor. Luego divide el cociente entre el segundo factor.

$1,292,000 \div$ _____ $=$ _____

_____ $\div 2 =$ _____

Entonces, cada propulsor pesa _____ toneladas en el momento del lanzamiento.

Comparte y muestra

1. Usa la ilustración para completar las ecuaciones.

   a. 1 libra = _____ onzas

   b. 2 libras = _____ onzas

   c. 3 libras = _____ onzas

   d. 4 libras = _____ onzas

   e. 5 libras = _____ onzas

Convierte.

2. 15 lb = _____ oz

✓ 3. 3 T = _____ lb

✓ 4. 320 oz = _____ lb

Charla matemática

PRÁCTICAS Y PROCESOS MATEMÁTICOS ②

Razona de forma cuantitativa ¿Cómo puedes comparar mentalmente 11 libras con 175 onzas?

Nombre _____

Práctica: Copia y resuelve Convierte.

5. 23 lb = ■ oz

6. 6 t = ■ lb

7. 144 oz = ■ lb

8. 15 t = ■ lb

9. 352 oz = ■ lb

10. 18 lb = ■ oz

Compara. Escribe <, > o =.

11. 130 oz ◯ 8 lb

12. 34 lb ◯ 544 oz

13. 14 lb ◯ 229 oz

14. 16 t ◯ 32,000 lb

15. 5 lb ◯ 79 oz

16. 85,000 lb ◯ 40 t

17. **MÁS AL DETALLE** Bill tiene una bicicleta que pesa 56 libras. Magda tiene una bicicleta que pesa 52 libras. Magda añade un timbre y una cesta de su bicicleta. El timbre pesa 12 onzas y la cesta pesa 2 libras con 8 onzas. ¿Pesa la bicicleta de Magda con su timbre y cesta nuevos más que la bicicleta de Bill? Explica tu razonamiento.

_____

_____

Resolución de problemas • Aplicaciones

18. **MÁS AL DETALLE** Rhada tiene una bolsa de arcilla que pesa 5 libras. Su proyecto de artesanías requiere 5 onzas de arcilla por cada tanda de 6 adornos. Si usa toda la arcilla, ¿cuántos adornos puede hacer?

_____

_____

19. **PRÁCTICAS Y PROCESOS MATEMÁTICOS ②** **Representa un problema** Ellis usó 48 onzas de harina de centeno para preparar pan. Escribe una expresión que podrías usar para hallar cuántas libras de harina de centeno usó Ellis. Explica cómo la expresión representa el problema.

_____

_____

_____

20. **PIENSA MÁS** Kevin usa 36 onzas de manzanas secas y 18 onzas de arándanos secos para preparar un refrigerio de fruta. Planea vender el refrigerio en paquetes de $\frac{1}{2}$ de libra. ¿Cuántos envases llenará? ¿Sobrará algo de refrigerio?

_____

PIENSA MÁS **Plantea un problema**

21. Kia quiere 4 libras de aperitivos para su fiesta. Tiene 36 onzas de palomitas de maíz y quiere que el resto sean *pretzels*. ¿Cuántas onzas de *pretzels* debe comprar?

4 libras = 64 onzas

36 onzas	_____ onzas

$64 - 36 =$ _____

Entonces, Kia debe comprar _____ onzas de *pretzels*.

Escribe un problema nuevo con una cantidad de refrigerios diferente. Algunos pesos deben estar en libras y otros, en onzas. Asegúrate de que la cantidad de refrigerios inicial sea menor que la cantidad total de refrigerios que se necesitan.

Plantea un problema

_____

_____

_____

_____

_____

_____

_____

Dibuja un modelo de barras para tu problema. Luego resuelve.

---

22. **PIENSA MÁS** Para los números 22a a 22c, elige Verdadero o Falso.

22a. $1{,}500 \text{ lb} > 1 \text{ t}$ ○ Verdadero ○ Falso

22b. $32 \text{ oz} < 4 \text{ lb}$ ○ Verdadero ○ Falso

22c. $24 \text{ oz} < 1 \text{ lb } 16 \text{ oz}$ ○ Verdadero ○ Falso

Objetivo de aprendizaje Usarás un dibujo, un modelo de barras, y escribirás una ecuación para comparar y convertir unidades de peso del sistema usual.

Convierte.

1. 96 oz = _____6_____ lb

oz totales   oz en 1 lb   lb totales

96 ÷ 16 = 6

2. 6 t = _____ lb

3. 18 lb = _____ oz

4. 3,200 oz = _____ lb

5. 12 t = _____ lb

6. 9 lb = _____ oz

7. 7 lb = _____ oz

8. 100 lb = _____ oz

9. 60,000 lb = _____ t

Compara. Escribe <, > o =.

10. 40 oz ◯ 4 lb

11. 80 oz ◯ 5 lb

12. 5,000 lb ◯ 5 t

13. 18,000 lb ◯ 9 t

14. 25 lb ◯ 350 oz

15. 27 oz ◯ 2 lb

Resolución de problemas En el mundo

16. El Sr. Fields pidió a una fábrica 3 toneladas de grava para su entrada para carros. ¿Cuántas libras de grava ordenó?

17. Sara puede llevar un máximo de 22 libras de equipaje en su viaje. Su maleta pesa 112 onzas. ¿Cuántas libras más puede llevar sin exceder el límite máximo?

18. **ESCRIBE** ▸*Matemáticas* Da dos ejemplos de objetos que pesen menos que 1 onza y dos ejemplos de objetos que pesen más que 1 tonelada.

Repaso de la lección

1. El cachorro de Paolo pesó 11 libras en el consultorio del veterinario. ¿Cuál es su peso en onzas?

2. El límite de peso sobre un puente es 5 toneladas. ¿Cuánto es este peso en libras?

Repaso en espiral

3. En una fiesta hay 20 invitados. El anfitrión tiene 8 galones de refresco de frutas. Estima que cada invitado tomará dos tazas de refresco. Si su estimación es correcta, ¿cuánto refresco quedará al final de la fiesta?

4. En los Estados Unidos, una vuelta estándar alrededor de una pista de atletismo mide 440 yardas. ¿Cuántas vueltas habría que correr para completar una milla?

5. Se necesitan $\frac{3}{4}$ de taza de leche para preparar una receta de pastel de camote. Martina tiene 6 tazas de leche. ¿Cuántos pasteles puede preparar con esa cantidad de leche?

6. ¿Qué opción es la mejor estimación del peso total de los siguientes tipos de fiambres: $1\frac{7}{8}$ libras de salchicha ahumada, $1\frac{1}{2}$ libras de jamón y $\frac{7}{8}$ de libra de rosbif?

© Houghton Mifflin Harcourt Publishing Company

PRACTICA MÁS CON EL
Entrenador personal
en matemáticas

Nombre _____

Problemas de medición de varios pasos

Pregunta esencial ¿Cómo puedes resolver problemas de varios pasos que incluyen conversiones de medidas?

Objetivo de aprendizaje Convertirás unidades de medida para resolver problemas de varios pasos.

¡ Soluciona el problema

En la casa de Jarod había una llave averiada de la que goteaban 2 tazas de agua por día. Después de que goteara agua durante 2 semanas, repararon la llave. Si goteó la misma cantidad de agua cada día, ¿cuántos cuartos de agua gotearon de la llave de Jarod en 2 semanas?

 Usa los pasos para resolver el problema de varios pasos.

PASO 1

Anota la información que se te da.

Gotearon _____ tazas de agua por día.

Goteó agua de la llave durante _____ semanas.

PASO 2

Halla la cantidad total de agua que goteó de la llave en 2 semanas.

Puesto que se te da la cantidad de agua que goteó de la llave cada día, debes convertir 2 semanas a días y multiplicar.

Piensa: Hay 7 días en una semana.

tazas por día   días en 2 semanas   total de tazas
   ↓   ↓   ↓

   2   × _____   = _____

Gotean _____ tazas de agua en 2 semanas.

PASO 3

Convierte tazas a cuartos.

Piensa: Hay 2 tazas en 1 pinta.

       Hay 2 pintas en 1 cuarto.

_____ tazas = _____ pintas

_____ pintas = _____ cuartos

Entonces, gotearon _____ cuartos de agua de la llave averiada de Jarod en 2 semanas.

- **¿Qué pasaría si** goteara agua de la llave durante 4 semanas antes de que la reparasen? ¿Cuántos cuartos de agua gotearían?

_____

🔑 Ejemplo

Un cartón de huevos grandes de primera calidad pesa aproximadamente 1.5 libras. Si un cartón contiene 12 huevos, ¿cuántas onzas pesa cada huevo?

PASO 1

En onzas, halla el peso de un cartón de huevos.

Piensa: 1 libra = _____ onzas

Peso de un cartón (en onzas):

total de lb   oz en 1 lb   total de oz

↓   ↓   ↓

1.5   ×   _____   =   _____

El cartón de huevos pesa aproximadamente _____ onzas.

PASO 2

En onzas, halla el peso de cada huevo en el cartón.

Piensa: 1 cartón (docena de huevos) = _____ huevos

Peso de cada huevo (en onzas):

total de oz   huevos en 1 cartón   oz de 1 huevo

↓   ↓   ↓

24   ÷   _____   =   _____

Entonces, cada huevo pesa aproximadamente _____ onzas.

Comparte y muestra

Resuelve.

1. Después de cada entrenamiento de fútbol, Scott corre 4 carreras de 20 yardas cada una. Si continúa con esa rutina, ¿cuántos entrenamientos le llevará a Scott correr un total de 2 millas?

   Scott corre_____ yardas en cada entrenamiento.

   Puesto que hay _____ yardas en 2 millas, deberá continuar con su rutina un total de

   _____ entrenamientos.

2. Un trabajador de un molino carga bolsas de harina de 5 lb en cajas para enviar a un depósito de la zona. Cada caja contiene 12 bolsas de harina. Si el depósito encarga 3 toneladas de harina, ¿cuántas cajas se necesitan para completar el pedido?

   _____

3. Cory llevó cinco jarras de jugo de 1 galón para servir en la reunión de padres de la escuela. Si los vasos de papel que usará para las bebidas pueden contener 8 onzas fluidas, ¿cuántas bebidas puede servir Cory durante la reunión?

   _____

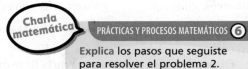

Charla matemática   PRÁCTICAS Y PROCESOS MATEMÁTICOS ⑥

Explica los pasos que seguiste para resolver el problema 2.

Por tu cuenta

Resuelve.

4. *MÁS AL DETALLE* Una maestra de ciencias recoge 18 pintas de agua de un lago para un experimento que va a enseñar. En el experimento, cada estudiante debe usar 4 onzas fluidas de agua de un lago. Si participarán 68 estudiantes, ¿cuántas pintas de agua de lago le quedarán a la maestra?

5. *PRÁCTICAS Y PROCESOS MATEMÁTICOS 4* **Usa diagramas** Una guirnalda de luces mide 28 pies de longitud. La primera luz de la guirnalda está a 16 pulgadas del enchufe. Si las luces de la guirnalda están separadas 4 pulgadas unas de otras, ¿cuántas luces hay en la guirnalda? Haz un dibujo que te ayude a resolver el problema.

6. Cuando el carro de Elena avanza una distancia tal que cada rueda completa una rotación, el carro recorre 72 pulgadas. ¿Cuántas rotaciones completas deberán hacer las ruedas para que el carro de Elena recorra 10 yardas?

7. *MÁS AL DETALLE* Un elefante africano macho pesa 7 toneladas. Si un león africano macho del zoológico de la ciudad pesa $\frac{1}{40}$ del peso de un elefante africano macho, ¿cuántas libras pesa el león?

8. Darnell contrató un camión para su mudanza. El peso del camión vacío era 7,860 libras. Cuando Darnell cargó todos sus objetos en el camión, este pesaba 6 toneladas. ¿Cuánto pesaban, en libras, los objetos que Darnell cargó en el camión?

9. *PIENSA MÁS* Un galón de gasolina sin plomo pesa aproximadamente 6 libras. ¿Aproximadamente cuántas onzas pesa 1 cuarto de gasolina sin plomo? PISTA: 1 cuarto = $\frac{1}{4}$ de galón

Soluciona el problema En el mundo

10. _PIENSA MÁS_ En un refugio para animales de la zona hay 12 perros de tamaño pequeño y 5 perros de tamaño mediano. Todos los días, cada perro pequeño recibe 12.5 onzas de alimento balanceado y cada perro mediano recibe 18 onzas del mismo alimento balanceado. ¿Cuántas libras de alimento balanceado reparte en un día el refugio?

a. ¿Qué se te pide que halles? _____

_____

b. ¿Qué información usarás? _____

_____

_____

c. ¿Qué conversión deberás hacer para resolver el problema?

_____

_____

d. Muestra los pasos que sigues para resolver el problema.

e. Completa las oraciones. Los perros de tamaño

pequeño comen un total de _____ onzas por día.

Los perros de tamaño mediano comen un total de

_____ onzas por día.

El refugio reparte _____ onzas

o _____ libras de alimento balanceado por día.

11. _PIENSA MÁS +_ Gus está pintando su casa. Usa 2 cuartos de pintura por hora. Gus pinta durante 8 horas. ¿Cuántos galones de pintura usó? Muestra tu trabajo.

_____

_____

Problemas de medición de varios pasos

Objetivo de aprendizaje Convertirás unidades de medida para resolver problemas de varios pasos.

Resuelve.

1. Una empresa de cable tiene que instalar 5 millas de cable. ¿Cuántos trozos de 100 yardas de cable se pueden cortar?

   **Piensa: 1,760 yardas = 1 milla.
   Entonces, la empresa tiene 5 × 1,760 u
   8,800 yardas de cable.**

   Divide. 8,800 ÷ 100 = 88

   _____ **88 trozos** _____

2. Afton preparó un platillo con pollo para la cena. A las 40 onzas de pollo que cocinó les agregó un paquete de 10 onzas de verduras y un paquete de 14 onzas de arroz. ¿Cuál fue el peso total del platillo en libras?

3. Un frasco contiene 26 onzas fluidas de salsa para spaghetti. ¿Cuántas tazas de salsa hay en 4 frascos?

4. El entrenador Kent lleva 3 cuartos de bebida para deportistas a la práctica de fútbol. Le da la misma cantidad de bebida a cada uno de los 16 jugadores. ¿Cuántas onzas de bebida recibe cada jugador?

5. Leslie necesita 324 pulgadas de un listón de flecos para colocarlo alrededor del borde de un mantel. El listón se vende en paquetes de 10 yardas. Si Leslie compra 1 paquete, ¿cuántos pies de listón de flecos le quedarán?

6. Una empresa de suministros para oficinas envía una caja de lápices de madera a una tienda. Hay 64 estuches de lápices en la caja. Si cada estuche de lápices pesa 2.5 onzas, ¿cuál es el peso, en libras, de la caja de lápices de madera?

Resolución de problemas

7. Una jarra contiene 40 onzas fluidas de té helado. Shelby sirve 3 tazas de té helado. ¿Cuántas pintas de té helado quedan en la jarra?

8. Olivia ata 2.5 pies de cinta a un globo. ¿Cuántas yardas de cinta necesita Olivia para 18 globos?

9. **ESCRIBE** ▸*Matemáticas* Un objeto se mueve sobre una cinta transportadora a una velocidad de 60 pulgadas por segundo. Explica cómo puedes convertir la velocidad a pies por minuto.

Repaso de la lección

1. Lilian compra cortinas para la ventana de su recámara. Quiere que las cortinas cuelguen desde la parte superior de la ventana hasta el piso. La ventana mide 4 pies de altura. La parte inferior de la ventana está a $2\frac{1}{2}$ pies del piso. ¿Cuál es la longitud, en pulgadas, de la cortina que debería comprar Lilian?

2. Brady compra 3 galones de fertilizante para su jardín. Cuando termina de rociar el fertilizante en su jardín, le queda 1 cuarto de fertilizante. ¿Cuántos cuartos de fertilizante roció Brady?

Repaso en espiral

3. Una cuerda para saltar mide 9 pies de longitud. ¿Cuál es la longitud de la cuerda en yardas?

4. Completa el siguiente enunciado para que sea verdadero.

   8 tazas = _____ cuartos _____ = pintas

5. ¿Cuál es el número desconocido en la Secuencia 2 de la tabla?

Número de la secuencia	1	2	3	5	7
Secuencia 1	3	6	9	15	21
Secuencia 2	6	12	18	30	?

6. Una agricultora divide 20 acres de terreno en secciones de $\frac{1}{4}$ de acre. ¿En cuántas secciones divide su terreno?

PRACTICA MÁS CON EL
Entrenador personal
en matemáticas

Nombre _____

Revisión de la mitad del capítulo

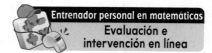

Vocabulario

Elige el término del recuadro que mejor corresponda.

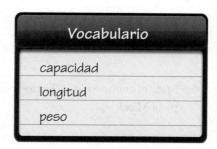

Vocabulario
capacidad
longitud
peso

1. El _____ de un objeto indica lo pesado que es el objeto. (pág. 597)

2. La _____ de un recipiente es la cantidad que este puede contener. (pág. 591)

Conceptos y destrezas

Convierte.

3. $5 \text{ mi} = $ _____ yd

4. $48 \text{ ct} = $ _____ gal

5. $9 \text{ t} = $ _____ lb

6. $336 \text{ oz} = $ _____ lb

7. $14 \text{ pies} = $ _____ yd y _____ pies

8. $11 \text{ pt} = $ _____ oz fl

Compara. Escribe <, > o =.

9. 96 oz fl ◯ 13 tz

10. 25 lb ◯ 384 oz

11. 8 yd ◯ 288 pulg

Resuelve.

12. Una taza de café estándar tiene una capacidad de 16 onzas fluidas. Si Annie debe llenar 26 tazas con café, ¿cuántos cuartos de café necesita en total?

_____

13. Un salón de clases mide 34 pies de longitud. ¿A cuánto equivale esta medida en yardas y pies?

_____

14. Max, el cachorro de Charlie, pesa 8 libras. ¿Cuántas onzas pesa Max?

_____

15. Milton compra un acuario de 5 galones de capacidad para su recámara. Para llenar el acuario con agua, usa un recipiente de 1 cuarto de capacidad. ¿Cuántas veces llenará y vaciará Milton el recipiente hasta llenar el acuario?

_____

16. MÁS AL DETALLE Sarah usa una receta para preparar 2 galones de su jugo de mezcla de bayas favorito. Dos de los recipientes que planea usar para guardar el jugo tienen una capacidad de 1 cuarto. El resto de los recipientes tienen una capacidad de 1 pinta. ¿Cuántos recipientes de una pinta necesitará Sarah?

_____

17. La longitud promedio de un delfín de hocico blanco hembra es de aproximadamente 111 pulgadas. ¿A cuánto equivale esta longitud en pies y pulgadas?

_____

Medidas métricas

Pregunta esencial ¿Cómo puedes comparar y convertir unidades métricas?

Objetivo de aprendizaje Usarás una tabla de conversión métrica para hallar la relación entre las unidades y convertirás unidades métricas.

Soluciona el problema En el mundo

Con la ayuda de un mapa, Alex estima que la distancia entre su casa y la casa de sus abuelos es aproximadamente 15,000 metros. Aproximadamente, ¿a cuántos kilómetros de distancia de la casa de sus abuelos vive Alex?

El sistema métrico se basa en el valor posicional. Cada unidad se relaciona con la unidad siguiente, ya sea mayor o menor, por una potencia de 10.

- Subraya la oración que indica lo que intentas hallar.
- Encierra en un círculo la medida que debes convertir.

 De una manera Convierte 15,000 metros a kilómetros.

kiló- (k)	hectó- (h)	decá- (da)	metro (m) litro (l) gramo (g)	decí- (d)	centí- (c)	milí- (m)

Potencia de 10   Potencia de 10   Potencia de 10

PASO 1 Halla la relación entre las unidades.

El metro es _____ potencias de 10 menor que el kilómetro.

Hay _____ metros en 1 kilómetro.

PASO 2 Determina la operación que se debe usar.

Estoy convirtiendo de una unidad _____ a una

unidad _____ entonces _____.

PASO 3 Convierte.

cantidad de metros   metros en 1 kilómetro   cantidad de kilómetros
↓   ↓   ↓

15,000   ◯   _____   =   _____

Entonces, la casa de Alex está a _____ kilómetros de distancia de la casa de sus abuelos.

Charla matemática

PRÁCTICAS Y PROCESOS MATEMÁTICOS 7

Busca el patrón Elige dos unidades de la tabla. Explica cómo usar potencias de 10 para describir la relación entre las dos unidades.

De otra manera Usa un diagrama.

Jamie hizo una pulsera de 1.8 decímetros de longitud.
¿Cuál es la longitud de la pulsera de Jamie en milímetros?

Convierte 1.8 decímetros a milímetros.

			metro litro gramo	decí-	centí-	milí-
kiló-	hectó-	decá-		**1**	**8**	

PASO 1 Representa 1.8 decímetros.

Puesto que la unidad es decímetros, coloca un punto decimal para expresar la parte entera del número en decímetros.

PASO 2 Convierte.

Tacha el punto decimal y expresa el valor como un número natural en milímetros. Escribe los ceros necesarios a la izquierda del punto decimal para completar el número natural.

PASO 3 Anota el valor con las unidades nuevas.

1.8 dm = _____ mm

Entonces, la pulsera de Jamie mide _____ milímetros de longitud.

¡Inténtalo! Completa la ecuación para mostrar la conversión.

A Convierte 247 miligramos a centigramos, decigramos y gramos.

¿Las unidades se convierten a una

unidad mayor o menor? _____

¿Debes multiplicar o dividir con potencias

de 10 para convertir? _____

247 mg ◯ 10 = _____ cg

247 mg ◯ 100 = _____ dg

247 mg ◯ 1,000 = _____ g

B Convierte 3.9 hectolitros a decalitros, litros y decilitros.

¿Las unidades se convierten a una

unidad mayor o menor? _____

¿Debes multiplicar o dividir con potencias

de 10 para convertir? _____

3.9 hl ◯ 10 = _____ dal

3.9 hl ◯ 100 = _____ l

3.9 hl ◯ 1,000 = _____ dl

Nombre _____

Comparte y muestra

Completa la ecuación para mostrar la conversión.

1. 8.47 l $\bigcirc$ 10 = _____ dl

   8.47 l $\bigcirc$ 100 = _____ cl

   8.47 l $\bigcirc$ 1,000 = _____ ml

Piensa: ¿Las unidades se convierten a una unidad mayor o menor?

2. 9,824 dg $\bigcirc$ 10 = _____ g

   9,824 dg $\bigcirc$ 100 = _____ dag

   9,824 dg $\bigcirc$ 1,000 = _____ hg

Convierte.

3. 4,250 cm = _____ m

4. 6,000 ml = _____ l

5. 4 dg = _____ cg

Charla matemática · PRÁCTICAS Y PROCESOS MATEMÁTICOS ②

Razona de forma cuantitativa ¿Cómo puedes comparar las longitudes 4.25 dm y 4.25 cm sin hacer la conversión?

Por tu cuenta

Convierte.

6. 7 g = _____ mg

7. 5 km = _____ m

8. 1,521 ml = _____ dl

Compara. Escribe >, < o =.

9. 32 hg $\bigcirc$ 3.2 kg

10. 6 km $\bigcirc$ 660 m

11. 525 ml $\bigcirc$ 525 cl

12. **PRÁCTICAS Y PROCESOS MATEMÁTICOS ②** **Usa el razonamiento** En 1 kilogramo, ¿hay menos que, más que o exactamente un millón de miligramos? Explica cómo lo sabes.

_____

_____

_____

13. *MÁS AL DETALLE* Parker corrió 100 metros, 1 kilómetro y 5,000 centímetros. ¿Cuántos metros en total corrió Parker?

_____

Resolución de problemas • Aplicaciones En el mundo

Usa la tabla para resolver los problemas 14 y 15.

Alimentos para la excursión	
Artículo	**Cantidad**
1 lata de jugo	150 ml
1 botella de jugo	2 l
1 tanda de panqueques	200 g
surtido de pasas de uva y *pretzels*	1,425 g

14. **MÁS AL DETALLE** Kelly preparó un surtido de pasas de uva y *pretzels* para un refrigerio. ¿Cuántos gramos debe agregar al surtido para preparar 2 kilogramos?

_____

15. **PIENSA MÁS** Kelly planea llevar jugo a su excursión. ¿Qué recipiente contendrá más jugo: 8 latas o 2 botellas? ¿Cuánto jugo más contendrá?

_____

16. La botella de agua de Erin contiene 600 mililitros de agua. La botella de agua de Dylan contiene 1 litro de agua. ¿Quién tiene la botella con mayor capacidad? ¿Cuánta más capacidad tiene su botella?

_____

ESCRIBE ▸ *Matemáticas*
Muestra tu trabajo

17. Liz y Alana participaron en el encuentro de salto de altura. Liz saltó 1 metro de altura. Alana saltó 132 centímetros de altura. ¿Quién saltó más alto? ¿Cuánto más alto saltó?

_____

18. **PIENSA MÁS** Mónica tiene 426 milímetros de tela. ¿Cuántos centímetros de tela tiene? Usa los números y símbolos de las fichas para escribir una ecuación que muestre la conversión.

426	4.26	42.6	0.426
×	÷	=	
10	100	1,000	

_____

Medidas métricas

Objetivo de aprendizaje Usarás una tabla de conversión métrica para hallar la relación entre las unidades y convertirás unidades métricas.

Convierte.

1. 16 m = ___16,000___ mm

    cantidad de   milímetros
    metros   en 1 metro

        16   ×   1,000   =   16,000
       16 m = 16,000 mm

2. 6,500 cl = _____ L

    cantidad de
    milímetros

3. 15 cm = _____ mm

4. 3,200 g = _____ kg

5. 12 L = _____ ml

6. 200 cm = _____ m

7. 70,000 g = _____ kg

8. 100 dl = _____ L

9. 60 m = _____ mm

Compara. Escribe <, > o =.

10. 900 cm $\bigcirc$ 9,000 mm

11. 600 km $\bigcirc$ 5 m

12. 5,000 cm $\bigcirc$ 5 m

13. 18,000 g $\bigcirc$ 10 kg

14. 8,456 ml $\bigcirc$ 9 L

15. 2 m $\bigcirc$ 275 cm

Resolución de problemas

16. Bria pidió 145 centímetros de tela. Jayleen pidió 1.5 metros de tela. ¿Quién pidió más tela?

_____

17. Ed llena su botella de deportes con 1.2 litros de agua. Después de andar en bicicleta, bebe 200 mililitros del agua de su botella. ¿Cuánta agua queda en la botella de Ed?

_____

18. ┃**ESCRIBE** ▸*Matemáticas* Explica la relación que existe entre multiplicar y dividir por 10, 100 y 1,000 y mover el punto decimal hacia la derecha o hacia la izquierda.

_____

Repaso de la lección

1. Quan compró 8.6 metros de tela. ¿Cuántos centímetros de tela compró?

_____

2. Jason toma 2 centilitros de su medicamento. ¿Cuántos mililitros es esta cantidad?

_____

Repaso en espiral

3. Yolanda necesita 5 libras de carne molida para preparar lasaña para una reunión familiar. Un paquete de carne molida pesa $2\frac{1}{2}$ libras. Otro paquete pesa $2\frac{3}{5}$ libras. ¿Cuánta carne molida le quedará a Yolanda después de preparar la lasaña?

_____

4. Para preparar una receta de sopa se necesitan $2\frac{3}{4}$ cuartos de caldo de verduras. Una lata de caldo que ya está abierta contiene $\frac{1}{2}$ cuarto de caldo. ¿Cuánto caldo más se necesita para preparar la sopa?

_____

5. ¿Qué punto de la gráfica está ubicado en (4, 2)?

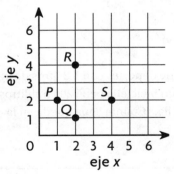

6. Un proveedor de productos para panaderías recibe un pedido de 2 toneladas de azúcar para una cadena de panaderías. El azúcar se empaca en cajones. En cada cajón caben ocho bolsas de azúcar de 10 libras. ¿Cuántos cajones debe enviar el proveedor para ese pedido?

_____

PRACTICA MÁS CON EL
Entrenador personal
en matemáticas

Nombre _____

Resolución de problemas • Conversiones del sistema usual y del sistema métrico

Pregunta esencial ¿Cómo puedes usar la estrategia *hacer una tabla* para resolver problemas de conversiones de unidades de los sistemas usual y métrico?

Objetivo de aprendizaje Usarás la estrategia *hacer una tabla* para resolver problemas de conversiones de unidades de los sistemas usual y métrico haciendo tablas para mostrar la relación entre las unidades.

Soluciona el problema En el mundo

Aarón prepara refresco de frutas para una reunión familiar. Debe preparar 120 tazas de refresco. Si quiere guardarlo en recipientes de un galón de capacidad, ¿cuántos recipientes de un galón necesitará Aarón?

Usa el siguiente organizador gráfico como ayuda para resolver el problema.

Tabla de conversión

	gal	ct	pt	tz
1 gal	1	4	8	16
1 ct	$\frac{1}{4}$	1	2	4
1 pt	$\frac{1}{8}$	$\frac{1}{2}$	1	2
1 tz	$\frac{1}{16}$	$\frac{1}{4}$	$\frac{1}{2}$	1

Lee el problema

¿Qué debo hallar?

Debo hallar _____

_____

_____

_____.

¿Qué información debo usar?

Debo usar _____

_____

_____

_____.

¿Cómo usaré la información?

Haré una tabla para mostrar la relación que hay entre la

cantidad de _____ y

la cantidad de _____.

Resuelve el problema

Hay _____ tazas en 1 galón. Entonces, cada taza es _____ de un galón. Completa la siguiente tabla.

tz	1	2	3	4	120
gal.	$\frac{1}{16}$	$\frac{1}{8}$	$\frac{3}{16}$	$\frac{1}{4}$	

Multiplica por _____.

Entonces, Aarón necesita _____ recipientes de un galón para guardar el refresco de frutas.

• **PRÁCTICAS Y PROCESOS MATEMÁTICOS ②** **Usa el razonamiento** ¿Todos los recipientes de un galón se llenarán completamente?

Explica. _____

© Houghton Mifflin Harcourt Publishing Company

Capítulo 10 617

🔑 Haz otro problema

Sharon está trabajando en un proyecto para la clase de arte. Para completar el proyecto, debe cortar tiras de madera de 1 decímetro de largo cada una. Si Sharon tiene 7 tiras de madera de 1 metro de largo cada una, ¿cuántas tiras de 1 decímetro puede cortar?

Tabla de conversión				
	m	**dm**	**cm**	**mm**
1 m	1	10	100	1,000
1 dm	$\frac{1}{10}$	1	10	100
1 cm	$\frac{1}{100}$	$\frac{1}{10}$	1	10
1 mm	$\frac{1}{1,000}$	$\frac{1}{100}$	$\frac{1}{10}$	1

Lee el problema

¿Qué debo hallar?	¿Qué información debo usar?	¿Cómo usaré la información?

Resuelve el problema

Entonces, Sharon puede cortar _____ tiras de madera de 1 decímetro de largo para completar el proyecto.

- **PRÁCTICAS Y PROCESOS MATEMÁTICOS 7** **Busca el patrón** ¿Qué relación se muestra en la tabla que hiciste? _____

_____

Charla matemática

PRÁCTICAS Y PROCESOS MATEMÁTICOS 4

Usa diagramas ¿Cómo podrías usar un diagrama para resolver este problema?

Nombre _____

1. Edgardo tiene un refrigerador de bebidas con capacidad para 10 galones de agua. Usa un recipiente de 1 cuarto para llenar el refrigerador. ¿Cuántas veces deberá llenar el recipiente de 1 cuarto para que el refrigerador quede lleno?

   Primero, haz una tabla para mostrar la relación entre galones y cuartos. Puedes usar una tabla de conversión para hallar cuántos cuartos hay en un galón.

gal.	1	2	3	4	10
ct	4				

   ESCRIBE ▸ *Matemáticas* • **Muestra tu trabajo**

   Luego, busca una regla como ayuda para completar tu tabla.

   cantidad de galones × _____ = cantidad de cuartos

   Por último, usa la tabla para resolver el problema.

   Edgardo deberá llenar _____ veces el recipiente de 1 cuarto.

2. **PIENSA MÁS** ¿Qué pasaría si Edgardo usara solo 32 cuartos de agua para llenar el refrigerador de bebidas? ¿Cómo puedes usar tu tabla para hallar la cantidad de galones que hay en 32 cuartos?

   _____

   _____

   _____

   _____

3. Si Edgardo usara un recipiente de 1 taza para llenar el refrigerador, ¿de qué manera afectaría eso a la cantidad de veces que debe llenar un recipiente para que el refrigerador quede lleno? Explica.

   _____

   _____

   _____

   _____

Por tu cuenta

4. **PIENSA MÁS** María puso un ribete alrededor de un
cartel triangular. Cada lado mide 22 pulgadas de largo.
A María le queda $\frac{1}{2}$ pie de ribete. ¿Cuál era la longitud del
ribete al comienzo? Escribe tu respuesta en yardas.

_____

5. Daniel tiene 9 DVD. Su hermano Mark tiene 3 DVD más
que Daniel. Marsha tiene más DVD que cualquiera de
sus dos hermanos. Los tres juntos tienen 35 DVD.
¿Cuántos DVD tiene Marsha?

_____

6. **MÁS AL DETALLE** Kevin construye un marco. Tiene un ribete que mide
4 pies de largo. ¿Cuántos trozos de 14 pulgadas de largo puede
cortar Kevin de este ribete? ¿Qué cantidad de pies le sobrarán?

_____

_____

7. **PRÁCTICAS Y PROCESOS MATEMÁTICOS ② Razona de forma cuantitativa** Explica cómo puedes hallar la
cantidad de tazas que hay en cinco galones de agua.

_____

_____

_____

8. Carla usa $2\frac{3}{4}$ tazas de harina integral y $1\frac{3}{8}$ tazas de harina de centeno
en su receta para hacer pan. ¿Cuántas tazas usa en total?

_____

9. **PIENSA MÁS ➕** Una olla grande contiene 12 galones de sopa.
Jared tiene recipientes de 1 pinta con caldo de pollo. Completa la
tabla como ayuda para hallar el número de recipientes de 1 pinta
con caldo de pollo que necesitará Jared para llenar la olla.

galón	2	4	6	8	10	12
pinta						

Jared necesitará _____ recipientes de una pinta para llenar la olla.

Resolución de problemas • Conversiones del sistema usual y del sistema métrico

Objetivo de aprendizaje Usarás la estrategia *hacer una tabla* para resolver problemas de conversiones de unidades de los sistemas usual y métrico haciendo tablas para mostrar la relación entre las unidades.

Haz una tabla para resolver cada problema.

1. Thomas está preparando una sopa. En su olla caben 8 cuartos de sopa. ¿Cuántas porciones de 1 taza de sopa podrá servir?

_____ **32 porciones de 1 taza** _____

Cantidad de cuartos	1	2	3	4	8
Cantidad de tazas	4	8	12	16	32

2. Paulina usa una pesa cuya masa es 2.5 kilogramos para hacer sus ejercicios. ¿Cuál es la masa en gramos de la pesa?

3. Alex vive a 500 yardas del parque. ¿A cuántas pulgadas del parque vive?

4. Se cargan 7,000 libras de ladrillos en un camión. ¿Cuántas toneladas de ladrillos hay en el camión?

5. ▌ESCRIBE ▶*Matemáticas* Explica cómo podrías usar la tabla de conversiones de la página 618 para convertir 700 centímetros a metros.

Repaso de la lección

1. A Jenny le cortaron 27 centímetros del cabello en la peluquería. ¿Cuántos decímetros de cabello le cortaron?

_____

2. Marcus necesita 108 pulgadas de madera para hacer un marco. ¿Cuántos pies de madera necesita para el marco?

_____

Repaso en espiral

3. Tamara vive a 35,000 metros de la casa de sus abuelos. ¿A cuántos kilómetros de la casa de sus abuelos vive Tamara?

_____

4. El cachorro de Dane pesaba 8 onzas al nacer. Ahora el cachorro pesa 18 veces más de lo que pesaba al nacer. ¿Cuántas libras pesa ahora el cachorro?

_____

5. Un carpintero corta trozos de una madera que mide 10 pulgadas de largo. ¿Cuántos trozos de $\frac{1}{2}$ pulgada puede cortar?

6. ¿Qué par ordenado representa la ubicación del punto X?

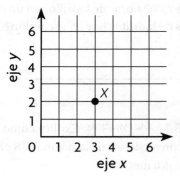

_____

PRACTICA MÁS CON EL
Entrenador personal
en matemáticas

Nombre _____

Tiempo transcurrido

Pregunta esencial ¿Cómo puedes resolver problemas de tiempo transcurrido convirtiendo unidades de tiempo?

Objetivo de aprendizaje Convertirás unidades de tiempo y medidas mixtas para resolver problemas de tiempo transcurrido.

Soluciona el problema

Una empresa de computadoras afirma que la batería de su computadora portátil dura 4 horas. De hecho, la computadora estuvo en funcionamiento durante 200 minutos antes de que se agotara la batería. ¿Duró 4 horas la batería?

1 hora = _____ minutos

Piensa: El minutero se mueve de un número al siguiente cada 5 minutos.

🔑 **Convierte 200 minutos a horas y minutos.**

PASO 1   Convierte minutos a horas y minutos.

min totales	min en 1 h		h	min
↓	↓		↓	↓

200 min = ____ h ____ min

_____ ◯ _____ es igual a _____ r _____

PASO 2   Compara. Escribe <, > o =.

_____ h _____ min ◯ 4 h

Puesto que _____ horas y _____ minutos es _____ 4 horas, la

batería _____ duró tanto como afirma la empresa de computadoras.

¡Inténtalo! **Convierte a medidas mixtas.**

Jill pasó gran parte del verano fuera de su casa. Pasó 10 días con sus abuelos, 9 días con sus primos y 22 días en un campamento. ¿Cuántas semanas y días estuvo fuera de su casa?

PASO 1 Halla la cantidad total de días que estuvo fuera de su casa.

10 días + 9 días + 22 días = _____ días

PASO 2 Convierte los días a semanas y días.

_____ ÷ 7 es igual a _____ r _____

Entonces, Jill estuvo fuera de su casa _____ semanas y _____ días.

Unidades de tiempo
60 segundos (s) = 1 minuto (min)
60 minutos = 1 hora (h)
24 horas = 1 día (d)
7 días = 1 semana (sem.)
52 semanas = 1 año (a.)
12 meses (mes.) = 1 año
365 días = 1 año

De una manera
Usa una recta numérica para hallar el tiempo transcurrido.

Mónica trabajó $2\frac{1}{2}$ horas en su computadora. Si comenzó a trabajar a las 10.30 a. m., ¿a qué hora terminó?

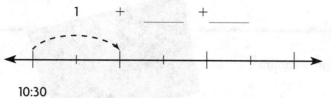

1 + _____ + _____

10:30 _____ _____ _____

Piensa: $\frac{1}{2}$ hora = 30 minutos

De otra manera
Usa un reloj para hallar el tiempo transcurrido.

Inicio   Fin

Entonces, Mónica terminó de trabajar a la(s) _____ .

¡Inténtalo! Halla la hora de inicio.

El equipo de fútbol de Roberto debe irse de la cancha de fútbol a las 12:15 p. m. Cada partido dura $1\frac{3}{4}$ horas como máximo. ¿A qué hora debería comenzar el partido para que el equipo termine de jugar a tiempo?

$\frac{1}{4}$ hora = 15 minutos; entonces, $\frac{3}{4}$ hora = _____ minutos

PASO 1 Primero, resta los minutos.

45 minutos antes son las _____ .

PASO 2 Luego, resta la hora.

1 hora y 45 minutos antes son las _____ .

Entonces, el juego debería comenzar a las _____ .

Charla matemática   PRÁCTICAS Y PROCESOS MATEMÁTICOS ⑥

Explica cómo convertirías 3 horas y 45 minutos a minutos.

Nombre _____

Convierte.

1. 540 min = _____ h

2. 8 d = _____ h

✓ **3.** 110 h = _____ d _____ h

Halla la hora de finalización.

✓ **4.** Hora de inicio: 9:17 a. m.

Tiempo transcurrido: 5 h 18 min

Hora de finalización:

_____

Charla matemática PRÁCTICAS Y PROCESOS MATEMÁTICOS ①

Entiende los problemas ¿Cómo puedes hallar la duración de una película si comienza a la 1:35 p. m. y termina a las 3:40 p. m.?

Por tu cuenta

Halla la hora de inicio, el tiempo transcurrido o la hora de finalización.

5. Hora de inicio: 11:38 a. m.

Tiempo transcurrido: 3 h y 10 min

Hora de finalización: _____

6. Hora de inicio: _____

Tiempo transcurrido: 2 h y 37 min

Hora de finalización: 1:15 p. m.

7. Hora de inicio: _____

Tiempo transcurrido: $2\frac{1}{4}$ h

Hora de finalización: 5:30 p. m.

8. Hora de inicio: 7:41 p. m.

Tiempo transcurrido: _____

Hora de finalización: 8:50 p. m.

9. **ESCRIBE** ▸*Matemáticas* **Explica** cómo podrías hallar el número de segundos que hay en las 24 horas de un día entero. Luego, resuelve.

_____

_____

Resolución de problemas • Aplicaciones

Usa la gráfica para resolver los ejercicios 10 a 12.

10. (PRÁCTICAS Y PROCESOS MATEMÁTICOS ④) **Usa gráficas** ¿Qué servicios de Internet descargaron el *podcast* en menos de 4 minutos?

_____

11. PIENSA MÁS ¿Qué servicio tardó más en descargar el *podcast*? ¿Cuánto más tardó en minutos y segundos con respecto a Red Fox?

_____

12. MÁS AL DETALLE Si tanto Jackrabbit como Red Fox comenzaron la descarga del *podcast* a las 10.05 a. m., ¿a qué hora completó la descarga cada servicio? ¿Cuál es la diferencia entre estas horas?

_____

_____

Tiempo de descarga del *podcast*

Servicio de Internet:
- Top Hat — 1,050
- Groove Box — 173
- Jackrabbit — 980
- Internet-C — 196
- Red Fox — 310

Tiempo (en segundos): 0 200 400 600 800 1,000

Entrenador personal en matemáticas

13. PIENSA MÁS + Samit y sus amigos fueron al cine a las 7:30 p. m. La película terminó a las 9:55 p. m. ¿Cuánto duró la película?

_____

Samit llegó a su casa 35 minutos después de que terminara la película. ¿A qué hora llegó? Explica cómo hallaste la respuesta.

_____

_____

_____

_____

Tiempo transcurrido

Objetivo de aprendizaje Convertirás unidades de tiempo y medidas mixtas para resolver problemas de tiempo transcurrido.

Convierte.

1. 5 días = ____120____ h

2. 8 h = _____ min

3. 30 min = _____ s

Piensa: 1 día = 24 horas
$5 \times 24 = 120$

4. 15 h = _____ min

5. 5 a. = _____ d

6. 7 d = _____ h

7. 24 h = _____ min

8. 600 s = _____ min

9. 60,000 min = _____ h

Halla la hora de inicio, el tiempo transcurrido o la hora de finalización.

10. Hora de inicio: 11:00 a. m.

Tiempo transcurrido: 4 horas y 5 minutos

Hora de finalización: _____

11. Hora de inicio: 6:30 p. m.

Tiempo transcurrido: 2 horas y 18 minutos

Hora de finalización: _____

12. Hora de inicio: _____

Tiempo transcurrido: $9\frac{3}{4}$ horas

Hora de finalización: 6:00 p. m.

13. Hora de inicio: 2:00 p. m.

Tiempo transcurrido: _____

Hora de finalización: 8:30 p. m.

Resolución de problemas En el mundo

14. La clase de danzas de Kiera comienza a las 4:30 p. m. y finaliza a las 6:15 p. m. ¿Cuánto dura la clase?

_____

15. Julio miró una película que comenzó a las 11:30 a. m. y finalizó a las 2:12 p. m. ¿Cuánto duró la película?

_____

16. **ESCRIBE** ▸*Matemáticas* Escribe un problema de la vida real que pueda resolverse usando el tiempo transcurrido. Incluye la solución.

_____

_____

Repaso de la lección

1. Michelle hizo una caminata por un sendero. Comenzó la caminata a las 6:45 a. m. y regresó a las 3:28 p. m. ¿Cuánto tiempo duró la caminata?

2. Grant comenzó a correr una maratón a las 8:00 a. m. Tardó 4 horas y 49 minutos en completar la maratón. ¿A qué hora cruzó la línea de llegada?

Repaso en espiral

3. Molly está llenando una jarra que puede contener 2 galones de agua. La llena con una taza graduada que tiene una capacidad de 1 taza. ¿Cuántas veces deberá llenar la taza graduada de 1 taza para poder llenar la jarra?

4. Elige el símbolo que corresponda para que el siguiente enunciado sea verdadero.

$$1.625 \bigcirc 1.7$$

5. Adrián prepara una receta de panecillos de pasas. Necesita $1\frac{3}{4}$ tazas de pasas para una tanda de panecillos. Adrián quiere preparar $2\frac{1}{2}$ tandas de panecillos para una feria de pastelería. ¿Cuántas tazas de pasas necesitará Adrián?

6. Kevin recorre un sendero de $10\frac{1}{8}$ millas en bicicleta. Si ya recorrió las primeras $5\frac{3}{4}$ millas, ¿cuántas millas le quedan por recorrer?

PRACTICA MÁS CON EL
Entrenador personal
en matemáticas

Nombre _____

✓ Repaso y prueba del capítulo 10

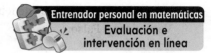

1. La biblioteca queda a 5 millas de la oficina de correo. ¿A cuántas yardas queda la biblioteca de la oficina de correo?

_____ yardas

2. Billy preparó 3 galones de jugo para un pícnic. Dijo que preparó $\frac{3}{4}$ de cuarto de jugo. Explica el error de Billy.

3. El Club de Teatro exhibe un video de su última obra teatral. La primera función comenzó a las 2:30 p. m. La segunda función estaba programada para comenzar a las 5:25 p. m., con un intervalo de $\frac{1}{2}$ hora entre las funciones.

Parte A

¿Cuánto dura el video en horas y minutos?

_____ horas y _____ minutos

Parte B

Explica cómo puedes usar una recta numérica para hallar la respuesta.

Parte C

La segunda función comenzó 20 minutos más tarde. ¿Terminará para las 7:45 p. m.? Explica por qué tu respuesta es razonable.

APRENDE EN LÍNEA
• **Libro interactivo del estudiante**
• **Glosario multimedia**

4. Fred compró 4 litros de jabón líquido para lavar la ropa, 3,250 mililitros de suavizante y 2.5 litros de lejía. Para los enunciados 4a a 4e, elige Verdadero o Falso.

4a. Fred compró 75 mililitros más de suavizante que de lejía. ○ Verdadero ○ Falso

4b. Fred compró 1.75 litros más de jabón para la ropa que de lejía. ○ Verdadero ○ Falso

4c. Fred compró 750 mililitros más de suavizante que de lejía. ○ Verdadero ○ Falso

4d. Fred compró 150 mililitros más de jabón para la ropa que de lejía. ○ Verdadero ○ Falso

4e. Fred compró 0.75 litros más de jabón para la ropa que de suavizante. ○ Verdadero ○ Falso

5. Un hipopótamo macho puede llegar a pesar hasta 10,000 libras. ¿Cuántas toneladas son 10,000 libras?

_____ toneladas.

6. PIENSA MÁS ➕ Omar y sus amigos fueron al cine a las 4:45 p. m. La película terminó a las 6:20 p. m.

Parte A

¿Cuánto duró la película?

_____ hora y _____ minutos

Parte B

Omar llegó a su casa 45 minutos después de que terminara la película. ¿A qué hora llegó a su casa? Explica cómo hallaste la respuesta.

7. Selecciona los objetos que pueden contener la misma cantidad de líquido que una jarra de 96 onzas fluidas. Marca todos los que correspondan.

(A) tres botellas de 1 cuarto

(B) dos botellas de 1 cuarto

(C) dos botellas de 1 cuarto y dos botellas de 1 pinta

(D) una botella de 1 cuarto y ocho vasos de 8 onzas fluidas

(E) dos vasos de 8 onzas fluidas y dos botellas de 1 pinta

8. La mochila de Lorena tiene una masa de 3,000 gramos. ¿Cuál es la masa de la mochila de Lorena en kilogramos?

_____ kilogramos

9. _MÁS AL DETALLE_ Richard camina todos los días para hacer ejercicio a una tasa de 1 kilómetro cada 12 minutos.

Parte A

A esta tasa, ¿cuántos metros puede caminar Richard en 1 hora? Explica cómo hallaste la respuesta.

Parte B

Imagina que Richard camina 1 kilómetro cada 10 minutos. ¿Cuántos metros más puede caminar en 1 hora a esta nueva tasa? Explica cómo hallaste la respuesta.

10. Beth llenó 32 tarros con pintura. Si cada tarro contiene 1 pinta de pintura, ¿cuántos galones de pintura usó Beth?

_____ galones

11. La entrada para el auto de Griffin mide 36 pies de longitud. Elige la palabra y el número correctos para completar la oración.

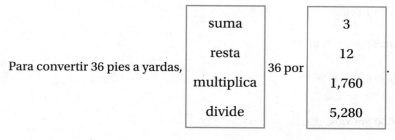

Para convertir 36 pies a yardas,

suma	3
resta	12
multiplica	1,760
divide	5,280

36 por _____.

12. Carlos compró 5 libras de zanahorias. ¿Cuántas onzas de zanahorias compró?

_____ onzas

13. Chandler tiene 824 milímetros de tela. ¿Cuántos centímetros de tela tiene? Usa los números y símbolos de las fichas cuadradas para escribir una ecuación que muestre la conversión.

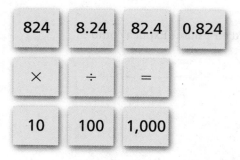

824	8.24	82.4	0.824
×	÷	=	
10	100	1,000	

Chandler tiene _____ centímetros de tela.

14. Glenn necesita cortar trozos de cinta de 1 metro de longitud cada uno para hacer llaveros de cinta. Si tiene 3 trozos de tela de 1 decámetro de longitud, ¿cuántos trozos de 1 metro de cinta puede cortar?

_____ trozos

15. Una olla grande puede contener 8 cuartos de salsa de espagueti. Lisa tiene recipientes de 1 pinta con salsa de espagueti. Completa la tabla como ayuda para hallar el número de recipientes de 1 pinta con salsa de espagueti que necesitará Lisa para llenar la olla.

cuarto	2	4	6	8
pinta				

Lisa necesitará ☐ recipientes de 1 pinta para llenar la olla.

16. Emily compró 48 yardas de tela para hacer cortinas. ¿Cuántas pulgadas de tela compró Emily?

_____ pulgadas

17. Kelly quiere preparar ponche para una fiesta. La receta del ponche lleva 3 pintas de jugo de piña, 5 tazas de jugo de naranja, $\frac{1}{4}$ de galón de limonada y 1 cuarto de néctar de albaricoque.

Parte A

Kelly dice que con su receta, preparará 20 tazas de ponche. ¿Tiene razón? Explica tu respuesta.

Parte B

Kelly decide servir el ponche en recipientes de 1 cuarto que pueda colocar en el refrigerador hasta que comience la fiesta. Tiene cuatro recipientes de 1 cuarto. ¿Cabrá todo el ponche en los recipientes? Explícalo.

Capítulo 10   633

18. Sam está practicando patinaje de velocidad en una pista de patinaje sobre hielo. La distancia que hay alrededor de la pista es de 250 yardas. Hasta ahora, ha patinado alrededor de la pista 6 veces. ¿Cuántas yardas más debe patinar alrededor de la pista para completar 3 millas?

_____ yardas

19. María pasó 15 días viajando por Sudamérica. ¿Cuántas horas pasó viajando por Sudamérica?

_____ horas

20. Un camión de carga lleno de hormigón pesa aproximadamente 30 toneladas. ¿Aproximadamente cuántas libras pesa el camión de carga?

_____ libras

21. Un plomero tiene un tubo de 2 metros de longitud. Necesita cortarlo en secciones de 10 centímetros de longitud. ¿Cuántas secciones podrá cortar? Muestra tu trabajo. Explica cómo hallaste la respuesta.

22. Para los enunciados 22a a 22d, elige Verdadero o Falso.

22a. $2{,}000\ lb > 1\ t$ ○ Verdadero   ○ Falso

22b. $56\ oz < 4\ lb$ ○ Verdadero   ○ Falso

22c. $48\ oz = 3\ lb$ ○ Verdadero   ○ Falso

22d. $40\ oz < 2\ lb\ 4\ oz$ ○ Verdadero   ○ Falso

Geometría y volumen

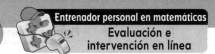 Entrenador personal en matemáticas
Evaluación e intervención en línea

 Muestra lo que sabes

Comprueba si comprendes las destrezas importantes.

Nombre _____

▶ **Perímetro** **Cuenta las unidades para hallar el perímetro.**

1.

Perímetro = _____ unidades

2.
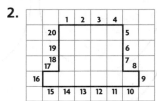

Perímetro = _____ unidades

▶ **Área** **Escribe el área de cada figura.**

3.

_____ unidades cuadradas

4.

_____ unidades cuadradas

▶ **Multiplicar tres factores** **Escribe el producto.**

5. $3 \times 5 \times 4 =$ _____

6. $5 \times 5 \times 10 =$ _____

7. $7 \times 3 \times 20 =$ _____

Matemáticas *En el mundo*

Helena debe hallar un poliedro en una búsqueda del tesoro. Usa las pistas para ayudar a Helena a identificar el poliedro.

Pistas

- El poliedro tiene 1 base.
- Tiene 4 caras laterales que se tocan en un vértice común.
- Todas las aristas de la base tienen la misma longitud.

prisma rectangular

prisma triangular

prisma hexagonal

pirámide cuadrada

pirámide triangular

cubo

Desarrollo del vocabulario

▶ **Visualízalo** •

Clasifica las palabras marcadas en el mapa de círculos.

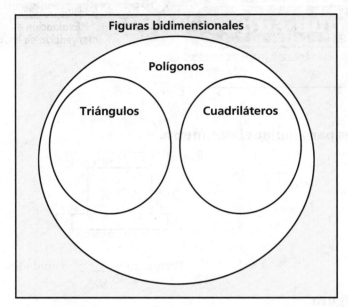

Figuras bidimensionales

Polígonos

Triángulos

Cuadriláteros

Palabras de repaso

	cuadrilátero
✓	decágono
✓	hexágono
✓	octágono
✓	paralelogramo
✓	rectángulo
✓	rombo
✓	trapecio
✓	triángulo acutángulo
	triángulo equilátero
	triángulo escaleno
	triángulo isósceles
✓	triángulo obtusángulo
✓	triángulo rectángulo

▶ **Comprende el vocabulario** • • • • • • • • • • • • • • • • • • •

Escribe la palabra nueva para resolver el acertijo.

1. Soy un cuerpo geométrico con dos bases que son polígonos congruentes, conectados por caras laterales que son rectángulos. _____

2. Soy un polígono con todos los lados congruentes y todos los ángulos congruentes. _____

3. Soy un cubo que tiene una longitud, un ancho y una altura de 1 unidad. _____

4. Soy un cuerpo geométrico cuyas caras son polígonos. _____

5. Soy la cantidad de espacio que ocupa un cuerpo geométrico. _____

6. Soy un polígono que se conecta con las bases de un poliedro. _____

Palabras nuevas

base
cara lateral
congruente
cubo unitario
eneágono
heptágono
pirámide
poliedro
polígono
polígono regular
prisma
volumen

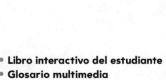

LÍNEA

• **Libro interactivo del estudiante**
• **Glosario multimedia**

Vocabulario del Capítulo 11

base

base

1

congruente

congruent

7

triángulo equilátero

equilateral triangle

71

heptágono

heptagon

38

triángulo isósceles

isosceles triangle

73

cara lateral

lateral face

3

eneágono

nonagon

26

polígono

polygon

59

Que tiene el mismo tamaño y la misma forma

Ejemplos:

(aritmética) Número que se usa como factor repetido

Ejemplo: $8^3 = 8 \times 8 \times 8$

base

(geometría) En dos dimensiones, un lado de un triángulo o paralelogramo que se usa para hallar el área; en tres dimensiones, una figura plana, generalmente un círculo o un polígono, por la que se mide o se nombra una figura tridimensional

Ejemplos:

Polígono que tiene siete lados y siete ángulos

Ejemplo:

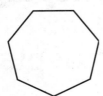

Triángulo que tiene tres lados congruentes

Ejemplo:

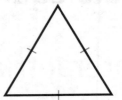

Cualquier superficie de un poliedro que no sea la base

Ejemplo:

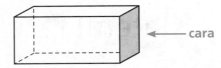

cara

Triángulo que tiene dos lados congruentes

Ejemplo:

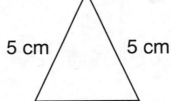

5 cm   5 cm

Figura plana y cerrada formada por tres o más segmentos

Ejemplos:

Polígonos   No son polígonos

Polígono que tiene nueve lados y nueve ángulos

Ejemplos:

Vocabulario del Capítulo 11 *(continuación)*

poliedro

polyhedron

58

prisma

prism

61

pirámide

pyramid

57

cuadrilátero

quadrilateral

11

polígono regular

regular polygon

60

triángulo escaleno

scalene triangle

72

cubo unitario

unit cube

12

volumen

volume

75

Cuerpo geométrico que tiene dos bases congruentes poligonales y otras caras que son todas rectangulares

Ejemplos:

prisma rectangular   prisma triangular

Cuerpo geométrico cuyas caras son polígonos

Ejemplos:

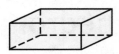

Polígono que tiene cuatro lados y cuatro ángulos

Ejemplos:

Cuerpo geométrico que tiene una base poligonal y otras caras triangulares que tienen un vértice en común

Ejemplo:

Triángulo cuyos lados no son congruentes

Ejemplo:

Polígono cuyos lados y ángulos son todos congruentes

Ejemplo: pentágono regular

Medida del espacio que ocupa un cuerpo geométrico

Ejemplos:

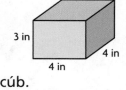

3 in   4 in   4 in   3 in   4 in   4 in

48 in cúb.

Cubo cuya longitud, ancho y altura es de 1 unidad

Ejemplo:

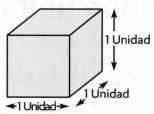

1 Unidad
1 Unidad
1 Unidad

¡Dibújalo!

Para 3 a 4 jugadores

Materiales

- temporizador
- bloc de dibujo

Instrucciones

1. Túrnense para jugar.
2. Cuando sea tu turno, elige una palabra del Recuadro de palabras. No digas la palabra.
3. Pon 1 minuto en el temporizador.
4. Haz dibujos y escribe números para dar pistas sobre la palabra.
5. El primer jugador que adivine la palabra antes de que termine el tiempo obtiene 1 punto. Si ese jugador puede usar la palabra en una oración, obtiene 1 punto más. Luego es su turno de elegir una palabra.
6. Ganará la partida el primer jugador que obtenga 10 puntos.

Recuadro de palabras

base (de una potencia)

cara lateral

cuadrilátero

cubo unitario

eneágono

figuras congruentes

heptágono

pirámide

poliedro

polígono

polígono regular

prisma

triángulo equilátero

triángulo escaleno

triángulo isósceles

volumen

Escríbelo

Reflexiona

Elige una idea. Escribe sobre ella.

- Explica cómo se relacionan los términos *polígono regular* y *congruente*. Dibuja y rotula un polígono regular para ejemplificar tu respuesta.

- Usa al menos **dos** de las siguientes palabras para describir objetos de un lugar conocido.

  heptágono   polígono   pirámide   cuadrilátero

- Compara y contrasta un triángulo equilátero, un triángulo isósceles y un triángulo escaleno. ¿En qué se parecen? ¿En qué se diferencian?

- Imagina que escribes una columna de consejos matemáticos y un lector necesita ayuda para identificar un prisma. Escribe una carta al lector y explícale cómo resolver este problema.

Nombre _____

Polígonos

Pregunta esencial ¿Cómo puedes identificar y clasificar los polígonos?

Objetivo de aprendizaje Identificarás y clasificarás polígonos usando sus propiedades y podrás determinar si cada polígono es regular o no.

🔑 Soluciona el problema (En el mundo)

El Castel del Monte, ubicado en Apulia, Italia, se construyó hace más de 750 años. Esta fortaleza tiene un edificio central rodeado por ocho torres. ¿Qué polígono ves que se repite en la estructura? ¿Cuántos lados, ángulos y vértices tiene ese polígono?

Un **polígono** es una figura plana cerrada formada por tres o más segmentos que se tocan en puntos llamados vértices. Recibe su nombre del número de lados y de ángulos que tiene. Para identificar el polígono que se repite en la fortaleza, completa las siguientes tablas.

Polígono	Triángulo	Cuadrilátero	Pentágono	Hexágono
Lados	3	4	5	
Ángulos				
Vértices				

Polígono	Heptágono	Octágono	Eneágono	Decágono
Lados	7	8		
Ángulos				
Vértices				

Idea matemática
A veces, los ángulos que hay en el interior de un polígono miden más de 180°.

275°

Entonces, el polígono que se repite en el Castel del Monte es

un _____ porque tiene _____ lados, _____ ángulos

y _____ vértices.

Charla matemática

PRÁCTICAS Y PROCESOS MATEMÁTICOS ⑤

Usa patrones ¿Qué patrón observas en la cantidad de lados, de ángulos y de vértices de un polígono?

Polígonos regulares Cuando los segmentos tienen la misma longitud o los ángulos tienen la misma medida, son **congruentes**. Dos polígonos son congruentes cuando tienen el mismo tamaño y la misma forma. En un **polígono regular**, todos los lados son congruentes y todos los ángulos son congruentes.

polígono regular	**polígono no regular**
Todos los lados son congruentes. 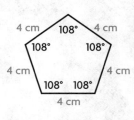 Puedes escribir las medidas para mostrar que los lados y los ángulos son congruentes. Todos los ángulos son congruentes.	No todos los lados son congruentes. 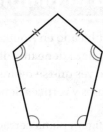 Puedes usar las mismas marcas para mostrar los lados y los ángulos que son congruentes. No todos los ángulos son congruentes.

¡Inténtalo! Rotula el diagrama de Venn para clasificar los polígonos que hay en cada grupo. Luego dibuja un polígono que solo pertenezca a cada uno de los grupos.

_____ congruentes   _____ congruentes

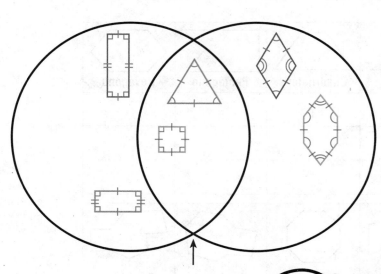

regulares

Charla matemática

PRÁCTICAS Y PROCESOS MATEMÁTICOS ①

Describe las relaciones Explica cómo se relaciona el grupo de polígonos del centro del diagrama de Venn con los grupos de la derecha y de la izquierda del diagrama.

Comparte y muestra MATH BOARD

1. Escribe el nombre del polígono. Luego usa las marcas de la figura para indicar si *es un polígono regular* o *no es un polígono regular*.

    a. Escribe el nombre del polígono. _____

    b. ¿Todos los lados y todos los ángulos son congruentes? _____

    c. ¿Es un polígono regular? _____

Nombre _____

Escribe el nombre de cada polígono. Luego indica si *es un polígono regular* o *no es un polígono regular*.

2.

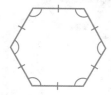

_____

3.

_____

4.

_____

Charla matemática

PRÁCTICAS Y PROCESOS MATEMÁTICOS ②

Usa el razonamiento ¿Por qué todos los pentágonos regulares tienen la misma forma?

Por tu cuenta

Escribe el nombre de cada polígono. Luego indica si *es un polígono regular* o *no es un polígono regular*.

5.

_____

6.

_____

7.

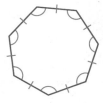

_____

8.

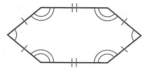

_____

9. MÁS AL DETALLE Compara los polígonos que se muestran en los Ejercicios 2 y 8. Describe en qué se parecen y en qué se diferencian.

_____

_____

_____

_____

Resolución de problemas • Aplicaciones

Usa el plano del Castel del Monte que está a la derecha para resolver los problemas 10 y 11.

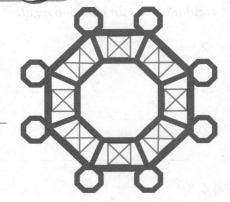

10. **MÁS AL DETALLE** ¿Qué polígonos del plano tienen cuatro lados iguales y cuatro ángulos congruentes? ¿Cuántos de esos polígonos hay?

_____

11. **MÁS AL DETALLE** ¿Hay algún cuadrilátero en el plano que no sea un polígono regular? Escribe el nombre del cuadrilátero e indica cuántos de esos cuadriláteros hay en el plano.

_____

12. **PRÁCTICAS Y PROCESOS MATEMÁTICOS ❻ Usa vocabulario matemático** Dibuja ocho puntos que sean los vértices de una figura plana cerrada. Conecta los puntos para dibujar la figura.

¿Qué tipo de polígono dibujaste? _____

13. **PIENSA MÁS** Observa los ángulos de todos los polígonos regulares. Cuando la cantidad de lados aumenta, ¿la medida de los ángulos aumenta o disminuye? ¿Qué patrón observas?

_____

_____

14. **PIENSA MÁS** Kayla dibujó una figura. Para 14a y 14b, elige los valores y términos que describan de manera correcta la figura que Kayla dibujó.

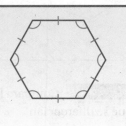

14a.   La figura tiene
| 4 |
| 6 |
| 12 |
lados y
| 4 |
| 6 |
| 8 |
ángulos.

14b.   La figura es un
| heptágono regular |
| pentágono regular |
| hexágono regular |
.

Polígonos

Objetivo de aprendizaje Identificarás y clasificarás polígonos usando sus propiedades y podrás determinar si cada polígono es regular o no.

Escribe el nombre de cada polígono. Luego indica si *es un polígono regular o no es un polígono regular.*

1.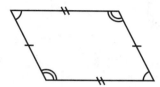

4 lados, 4 vértices, 4 ángulos significa que es un

_____cuadrilátero_____. No todos los lados son

congruentes; entonces, _____no es regular_____.

2.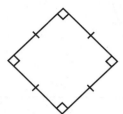

_____

3.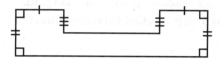

_____

4.

_____

5.

_____

6.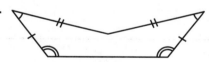

_____

Resolución de problemas

7. Dibuja nueve puntos. Luego conecta los puntos para formar una figura plana cerrada. ¿Qué tipo de polígono dibujaste?

_____

8. Dibuja siete puntos. Luego conecta los puntos para formar una figura plana cerrada. ¿Qué tipo de polígono dibujaste?

_____

9. **ESCRIBE** ▸ *Matemáticas* Usa papel cuadriculado para dibujar un hexágono regular y un hexágono que no sea regular. Explica la diferencia.

_____

Repaso de la lección

1. Escribe el nombre del polígono. Indica si es regular o no es regular.

_____

2. Escribe el nombre del polígono. Indica si es regular o no es regular.

_____

Repaso en espiral

3. Ann necesita 42 pies de tela para hacer un edredón pequeño. ¿Cuántas yardas de tela debería comprar?

_____

4. Todd comienza a practicar piano a las 4:15 p. m. y termina a las 5:50 p. m. ¿Cuánto tiempo practica?

_____

5. Jenna organiza sus pasadores para el cabello en 6 cajas. Coloca el mismo número de pasadores en cada caja. Escribe una expresión que puedas usar para hallar el número de pasadores que hay en cada caja.

_____

6. Melody tenía $45. Gastó $32.75 en una blusa. Luego su madre le dio $15.50. ¿Cuánto dinero tiene Melody ahora?

_____

PRACTICA MÁS CON EL
Entrenador personal
en matemáticas

Nombre _____

Triángulos

Pregunta esencial ¿Cómo puedes clasificar los triángulos?

Objetivo de aprendizaje Describirás cada tipo de triángulo y clasificarás triángulos según la longitud de sus lados y la medida de sus ángulos.

Soluciona el problema

Si observas de cerca el edificio Spaceship Earth de Epcot Center, que está en Orlando, Florida, verás un patrón de triángulos. En el patrón que está a la derecha se dibujó el contorno de un triángulo que tiene 3 lados congruentes y 3 ángulos agudos. ¿Qué tipo de triángulo es?

 Completa la oración que describe cada tipo de triángulo.

Clasifica los triángulos según la longitud de sus lados.

Un **triángulo equilátero** tiene _____ lados congruentes.

3 in, 3 in, 3 in

Un **triángulo isósceles** tiene _____ lados congruentes.

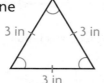
3 in, 2 in, 3 in

Un **triángulo escaleno** tiene _____ lados congruentes.

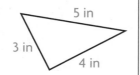
5 in, 3 in, 4 in

Clasifica los triángulos según la medida de sus ángulos.

Un triángulo **rectángulo** tiene un ángulo de 90°, o ángulo _____.

60°, 30°

Un triángulo **acutángulo** tiene 3 ángulos _____.

75°, 30°, 75°

Un triángulo **obtusángulo** tiene 1 ángulo _____.

32°, 18°, 130°

El tipo de triángulo dibujado en el patrón se puede clasificar, según la longitud de sus lados, como un triángulo _____.

El triángulo también se puede clasificar, según la medida de sus ángulos, como un triángulo _____.

Charla matemática PRÁCTICAS Y PROCESOS MATEMÁTICOS ⑥

Un triángulo equilátero, ¿es también un polígono regular? Explica.

Actividad

Clasifica el triángulo *ABC* según la longitud de sus lados y según la medida de sus ángulos.

Materiales ■ regla en centímetros ■ transportador

PASO 1 Usa una regla en centímetros para medir los lados del triángulo. Rotula cada lado con su longitud. Clasifica el triángulo según la longitud de sus lados.

PASO 2 Usa un transportador para medir los ángulos del triángulo. Rotula cada ángulo con su medida. Clasifica el triángulo según la medida de sus ángulos.

El triángulo *ABC* es un triángulo _____ _____.

● ¿Qué tipo de triángulo tiene 3 lados con diferente longitud?

_____

● ¿Cómo se llama un ángulo que tiene más de 90° y menos de 180°?

_____

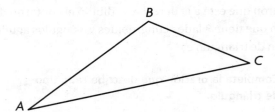

¡Inténtalo! Dibuja el tipo de triángulo descrito según la longitud de sus lados y según la medida de sus ángulos.

Triángulo según la longitud de sus lados		
	Escaleno	**Isósceles**
Acutángulo	**Piensa:** Debo dibujar un triángulo que sea acutángulo y escaleno.	
Obtusángulo		

Triángulo según la medida de sus ángulos

Charla matemática

PRÁCTICAS Y PROCESOS MATEMÁTICOS ❷

Razona de forma abstracta
¿Puedes dibujar un triángulo que sea rectángulo y equilátero? Explica.

Nombre _____

Clasifica los triángulos. Escribe *isósceles*, *escaleno* o *equilátero*.
Luego escribe *acutángulo*, *obtusángulo* o *rectángulo*.

1.

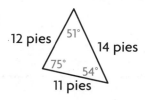

12 pies 51° 14 pies
75° 54°
11 pies

_____ _____

☑ 2.

_____ _____

☑ 3.

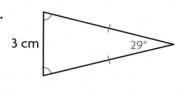

3 cm 29°

_____ _____

Por tu cuenta

> **Charla matemática**
>
> **PRÁCTICAS Y PROCESOS MATEMÁTICOS ⑧**
>
> Saca conclusiones ¿Puedes saber si un triángulo es obtusángulo, rectángulo o acutángulo sin medir los ángulos? Explica.

Abajo se dan las medidas de los lados y los ángulos de los triángulos.
Clasifica los triángulos. Escribe *isósceles*, *escaleno* o *equilátero*.
Luego escribe *acutángulo*, *obtusángulo* o *rectángulo*.

4. **lados:** 3.5 cm, 6.2 cm, 3.5 cm

ángulos: 27°, 126°, 27°

_____ _____

5. **lados:** 2 pulg, 5 pulg, 3.8 pulg

ángulos: 43°, 116°, 21°

_____ _____

6. Encierra en un círculo la figura que no pertenece. Explica por qué.

_____

_____

7. *MÁS AL DETALLE* Dibuja 2 triángulos equiláteros que sean congruentes y compartan un lado. ¿Qué poligono se forma? ¿Es un polígono regular?

_____

_____

_____

Resolución de problemas · Aplicaciones

8. **PIENSA MÁS** Shannon dijo que un triángulo que tiene exactamente 2 lados congruentes y un ángulo obtuso es un triángulo equilátero obtusángulo.

Describe su error. _____

_____

_____

9. **PIENSA MÁS** Kelly dibujó un triángulo con dos lados congruentes y 3 ángulos agudos. ¿Cuál de las siguientes opciones describe de manera adecuada el triángulo? Marca todas las opciones que correspondan.

(A) isósceles　　(C) obtuso

(B) agudo　　(D) equilátero

Conectar con las Ciencias

Fuerzas y equilibrio

¿Por qué los triángulos son buenos para construir edificios o puentes? Los 3 lados de un triángulo, cuando están unidos, no pueden formar ninguna otra figura. Entonces, aunque reciban presión, los triángulos no se doblan ni se tuercen.

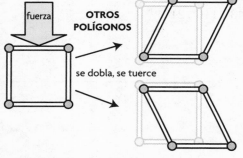

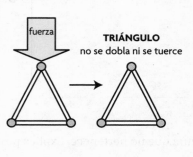

PRÁCTICAS Y PROCESOS MATEMÁTICOS (7) **Identifica las relaciones** Clasifica los triángulos de las siguientes estructuras. Escribe *isósceles, escaleno* o *equilátero*. Luego escribe *acutángulo, obtusángulo* o *rectángulo*.

10.

_____

11.

_____

Triángulos

Objetivo de aprendizaje Describirás cada tipo de triángulo y clasificarás triángulos según la longitud de sus lados y la medida de sus ángulos.

Clasifica los triángulos. Escribe *isósceles, escaleno* o *equilátero*. Luego escribe *acutángulo, obtusángulo* o *rectángulo*.

1.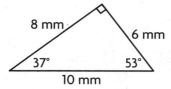

8 mm
6 mm
37°   53°
10 mm

Todas las medidas de los lados son distintas.

Entonces, es ___*escaleno*___. Hay un ángulo

recto; entonces, es un triángulo ___*rectángulo*___.

2.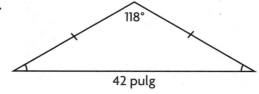

118°
42 pulg

_____   _____

3.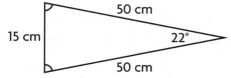

50 cm
15 cm   22°
50 cm

_____   _____

4.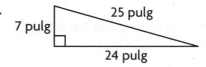

25 pulg
7 pulg
24 pulg

_____   _____

Abajo se dan las medidas de los lados y de los ángulos de los triángulos. Clasifica los triángulos. Escribe *escaleno, isósceles* o *equilátero*. Luego escribe *acutángulo, obtusángulo* o *rectángulo*.

5. lados: 44 mm, 28 mm, 24 mm
ángulos: 110°, 40°, 30°

6. lados: 23 mm, 20 mm, 13 mm
ángulos: 62°, 72°, 46°

_____   _____   _____   _____

Resolución de problemas

7. Mary dice que el corral de su caballo es un triángulo acutángulo rectángulo. ¿Eso es posible? **Explica.**

8. Karen dice que todos los triángulos equiláteros son acutángulos. ¿Eso es verdadero? **Explica.**

_____   _____

9. **ESCRIBE** ▸*Matemáticas* Dibuja tres triángulos: un equilátero, un isósceles y un escaleno. Rotula cada uno de ellos y explica cómo se clasifica cada triángulo.

_____

Repaso de la lección

1. Si dos de los ángulos de un triángulo miden 42° y 48°, ¿cómo clasificarías el triángulo? Escribe *acutángulo, obtusángulo* o *rectángulo.*

2. ¿Cuál es la clasificación del siguiente triángulo? Escribe *escaleno, isósceles* o *rectángulo.*

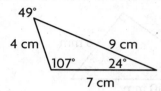

Repaso en espiral

3. ¿Cuántas toneladas equivalen a 40,000 libras?

4. Elige un símbolo para hacer que el siguiente enunciado sea verdadero. Escribe >, < o =

6 kilómetros ◯ 600 centímetros

5. ¿Qué polígono se muestra?

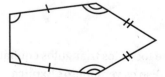

6. Escribe el nombre del polígono. Indica si es regular o no es regular.

PRACTICA MÁS CON EL
Entrenador personal
en matemáticas

Nombre _____

Cuadriláteros

Pregunta esencial ¿Cómo puedes clasificar y comparar los cuadriláteros?

Objetivo de aprendizaje Describirás y clasificarás cada tipo de cuadrilátero y usarás un diagrama de Venn para clasificar cuadriláteros y hallar la relación entre ellos.

🔑 Soluciona el problema

El mapa de asientos de un estadio de béisbol tiene muchas figuras de cuatro lados, o **cuadriláteros**. ¿Qué tipo de cuadriláteros puedes hallar en el mapa de asientos?

Hay cinco tipos especiales de cuadriláteros. Puedes clasificar los cuadriláteros según sus propiedades, por ejemplo, si tienen lados paralelos o lados perpendiculares. Las líneas paralelas son líneas que siempre están a la misma distancia. Las líneas perpendiculares son líneas que al intersecarse forman cuatro ángulos rectos.

▲ Sector bajo

 Completa la oración que describe cada tipo de cuadrilátero.

Un cuadrilátero en general tiene 4 lados y 4 ángulos.

Un **trapecio** es un cuadrilátero que tiene exactamente 1 par de lados _____.

Un **paralelogramo** tiene _____ opuestos que son _____ y paralelos.

Un **rectángulo** es un paralelogramo especial que tiene _____ ángulos rectos y 4 pares de lados _____.

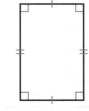

Un **rombo** es un paralelogramo especial que tiene _____ lados congruentes.

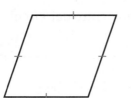

Un **cuadrado** es un paralelogramo especial que tiene _____ lados congruentes y _____ ángulos rectos.

Entonces, los tipos de cuadriláteros que puedes hallar en el mapa de asientos del estadio son

_____

_____.

Charla matemática

PRÁCTICAS Y PROCESOS MATEMÁTICOS ⑦

Identifica las relaciones ¿En qué se diferencian los trapecios y los paralelogramos?

🔓 Actividad

Materiales ▪ cuadriláteros ▪ tijeras

Puedes usar un diagrama de Venn para clasificar cuadriláteros y buscar relaciones entre ellos.

- Dibuja el diagrama de abajo en tu tablero de matemáticas.
- Recorta los cuadriláteros y clasifícalos en el diagrama de Venn.
- Dibuja las figuras que clasificaste en el diagrama de Venn de abajo para registrar tu trabajo.

CUADRILÁTEROS

Trapecios

Paralelogramos

Rombos **Rectángulos**

Cuadrados

Completa las oraciones con *siempre, a veces* o *nunca*.

Un rombo _____ es un cuadrado.

Un paralelogramo _____ es un rectángulo.

Un rombo _____ es un paralelogramo.

Un trapecio _____ es un paralelogramo.

Un paralelogramo _____ es un trapecio.

Un cuadrado _____ es un rombo.

1. Explica por qué el círculo de los paralelogramos está dentro del círculo de los trapecios.

_____

_____

2. Explica por qué la sección del diagrama de Venn para cuadrados se interseca con la sección de rombos y la sección de rectángulos.

_____

_____

Nombre _____

1. Usa el cuadrilátero *ABCD* para responder las preguntas. Completa la oración.

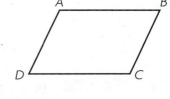

   a. Mide los lados. ¿Hay algunos que sean congruentes? _____
   Marca los lados congruentes, si los tuviera.

   b. ¿Cuántos ángulos rectos tiene el cuadrilátero, si los tuviera? _____

   c. ¿Cuántos pares de lados paralelos tiene el cuadrilátero, si los tuviera? _____

   Entonces, el cuadrilátero *ABCD* es un _____ y un _____ .

Clasifica el cuadrilátero de todas las formas que sea posible. Escribe
cuadrilátero, trapecio, paralelogramo, rectángulo, rombo o cuadrado.

2.

_____

3.

_____

> **Charla matemática**
>
> **PRÁCTICAS Y PROCESOS MATEMÁTICOS ③**
>
> **Argumenta** ¿Puede un trapecio tener más de un par de lados paralelos que sean de la misma longitud? Explica tu respuesta.

Por tu cuenta

Clasifica el cuadrilátero de todas las formas que sea posible. Escribe
cuadrilátero, paralelogramo, rectángulo, rombo, cuadrado o trapecio.

4.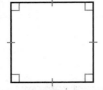

_____

5.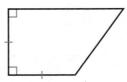

_____

6.

_____

7.

_____

Resolución de problemas • Aplicaciones

8. Un cuadrilátero tiene exactamente 2 lados congruentes. ¿Qué tipo de cuadrilátero puede ser? ¿Qué tipo de cuadrilátero no puede ser?

_____

_____

9. 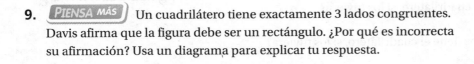 **PIENSA MÁS** Un cuadrilátero tiene exactamente 3 lados congruentes. Davis afirma que la figura debe ser un rectángulo. ¿Por qué es incorrecta su afirmación? Usa un diagrama para explicar tu respuesta.

_____

_____

_____

10. **PRÁCTICAS Y PROCESOS MATEMÁTICOS ③** **Argumenta** Los vértices opuestos de un cuadrilátero son ángulos rectos. El cuadrilátero no es un rombo. ¿Qué tipo de cuadrilátero es esta figura? Explica cómo lo sabes.

_____

_____

11. **MÁS AL DETALLE** Soy una figura de cuatro lados. Pertenezco a las siguientes categorías: cuadrilátero, trapecio, paralelogramo, rectángulo, rombo y cuadrado. Dibújame. Explica por qué pertenezco a cada una de esas categorías.

_____

_____

_____

_____

Entrenador personal en matemáticas

12. **PIENSA MÁS +** Escribe en las oraciones 12a a 12c el nombre de un cuadrilátero de las fichas para completar un enunciado correcto. Usa cada cuadrilátero solo una vez.

cuadrado

trapecio

rombo

12a. Un _____ a veces es un cuadrado.

12b. Un _____ siempre es un rectángulo.

12c. Un paralelogramo siempre es un _____.

Cuadriláteros

Objetivo de aprendizaje Describirás y clasificarás cada tipo de cuadrilátero y usarás un diagrama de Venn para clasificar cuadriláteros y hallar la relación entre ellos.

Clasifica los cuadriláteros de todas las formas que sea posible. Escribe *cuadrilátero, trapecio, paralelogramo, rectángulo, rombo* o *cuadrado.*

1.

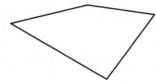

Tiene 4 lados; entonces es un ___**cuadrilátero**___ .
No tiene lados paralelos; entonces

___**no hay otra clasificación**___ .

2.

_____

3.

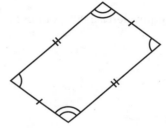

_____

4.

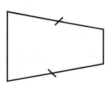

_____

5.

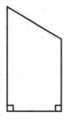

_____

6.

_____

Resolución de problemas En el mundo

7. Kevin afirma que puede trazar un trapecio con tres ángulos rectos. ¿Eso es posible? **Explica**.

_____

_____

_____

_____

8. "Si una figura es un cuadrado, entonces es un cuadrilátero regular". ¿Esto es verdadero o falso? **Explica**.

_____

_____

_____

_____

9. **ESCRIBE** ▸*Matemáticas* Todos los rectángulos son paralelogramos. ¿Son todos los paralelogramos rectángulos? Explica.

_____

Repaso de la lección

1. Completa el siguiente enunciado. Escribe *a veces, siempre* o *nunca*.

Un trapecio _____ tiene exactamente un par de lados paralelos.

2. Completa el siguiente enunciado. Escribe *a veces, siempre* o *nunca*.

Un rombo _____ tiene cuatro ángulos congruentes.

Repaso en espiral

3. ¿Cuántos kilogramos equivalen a 5,000 gramos?

4. Los lados de un triángulo miden 6 pulgadas, 8 pulgadas y 10 pulgadas. El triángulo tiene un ángulo de 90°. ¿Qué tipo de triángulo es?

5. Un proveedor debe enviar 355 libros. Cada paquete de envío tiene capacidad para 14 libros. ¿Cuántos paquetes necesita el proveedor para enviar todos los libros?

6. ¿Cuántos vértices tiene un heptágono?

PRACTICA MÁS CON EL
Entrenador personal en matemáticas

Nombre _____

Figuras tridimensionales

Pregunta esencial ¿Cómo puedes identificar, describir y clasificar figuras tridimensionales?

Objetivo de aprendizaje Clasificarás figuras tridimensionales como poliedros o no, y darás nombres a cada figura sólida según la forma de su base.

Soluciona el problema

Un cuerpo geométrico tiene tres dimensiones: longitud, ancho y altura. Los **poliedros**, como los prismas y las pirámides, son figuras tridimensionales cuyas caras son polígonos.

Un **prisma** es un poliedro cuyas **bases** son dos polígonos congruentes.

Las **caras laterales** de un poliedro son polígonos que se conectan con las bases. Las caras laterales de un prisma son rectángulos.

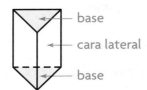

Los prismas reciben su nombre de la figura que tienen como base. La figura de la base de este prisma es un triángulo. El prisma es un **prisma triangular.**

Idea matemática

Una figura bidimensional tiene dos dimensiones: longitud y ancho, que se utilizan para hallar el área de la figura.

Una figura tridimensional, o cuerpo geométrico, tiene tres dimensiones: longitud, ancho y altura. Estas dimensiones se utilizan para hallar el volumen de la figura o el espacio que ocupa.

🔑 **Identifica la figura de la base del prisma. Usa los términos del recuadro para escribir el nombre correcto del prisma según la figura que tiene como base.**

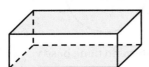

Figura de la base: _____

Escribe el nombre del cuerpo geométrico.

_____

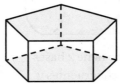

Figura de la base: _____

Escribe el nombre del cuerpo geométrico.

_____

Tipos de prismas

prisma decagonal

prisma octagonal

prisma hexagonal

prisma pentagonal

prisma rectangular

prisma triangular

Figura de la base: _____

Escribe el nombre del cuerpo geométrico.

_____

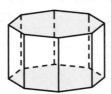

Figura de la base: _____

Escribe el nombre del cuerpo geométrico.

_____

Charla matemática PRÁCTICAS Y PROCESOS MATEMÁTICOS ⑧

Usa el razonamiento repetitivo ¿Qué figuras forman un prisma decagonal y cuántas figuras lo forman? Explica.

 **Analiza** ¿Qué prisma especial tiene bases y caras laterales que son cuadrados congruentes?

_____

Pirámide   Una **pirámide** es un poliedro con una sola base. Las caras laterales de una pirámide son triángulos que se tocan en un mismo vértice.

Al igual que el prisma, la pirámide recibe su nombre de la figura que tiene como base.

 Identifica la figura de la base de la pirámide. Usa los términos del recuadro para escribir el nombre correcto de la pirámide según la figura que tiene como base.

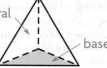

cara lateral

base

Figura de la base: _____

Escribe el nombre del cuerpo geométrico.

_____

Figura de la base: _____

Escribe el nombre del cuerpo geométrico.

_____

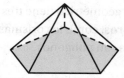

Figura de la base: _____

Escribe el nombre del cuerpo geométrico.

_____

Cuerpos que no son poliedros

Algunas figuras tridimensionales tienen superficies curvas. Estos cuerpos geométricos *no* son poliedros.

base

Un **cono** tiene 1 base circular y 1 superficie curva.

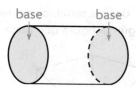

base   base

Un **cilindro** tiene 2 bases circulares congruentes y 1 superficie curva.

Una **esfera** no tiene base y tiene 1 superficie curva.

Comparte y muestra

MATH BOARD

Clasifica el cuerpo geométrico. Escribe *prisma, pirámide, cono, cilindro* o *esfera*.

1.
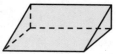

_____

2.

_____

✔ 3.

_____

Escribe el nombre del cuerpo geométrico.

4.

_____

5.

_____

✔ 6.

_____

Nombre _____

Clasifica el cuerpo geométrico. Escribe *prisma, pirámide, cono, cilindro* **o** *esfera.*

7.

_____

8.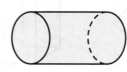

_____

9.

_____

Escribe el nombre del cuerpo geométrico.

10.

_____

11.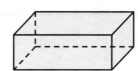

_____

12.

_____

13.

_____

14.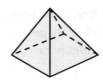

_____

15.

_____

Resolución de problemas • Aplicaciones

16. **PRÁCTICAS Y PROCESOS MATEMÁTICOS 6** Usa vocabulario matemático Mario está haciendo una escultura de piedra. Comienza esculpiendo una base de cinco lados. Luego, esculpe cinco caras laterales triangulares que se tocan en un punto en la parte superior. ¿Qué figura tridimensional esculpió Mario?

_____

17. **PIENSA MÁS** ¿Qué otro nombre se puede dar a un cubo? Explica tu razonamiento.

_____

_____

18. **MÁS AL DETALLE** Compara las características de los prismas y las pirámides. Explica en qué se parecen y en qué se diferencian.

_____

_____

_____

_____

19. **PIENSA MÁS** Escribe la letra que describe de manera correcta la figura tridimensional.

A 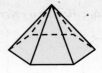 B 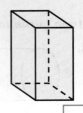 C   D

| Prisma | | Pirámide |

Conectar con la Lectura

Identifica los detalles

Si te dieran la descripción de un edificio y te pidieran que identifiques cuál de estos tres edificios es el que se describe, ¿qué detalles usarías para saber cuál es el edificio?

Los problemas contienen detalles que te ayudan a resolverlos. Algunos detalles son significativos e importantes para hallar la solución, pero otros detalles no lo son. *Identifica los detalles* que sean útiles para resolver el problema.

◄ Edificio Flatiron, New York City, New York

Ejemplo Lee la descripción. Subraya los detalles que sean útiles para identificar el cuerpo geométrico que dará nombre al edificio correcto.

Este edificio es una de las estructuras más inconfundibles del paisaje urbano de la ciudad donde se encuentra. Tiene una base cuadrada y 28 pisos. El edificio tiene cuatro caras exteriores triangulares que se tocan en un punto de la parte superior de la estructura.

◄ Centro de Ciencias Nehru, Mumbai, India

◄ Hotel Luxor, Las Vegas, Nevada

Identifica el cuerpo geométrico y escribe el nombre del edificio correcto.

20. Resuelve el problema del ejemplo.

Cuerpo geométrico: _____

Edificio: _____

21. Este edificio se terminó de construir en 1902. Tiene una base triangular y un techo triangular de la misma forma y tamaño. Los tres lados del edificio son rectángulos.

Cuerpo geométrico: _____

Edificio: _____

Figuras tridimensionales

Clasifica el cuerpo geométrico. Escribe *prisma*, *pirámide*, *cono*, *cilindro* o *esfera*.

1.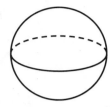

No hay bases. Hay 1 superficie curva. Es un(a)

_____ **esfera** _____ .

2.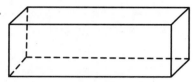

_____

3.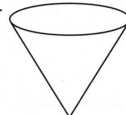

_____

Escribe el nombre del cuerpo geométrico.

4.

_____

5.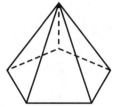

_____

6.

_____

7.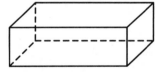

_____

8.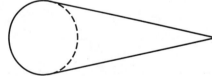

_____

9.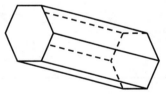

_____

Resolución de problemas

10. Nanako dijo que trazó una pirámide cuadrada y que todas las caras son triángulos. ¿Eso es posible? **Explica.**

_____

11. **ESCRIBE** *Matemáticas* Explica por qué una figura tridimensional con una superficie curva no es un poliedro.

_____

Repaso de la lección

1. Luke hizo un modelo de un cuerpo geométrico con 1 base circular y 1 superficie curva. ¿Qué cuerpo geométrico hizo?

_____

2. ¿Cuántas caras rectangulares tiene una pirámide hexagonal?

_____

Repaso en espiral

3. Laura camina $\frac{3}{5}$ de milla a la escuela cada día. La distancia que Isaiah camina a la escuela es 3 veces más larga que la de Laura. ¿Cuántas millas camina Isaiah a la escuela cada día?

4. James tiene $4\frac{3}{4}$ pies de cuerda. Planea cortar $1\frac{1}{2}$ pies de la cuerda. ¿Cuánta cuerda quedará?

_____

_____

5. Latasha preparó 128 onzas de refresco de frutas. ¿Cuántas tazas de refresco de frutas preparó Latasha?

6. Completa el siguiente enunciado. Escribe *a veces, siempre* o *nunca.*

Los trapecios_____son paralelogramos.

_____

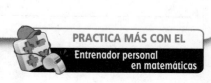

PRACTICA MÁS CON EL
Entrenador personal
en matemáticas

Nombre _____

 Revisión de la mitad del capítulo

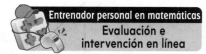
Entrenador personal en matemáticas
Evaluación e
intervención en línea

Vocabulario

Elige el término del recuadro que mejor corresponda.

Vocabulario
congruentes
poliedro
polígono regular

1. Una figura plana cerrada que tiene todos los lados congruentes y todos

   los ángulos congruentes se llama _____. (pág. 638)

2. Los segmentos que tienen la misma longitud o los ángulos que tienen la

   misma medida son _____. (pág. 638)

Conceptos y destrezas

Escribe el nombre de cada polígono. Luego indica si *es un polígono regular*
o *no es un polígono regular*.

3.

_____

4.

_____

5.

_____

Clasifica cada triángulo. Escribe *isósceles, escaleno* o *equilátero*.
Luego escribe *acutángulo, obtusángulo* o *rectángulo*.

6.

_____

7.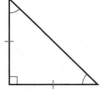

_____

8.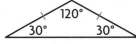

120°

30°   30°

_____

Clasifica el cuadrilátero de todas las formas que sea posible. Escribe
cuadrilátero, trapecio, paralelogramo, rectángulo, rombo o *cuadrado*.

9.

_____

10.

_____

11.

_____

12. ¿Qué tipo de triángulo se muestra?

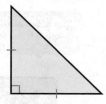

_____

13. Clasifica el cuadrilátero de todas las formas que sea posible.

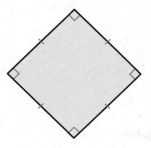

_____

14. Clasifica el siguiente cuerpo geométrico.

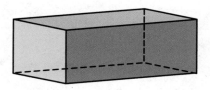

_____

15. _MÁS AL DETALLE_ Nathan corta por la mitad una baldosa rectangular para el diseño del piso de la cocina. La baldosa no era cuadrada. Hizo un corte a lo largo de una diagonal desde un vértice al otro vértice. Clasifica los dos triángulos resultantes de acuerdo a sus ángulos y las longitudes de sus lados.

_____

Cubos unitarios y cuerpos geométricos

Pregunta esencial ¿Qué es un cubo unitario y cómo puedes usarlo para formar un cuerpo geométrico?

Objetivo de aprendizaje Usarás bloques unitarios para construir figuras sólidas y harás comparaciones entre dos figuras sólidas contando el número de cubos unitarios en cada figura sólida.

Investigar

Puedes usar cubos unitarios para formar prismas rectangulares. ¿Cuántos prismas rectangulares diferentes puedes formar con una cantidad dada de cubos unitarios?

Materiales ■ cubos de 1 centímetro

Un **cubo unitario** es un cubo que tiene una longitud, un ancho y una altura de 1 unidad. Un cubo tiene _____ caras cuadradas. Todas sus caras son congruentes. Tiene _____ aristas. Todas sus aristas tienen la misma longitud.

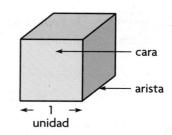

cara

arista

← 1 →
unidad

A. Forma un prisma rectangular con 2 cubos unitarios.

Piensa: Cuando los 2 cubos se juntan, las caras y las aristas que quedan juntas forman 1 cara y 1 arista.

- ¿Cuántas caras tiene el prisma rectangular? _____

- ¿Cuántas aristas tiene el prisma rectangular? _____

B. Forma la mayor cantidad de prismas rectangulares que sea posible con 8 cubos unitarios.

C. Anota las dimensiones, en unidades, de cada uno de los prismas rectangulares que formaste con los 8 cubos.

Dimensiones		

Entonces, con 8 cubos unitarios, puedo formar _____ prismas rectangulares diferentes.

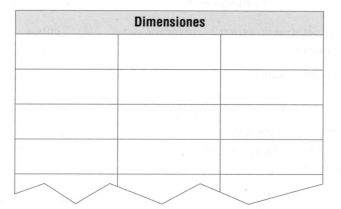

Charla matemática

PRÁCTICAS Y PROCESOS MATEMÁTICOS ⑤

Comunica Describe los diferentes prismas rectangulares que puedes formar con 4 cubos unitarios.

Sacar conclusiones

1. Explica por qué un prisma rectangular formado por 2 cubos unitarios tiene 6 caras. ¿Qué relación hay entre sus dimensiones y las de un cubo unitario?

_____

_____

2. **PRÁCTICAS Y PROCESOS MATEMÁTICOS 6** **Explica** qué relación hay entre el número de aristas de un prisma rectangular y el número de aristas de un cubo unitario.

_____

3. **PRÁCTICAS Y PROCESOS MATEMÁTICOS 6** **Describe** qué tienen en común todos los prismas rectangulares que formaste en el Paso B.

_____

Hacer conexiones

Puedes formar otros cuerpos geométricos y contar el número de cubos unitarios usados para compararlos.

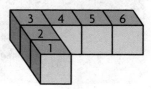

Cuerpo geométrico 1

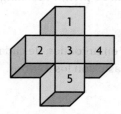

Cuerpo geométrico 2

El cuerpo geométrico 1 está formado por _____ cubos unitarios.

El cuerpo geométrico 2 está formado por _____ cubos unitarios.

Entonces, el cuerpo geométrico _____ tiene más cubos unitarios que el

cuerpo geométrico _____.

- Usa 12 cubos unitarios para formar un cuerpo geométrico que no sea un prisma rectangular. Muestra tu modelo a un compañero. Describe en qué se parecen y en qué se diferencian tu modelo y el de tu compañero.

_____

_____

_____

Nombre _____

 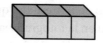
Cuenta el número de cubos usados para formar cada cuerpo geométrico.

1. El prisma rectangular está formado por _____ cubos unitarios.

2.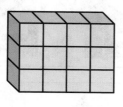

_____ cubos unitarios

3.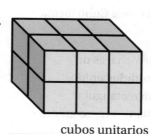

_____ cubos unitarios

4.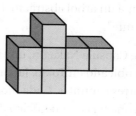

_____ cubos unitarios

5. **ESCRIBE** ▸*Matemáticas* ¿Qué relación hay entre los prismas de los ejercicios 2 y 3? ¿Puedes mostrar un prisma rectangular diferente que tenga la misma relación? Explica.

_____

_____

_____

Resolución de problemas • Aplicaciones

Compara el número de cubos unitarios de cada cuerpo geométrico. Usa <, > o =.

6.

_____ cubos unitarios ◯ _____ cubos unitarios

7.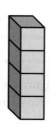

_____ cubos unitarios ◯ _____ cubos unitarios

8. **PRÁCTICAS Y PROCESOS MATEMÁTICOS ②** **Usa el razonamiento** Melissa hizo un cuerpo geométrico colocando 1 cubo arriba de una hilera de 2 cubos arriba de una hilera de 3 cubos. Luego, reacomodó los cubos para formar un prisma rectangular. Describe la organización de los cubos en un prisma rectangular.

_____

Conectar con el Arte

La *arquitectura* es el arte y la ciencia de diseñar edificios y estructuras.

Las Casas Cubo de Rotterdam, que se encuentran en los Países Bajos y que aparecen en la fotografía superior de la derecha, se construyeron en la década de 1970. Cada cubo es una casa inclinada que descansa sobre un pilar hexagonal. Cada una de estas casas representa un árbol abstracto. El conjunto de las Casas Cubo forma un "bosque".

La Torre Cápsula Nakagin, que se muestra a la derecha, es un edificio ubicado en Tokio, Japón, formado por módulos unidos a dos torres centrales. Cada módulo es un prisma rectangular que se conecta con un núcleo de hormigón mediante cuatro grandes pernos. Los módulos pueden ser oficinas o viviendas y se pueden quitar o reemplazar.

Usa la información para responder las preguntas.

9. **MÁS AL DETALLE** Hay 38 Casas Cubo. Dentro de cada casa, entran 1,000 cubos unitarios de 1 metro por 1 metro por 1 metro. Usa cubos unitarios para describir las dimensiones de una casa cubo. Recuerda que todas las aristas del cubo tienen la misma longitud.

_____

_____

10. **PIENSA MÁS** La Torre Cápsula Nakagin tiene 140 módulos y 14 pisos de altura. Si todos los módulos se dividieran equitativamente entre la cantidad de pisos, ¿cuántos módulos habría en cada piso? ¿Cuántos prismas rectangulares diferentes se podrían formar con esa cantidad?

_____

11. **PIENSA MÁS** Empareja la figura con el número de cubos unitarios que se necesitarían para construirla. No se utilizarán todos los números de cubos unitarios.

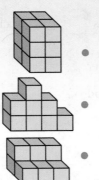

- 6 cubos unitarios
- 7 cubos unitarios
- 8 cubos unitarios
- 9 cubos unitarios
- 10 cubos unitarios
- 12 cubos unitarios

Cubos unitarios y cuerpos geométricos

Objetivo de aprendizaje Usarás bloques unitarios para construir figuras sólidas y harás comparaciones entre dos figuras sólidas contando el número de cubos unitarios en cada figura sólida.

Cuenta la cantidad de cubos usados para formar cada cuerpo geométrico.

1.

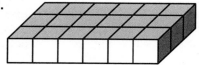

___18___ cubos unitarios

2.

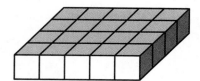

_____ cubos unitarios

3.

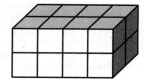

_____ cubos unitarios

4.

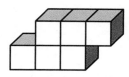

_____ cubos unitarios

5.

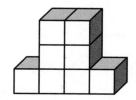

_____ cubos unitarios

6.

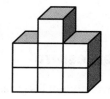

_____ cubos unitarios

Compara la cantidad de cubos unitarios de cada cuerpo geométrico. Usa <, > o =.

7.

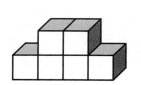

_____ cubos
unitarios ◯ _____ cubos
unitarios

8.

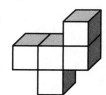

_____ cubos
unitarios ◯ _____ cubos
unitarios

Resolución de problemas

9. Un envase puede contener 1,000 cubos unitarios que miden 1 pulgada por 1 pulgada por 1 pulgada. Usa cubos unitarios para describir las dimensiones del envase.

_____

_____

_____

10. **ESCRIBE** ▸*Matemáticas* Haz un dibujo de ejemplos de todos los prismas rectangulares que puedes construir con 16 cubos unitarios. Rotula cada ejemplo.

Repaso de la lección

1. Carla apiló algunos bloques para formar el siguiente cuerpo geométrico. ¿Cuántos bloques hay en el cuerpo geométrico de Carla?

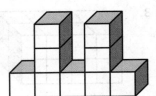

_____

2. Quentin tiene 18 cubos unitarios. Si usa todos los cubos, ¿cuántos prismas rectangulares diferentes puede formar?

_____

Repaso en espiral

3. ¿Qué forma tienen las caras laterales de una pirámide?

_____

4. La familia Arnold llegó a la playa a las 10:30 a. m. Pasaron allí $3\frac{3}{4}$ horas. ¿A qué hora se fueron de la playa?

_____

5. Completa el siguiente enunciado. Escribe _a veces, siempre_ o _nunca._

Los lados opuestos de un paralelogramo son

_____ congruentes.

6. La rueda de la bicicleta de Frank se mueve 75 pulgadas en una rotación. ¿Cuántas rotaciones habrá completado la rueda cuando Frank haya recorrido 50 pies?

_____

PRACTICA MÁS CON EL
Entrenador personal
en matemáticas

Comprender el volumen

Pregunta esencial ¿Cómo puedes usar un cubo unitario para hallar el volumen de un prisma rectangular?

Objetivo de aprendizaje Usarás bloques unitarios para hallar el volumen de prismas rectangulares y usarás bloques unitarios para comparar el volumen entre dos figuras sólidas.

Investigar

RELACIONA Puedes contar cubos unitarios para hallar el volumen de un prisma rectangular. El **volumen** es la cantidad de espacio que ocupa un cuerpo geométrico medida en **unidades cúbicas**. Cada cubo unitario tiene un volumen de 1 unidad cúbica.

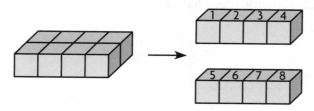

El prisma rectangular de arriba está formado por _____ cubos

unitarios y tiene un volumen de _____ unidades cúbicas.

Materiales ■ patrón A de un prisma rectangular ■ cubos de 1 centímetro

A. Recorta, pliega y pega con cinta adhesiva el patrón para formar un prisma rectangular.

B. Usa cubos de 1 centímetro para llenar la base del prisma rectangular sin que queden espacios vacíos ni superposiciones. Cada cubo de 1 centímetro tiene una longitud, un ancho y una altura de 1 centímetro y un volumen de 1 centímetro cúbico.

- ¿Cuántos cubos de 1 centímetro forman la longitud de la primera capa? ¿Y el ancho? ¿Y la altura?

  longitud: _____ ancho: _____ altura: _____

- ¿Cuántos cubos de 1 centímetro se usan para llenar la base? _____

C. Sigue llenando el prisma rectangular, capa a capa. Cuenta el número de cubos de 1 centímetro que usaste en cada capa.

- ¿Cuántos cubos de 1 centímetro hay en cada capa? _____

- ¿Cuántas capas de cubos llenan el prisma rectangular? _____

- ¿Cuántos cubos de 1 centímetro llenan el prisma? _____

Entonces, el volumen del prisma rectangular es _____ centímetros cúbicos.

Sacar conclusiones

1. Describe la relación que hay entre el número de cubos de 1 centímetro que usaste para completar cada capa, el número de capas y el volumen del prisma.

_____

_____

_____

2. **PRÁCTICAS Y PROCESOS MATEMÁTICOS ③** **Aplica** Si tuvieras un prisma rectangular con una longitud de 3 unidades, un ancho de 4 unidades y una altura de 2 unidades, ¿cuántos cubos unitarios necesitarías para cada capa? ¿Cuántos cubos unitarios necesitarías para llenar el prisma rectangular?

_____

_____

Hacer conexiones

Para hallar el volumen de figuras tridimensionales, mides en tres direcciones. Si se trata de un prisma rectangular, mides la longitud, el ancho y la altura. Usa unidades cúbicas como cm cúb. pulg cúb. o pie cúb.

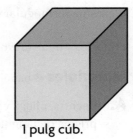

1 cm cúb.

1 pulg cúb.

- ¿Qué tiene un volumen mayor: 1 cm cúb. o 1 pulg cúb. **Explica.**

_____

_____

Halla el volumen del prisma si cada cubo representa 1 cm cúb. 1 pulg cúb. y 1 pie cúb.

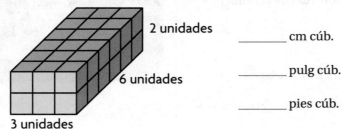

2 unidades

6 unidades

3 unidades

_____ cm cúb.

_____ pulg cúb.

_____ pies cúb.

- **PRÁCTICAS Y PROCESOS MATEMÁTICOS ⑥** Si el prisma de arriba estuviera formado por cubos de 1 centímetro, cubos de 1 pulgada o cubos de 1 pie, ¿tendría el mismo tamaño? **Explica.**

_____

_____

_____

670

Nombre _____

Usa la unidad dada. Halla el volumen.

1.

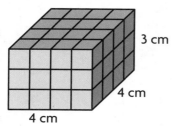

3 cm

4 cm

4 cm

Cada cubo = 1 cm cúb.

Volumen = _____ _____ cúb.

2.

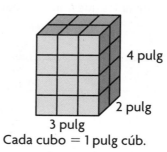

4 pulg

2 pulg

3 pulg

Cada cubo = 1 pulg cúb.

Volumen = _____ _____ cúb.

3.

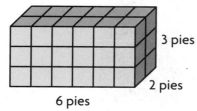

3 pies

2 pies

6 pies

Cada cubo = 1 pie cúb.

Volumen = _____ _____ cúb.

4.

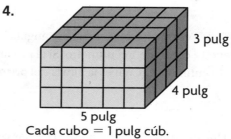

3 pulg

4 pulg

5 pulg

Cada cubo = 1 pulg cúb.

Volumen = _____ _____ cúb.

Compara los volúmenes. Escribe < , > o =.

5.

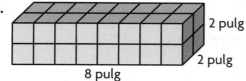

2 pulg

2 pulg

8 pulg

Cada cubo = 1 pulg cúb.

2 pulg

4 pulg

4 pulg

Cada cubo = 1 pulg cúb.

_____ pulg cúb. ◯ _____ pulg cúb.

6.

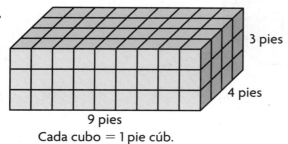

3 pies

4 pies

9 pies

Cada cubo = 1 pie cúb.

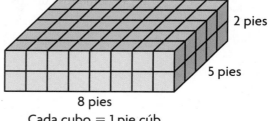

2 pies

5 pies

8 pies

Cada cubo = 1 pie cúb.

_____ pies cúb. ◯ _____ pies cúb.

Resolución de problemas • Aplicaciones

7. **PRÁCTICAS Y PROCESOS MATEMÁTICOS ③** **Verifica el razonamiento de otros** Gerardo dice que el volumen de un cubo con aristas que miden 10 centímetros es el doble del volumen de un cubo con lados que miden 5 centímetros. Explica y corrige el error de Gerardo.

_____

_____

_____

_____

_____

_____

ESCRIBE ▸ *Matemáticas*
Muestra tu trabajo

8. **PIENSA MÁS** Pia construyó un prisma rectangular con cubos. La base del prisma tiene 12 cubos de 1 centímetro. Si el prisma está formado por 108 cubos de 1 centímetro, ¿Cuál es la altura del prisma?

_____

9. **MÁS AL DETALLE** Una empresa de embalajes hace cajas con aristas que miden 3 pies cada una. ¿Cuál es el volumen de las cajas? Si se colocan 10 cajas en un contenedor para envíos grande y rectangular que se llena completamente sin que queden espacios vacíos ni superposiciones, ¿cuál es el volumen del contenedor?

_____

10. **PIENSA MÁS** Carlton utilizó cubos de 1 centímetro para construir un prisma rectangular.

Halla el volumen del prisma rectangular que

Carlton construyó.

_____ centímetros cúbicos

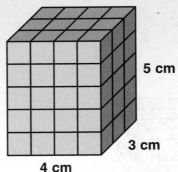

5 cm

3 cm

4 cm

Objetivo de aprendizaje Usarás bloques unitarios para hallar el volumen de prismas rectangulares y usarás bloques unitarios para comparar el volumen entre dos figuras sólidas.

Usa la unidad dada. Halla el volumen.

1.

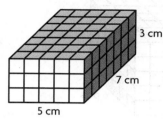

3 cm
7 cm
5 cm
Cada cubo = 1 cm cúb.

Volumen = ____**105 cm**____ cúb.

2.

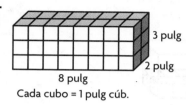

3 pulg
2 pulg
8 pulg
Cada cubo = 1 pulg cúb.

Volumen = _____ cúb.

3.

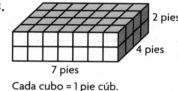

2 pies
4 pies
7 pies
Cada cubo = 1 pie cúb.

Volumen = _____ cúb.

4.

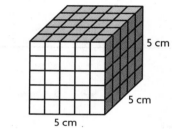

5 cm
5 cm
5 cm
Cada cubo = 1 cm cúb.

Volumen = _____ cúb.

5. Compara los volúmenes. Escribe <, > o =.

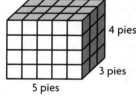

4 pies
3 pies
5 pies
Cada cubo = 1 pie cúb.

_____ pies cúb. _____ pies cúb.

2 pies
5 pies
6 pies
Cada cubo = 1 pie cúb.

Resolución de problemas · En el mundo

6. Un fabricante envía su producto en cajas cuyas aristas miden 4 pulgadas cada una. Si se colocan 12 cajas dentro de una caja más grande y la llenan por completo, ¿cuál es el volumen de la caja más grande?

_____

_____

7. Matt y Mindy formaron prismas rectangulares que miden 5 unidades de longitud, 2 unidades de ancho y 4 unidades de altura cada uno. Matt usó cubos que miden 1 cm de lado. Mindy usó cubos que miden 1 in de lado. ¿Cuál es el volumen de cada prisma?

_____

_____

Repaso de la lección

1. Elena empacó 48 cubos en esta caja. Cada cubo tiene aristas que miden 1 centímetro. ¿Cuántas capas de cubos formó Elena?

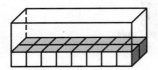

2. ¿Cuál es el volumen del prisma rectangular?

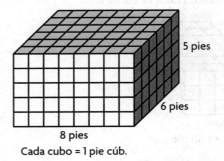

5 pies

6 pies

8 pies

Cada cubo = 1 pie cúb.

Repaso en espiral

3. Juan hizo un diseño con polígonos. ¿Qué polígono del diseño de Juan es un pentágono?

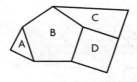

4. ¿Qué par ordenado describe la ubicación del punto P?

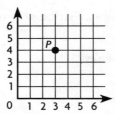

5. ¿Cuál es el menor número de ángulos agudos que puede tener un triángulo?

6. Karen compró 3 libras de queso para servir en una merienda. ¿Cuántas onzas de queso compró Karen?

PRACTICA MÁS CON EL
Entrenador personal
en matemáticas

Nombre _____

Estimar el volumen

Pregunta esencial ¿Cómo puedes usar un objeto común para estimar el volumen de un prisma rectangular?

Objetivo de aprendizaje Usarás objetos comunes para estimar el volumen de un prisma rectangular.

Investigar

Izzy envía 20 cajas de crayones por correo a una organización educativa para niños en el extranjero. Hay dos cajas de envío de distinto tamaño. Si se usa una caja de crayones como unidad cúbica, ¿alrededor de cuál es el volumen de cada caja de envío, en cajas de crayones? ¿Qué caja de envío debería usar Izzy para enviar los crayones por correo?

Materiales ■ patrón B de un prisma rectangular ■ 2 cajas de distinto tamaño

A. Recorta, pliega y pega con cinta adhesiva el patrón para formar un prisma rectangular. Rotula el prisma "Crayones". Puedes usar este prisma para estimar y comparar el volumen de las dos cajas.

B. Usa la caja de crayones que hiciste y cuenta para hallar el número de cajas que forman la base de la caja de envío. Estima la longitud a la unidad entera más próxima.

Número de cajas de crayones que llenan la base:

Caja 1: _____   Caja 2: _____

C. Comienza con la caja de crayones en la misma posición y cuenta para hallar el número de cajas de crayones que forman la altura de la caja de envío. Estima la altura a la unidad entera más próxima.

Número de capas:

Caja 1: _____   Caja 2: _____

La caja 1 tiene un volumen de _____ cajas de crayones

y la caja 2 tiene un volumen de _____ cajas de crayones.

Entonces, Izzy debería usar la caja _____ para enviar los crayones.

1. **PRÁCTICAS Y PROCESOS MATEMÁTICOS 6** **Explica** cómo estimaste el volumen de las cajas de envío.

_____

_____

_____

2. **PRÁCTICAS Y PROCESOS MATEMÁTICOS 1** **Analiza** Si tuvieras que estimar a la unidad entera más próxima para hallar el volumen de una caja de envío, ¿cómo podrías colocar en la caja de envío más cajas de crayones de las que estimaste? Explica.

_____

_____

_____

Hacer conexiones

La caja de crayones tiene una longitud de 3 pulgadas, un ancho de 4 pulgadas y una altura de 1 pulgada.

El volumen de la caja de crayones es _____ pulgadas cúbicas.

Usa la caja de crayones para estimar el volumen en pulgadas cúbicas de la caja que está a la derecha.

- La caja de la derecha contiene _____ cajas de

  crayones en cada una de las _____ capas,

  o un total de _____ cajas de crayones.

- Multiplica el volumen de 1 caja de crayones por el número estimado de cajas de crayones que entran en la caja que está a la derecha.

  _____ × _____ = _____

Entonces, el volumen de la caja de envío que está a la

derecha es alrededor de _____ pulgadas cúbicas.

Nombre _____

Estima el volumen.

1. Cada caja de pañuelos de papel tiene un volumen
de 125 pulgadas cúbicas.

Hay _____ cajas de pañuelos en la caja más grande. El volumen
estimado de la caja que contiene las cajas de pañuelos es

_____ × 125 = _____ pulg cúb.

2. Volumen de la caja de tizas: 16 pulg cúb.

Volumen de la caja grande: _____

3. Volumen del joyero pequeño: 30 cm cúb.

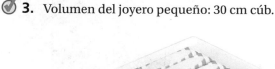

Volumen de la caja grande: _____

Resolución de problemas • Aplicaciones

4. **PRÁCTICAS Y PROCESOS MATEMÁTICOS ②** **Usa el razonamiento** Jamie quiere enviar una
caja con libros para donar a un centro comunitario. El volumen
de cada libro es 80 pulgadas cúbicas. El dibujo muestra el número de
libros que colocó en la caja. Jamie puede colocar una capa más de
libros en la caja. ¿Cuál es el volumen aproximado de la caja?

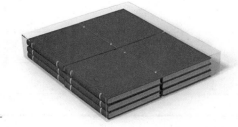

_____

5. **MÁS AL DETALLE** Anna está juntando cajas de cereal para llevarlas
a un banco de alimentos. El volumen de cada caja de cereal es
324 pulgadas cúbicas. La ilustración muestra las cajas de cereal que
ha juntado hasta el momento. Una caja de entrega mide tres veces
más que las cajas que Anna ha juntado. ¿Cuál es el volumen de la
caja de entrega?

_____

PIENSA MÁS **¿Tiene sentido?**

6. Marcelle usó uno de sus libros para estimar el volumen de las dos cajas de abajo. Su libro tiene un volumen de 48 pulgadas cúbicas. La caja 1 contiene aproximadamente 7 capas de libros y la caja 2 contiene aproximadamente 14 capas de libros. Marcelle dice que las dos cajas tienen aproximadamente el mismo volumen.

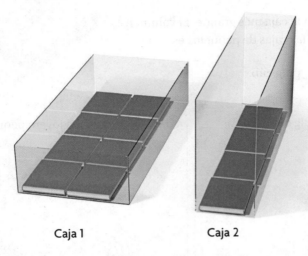

Caja 1   Caja 2

- ¿Tiene sentido el enunciado de Marcelle? Explica tu respuesta.

_____

_____

_____

_____

_____

_____

7. **PIENSA MÁS** Un paquete de cuadernos tiene una longitud de 5 pulgadas, un ancho de 12 pulgadas y una altura de 1 pulgada. El paquete de cuadernos será enviado en una caja que puede contener 12 paquetes de cuadernos. Elige Verdadero o Falso para cada uno de los enunciados 7a a 7c.

7a. Cada paquete de cuadernos tiene un volumen de 60 pulgadas cúbicas. ○ Verdadero ○ Falso

7b. La caja tiene un volumen aproximado de 720 pulgadas cúbicas. ○ Verdadero ○ Falso

7c. Si la caja contiene 15 paquetes de cuadernos, tendrá un volumen aproximado de 1,200 pulgadas cúbicas. ○ Verdadero ○ Falso

Estimar el volumen

Objetivo de aprendizaje Usarás objetos comunes para estimar el volumen de un prisma rectangular.

Estima el volumen.

1. Volumen del paquete de papel: 200 pulg cúb.

Piensa: Cada paquete de papel tiene un volumen de 200 pulg cúb. Hay __8__ paquetes de papel en la caja más grande. Entonces, el volumen de la caja grande es alrededor de __8__ × 200 o ___1,600___ pulgadas cúbicas.

Volumen de la caja grande: __1,600 pulg cúb.__

2. Volumen de la caja de arroz: 500 cm cúb.

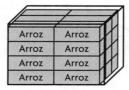

Volumen de la caja grande: _____

3. Volumen de la caja de té: 40 pulg cúb.

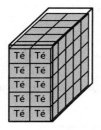

Volumen de la caja grande: _____

4. Volumen de la caja de DVD: 20 pulg cúb.

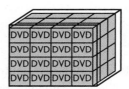

Volumen de la caja grande: _____

Resolución de problemas

5. Theo llena una caja grande con cajas de grapas. El volumen de cada caja de grapas es 120 cm cúb. Estima el volumen de la caja grande.

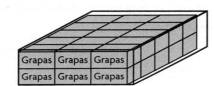

_____

6. **ESCRIBE** ▸ *Matemáticas* Explica cómo puedes calcular el volumen de un recipiente grande que contiene 5 filas de 4 cajas pequeñas de cereal en su capa inferior y tiene una altura de 3 capas. Cada caja de cereal tiene un volumen de 16 pulgadas cúbicas.

_____

Repaso de la lección

1. Melanie empaca cajas de sobres en una caja más grande. El volumen de cada caja de sobres es 1,200 centímetros cúbicos. ¿Cuál es el volumen aproximado de la caja grande?

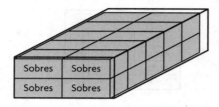

_____

2. Calvin empaca cajas de tarjetas de felicitación en una caja más grande. El volumen de cada caja de tarjetas de felicitación es 90 pulgadas cúbicas. ¿Cuál es el volumen aproximado de la caja grande?

_____

Repaso en espiral

3. Rosa tiene 16 cubos de una unidad. ¿Cuántos prismas rectangulares diferentes puede formar con los cubos?

_____

4. Cada cubo representa 1 pulgada cúbica. ¿Cuál es el volumen del prisma?

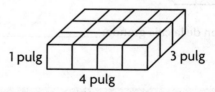

_____

5. Cierto acuario contiene 20 galones de agua. ¿Cuántos cuartos de agua contiene el acuario?

_____

6. Monique participó en una carrera de 5 kilómetros. ¿Cuántos metros corrió Monique?

_____

**PRACTICA MÁS CON EL
Entrenador personal
en matemáticas**

Nombre _____

El volumen de los prismas rectangulares

Pregunta esencial ¿Cómo puedes hallar el volumen de un prisma rectangular?

Objetivo de aprendizaje Usarás base y altura, y longitud, ancho y altura para hallar el volumen de prismas rectangulares.

RELACIONA La base de un prisma rectangular es un rectángulo. Sabes que el área se mide en unidades cuadradas, o unidades^2, y que puedes multiplicar la longitud y el ancho de un rectángulo para hallar su área.

El volumen se mide en unidades cúbicas, o unidades^3. Cuando formas un prisma y añades capas de cubos, añades una tercera dimensión: la altura.

El área de la base

es _____ unidades cuad.

Soluciona el problema En el mundo

Sid usa cubos de 1 pulgada para formar un prisma rectangular. La base del prisma es un rectángulo y su altura es 4 cubos. ¿Cuál es el volumen del prisma rectangular que formó Sid?

Puedes multiplicar el número de unidades cuadradas de la figura de la base por el número de capas, o su altura, para hallar el volumen de un prisma en unidades cúbicas.

Cada capa del prisma rectangular de Sid está

formada por _____ cubos de 1 pulgada.

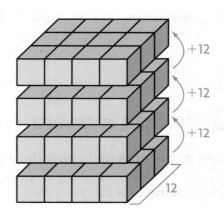

+12
+12
+12
12

Altura (en capas)	1	2	3	4
Volumen (en pulgadas cúbicas)	12	24		

Multiplica la altura por _____.

1. ¿Cómo cambia el volumen al añadir cada capa?

_____

_____

2. ¿Qué representa el número por el que multiplicas la altura?

_____

_____

Entonces, el volumen del prisma rectangular de Sid es _____ pulg^3.

Relaciona la altura con el volumen

Toni apila en una caja de depósito cuentas en forma de cubo con aristas que miden 1 centímetro. La caja puede contener 6 capas de 24 cubos sin que queden espacios vacíos ni superposiciones. ¿Cuál es el volumen de la caja de cuentas de Toni?

- ¿Cuáles son las dimensiones de la base de la caja?

_____

- ¿Qué operación puedes usar para hallar el área de la base?

_____

🔑 De una manera Usa la base y la altura.

El volumen de cada cuenta es _____ cm³.

La base de la caja de depósito tiene un área de _____ cm².

La altura de la caja de depósito es _____ centímetros.

El volumen de la caja de depósito es

_____ × _____ , o _____ cm³.
Área de la
base

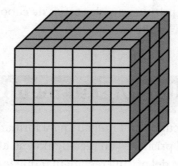

🔑 De otra manera Usa la longitud, el ancho y la altura.

Sabes que el área de la base de la caja de depósito es 24 cm².

La base tiene una longitud de _____ centímetros

y un ancho de _____ centímetros. La altura

es _____ centímetros. El volumen de la caja de depósito es

(_____ × _____) × _____ , o _____ × _____ , o _____ cm³.
  Área de la base

Entonces, el volumen de la caja de depósito es _____ cm³.

3. **PIENSA MÁS** ¿Qué pasaría si cada cuenta en forma de cubo midiera 2 centímetros de cada lado? ¿Cómo cambiarían las dimensiones de la caja de depósito? ¿Cómo cambiaría el volumen?

_____

_____

_____

Nombre _____

 **Comparte y muestra** MATH BOARD

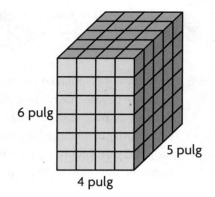

Halla el volumen.

1. La longitud del prisma rectangular es _____.

El ancho es _____. Entonces, el área de la base es _____.

La altura es _____. Entonces, el volumen del cubo es _____.

6 pulg

5 pulg

4 pulg

 2.

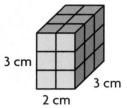

3 cm

3 cm

2 cm

Volumen: _____

 3.

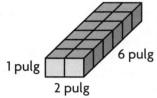

1 pulg

2 pulg

6 pulg

Volumen: _____

Por tu cuenta

Charla matemática PRÁCTICAS Y PROCESOS MATEMÁTICOS ⑥

Explica por qué se usa el exponente 2 para expresar la medida del área y el exponente 3 para expresar la medida del volumen.

4. PRÁCTICAS Y PROCESOS MATEMÁTICOS ② **Razona de forma cuantitativa** Rachel, Timothy y Robyn crean el prisma rectangular que se muestra a la derecha. Si juntan los tres prismas que han creado, lado con lado, para crear un prisma rectangular grande, ¿cuál es el volumen del nuevo prisma? ¿Cómo cambiaron las dimensiones?

_____

_____

_____

3 mm

8 mm

1 mm

5. *MÁS AL DETALLE* El prisma rectangular está hecho con cubos de 1 pulgada. Si se colocan dos capas más de cubos arriba del prisma rectangular, ¿cuántos cubos se agregaron al prisma? ¿Cuál será el volumen del nuevo prisma rectangular?

_____

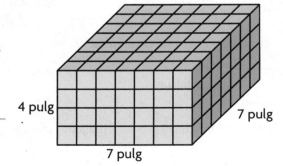

4 pulg

7 pulg

7 pulg

Resolución de problemas • Aplicaciones En el mundo

6. **PIENSA MÁS**   Rich construye un cajón de viaje para su perro Thomas, una cruza de beagle que mide alrededor de 30 pulgadas de largo, 12 pulgadas de ancho y 24 pulgadas de altura. Para que Thomas viaje cómodo, el cajón debe ser un prisma rectangular que mida alrededor de 12 pulgadas más que él de longitud y de ancho, y alrededor de 6 pulgadas más que él de altura. ¿Cuál es el volumen del cajón de viaje que debe construir Rich?

_____

_____

_____

7. ¿Qué sucede con el volumen de un prisma rectangular si duplicas la altura? Da un ejemplo.

_____

8. **PRÁCTICAS Y PROCESOS MATEMÁTICOS 6** **Usa vocabulario matemático** Describe la diferencia entre el área y el volumen.

_____

_____

_____

9. **PIENSA MÁS**   John usó cubos de 1 pulgada para hacer un prisma rectangular. Elige el valor de las fichas que corresponda para completar los enunciados 9a a 9d de manera correcta. Se puede usar cada valor más de una vez o puede no usarse.

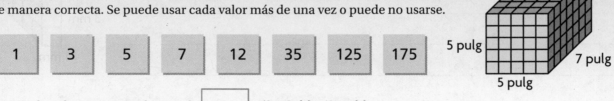

| 1 | 3 | 5 | 7 | 12 | 35 | 125 | 175 |

5 pulg · 7 pulg · 5 pulg

9a. Cada cubo tiene un volumen de [ ] pulgada(s) cúbica(s).

9b. Cada capa del prisma está compuesta por [ ] cubos.

9c. Hay [ ] capas de cubos.

9d. El volumen del prisma es [ ] pulgadas cúbicas.

Nombre _____

El volumen de los prismas rectangulares

Objetivo de aprendizaje Usarás base y altura, y longitud, ancho y altura para hallar el volumen de prismas rectangulares.

Halla el volumen.

1.

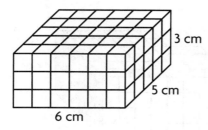

3 cm
5 cm
6 cm

Volumen: _____ **90 cm³** _____

2.

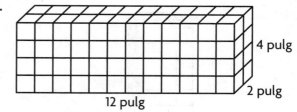

4 pulg
2 pulg
12 pulg

Volumen: _____

3.

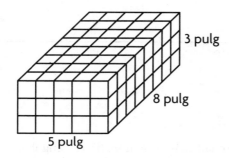

3 pulg
8 pulg
5 pulg

Volumen: _____

4.

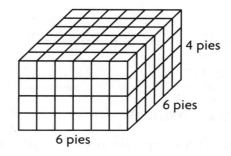

4 pies
6 pies
6 pies

Volumen: _____

Resolución de problemas

5. Aarón guarda sus tarjetas de béisbol en una caja de cartón que mide 12 pulgadas de longitud, 8 pulgadas de ancho y 3 pulgadas de altura. ¿Cuál es el volumen de esa caja?

_____

6. El joyero de Amanda tiene la forma de un cubo y aristas de 6 pulgadas. ¿Cuál es el volumen del joyero de Amanda?

_____

7. **ESCRIBE** ▸ *Matemáticas* Escribe un problema para hallar el volumen de una caja. Haz un dibujo de la caja, resuelve el problema y explica cómo hallaste el resultado.

_____

_____

_____

Repaso de la lección

1. Laini usa cubos de 1 pulgada para formar la caja que se muestra abajo. ¿Cuál es el volumen de la caja?

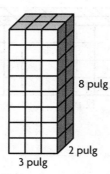

8 pulg

2 pulg

3 pulg

_____

2. Mason apiló cajas con forma de cubos de 1 pie en un depósito. ¿Cuál es el volumen de la pila de cajas?

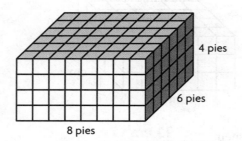

4 pies

6 pies

8 pies

_____

Repaso en espiral

3. ¿Qué tipo de triángulo se muestra abajo?

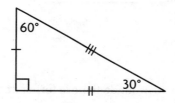

60°

30°

_____

4. ¿Qué cuadrilátero siempre tiene 4 ángulos congruentes y lados opuestos que son congruentes y paralelos?

_____

5. Suzanne mide 64 pulgadas de estatura. ¿Cuál es la estatura de Suzanne en pies y pulgadas?

_____

6. Trevor compró 8 galones de pintura para pintar su casa. Usó todo, excepto 1 cuarto. ¿Cuántos cuartos de pintura usó Trevor?

_____

PRACTICA MÁS CON EL
Entrenador personal
en matemáticas

Nombre _____

Aplicar fórmulas de volumen

Pregunta esencial ¿Cómo puedes usar una fórmula para hallar el volumen de un prisma rectangular?

Objetivo de aprendizaje Usarás fórmulas para hallar el volumen de prismas rectangulares y para hallar medidas desconocidas cuando tienes el volumen.

RELACIONA Ambos prismas tienen las mismas dimensiones y el mismo volumen.

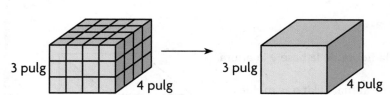

Soluciona el problema *En el mundo*

Mike hace una caja para guardar sus DVD favoritos. La longitud de la caja es 7 pulgadas, el ancho es 5 pulgadas y la altura es 3 pulgadas. ¿Cuál es el volumen de la caja que hace Mike?

- Subraya lo que tienes que hallar.
- Encierra en un círculo los números que debes usar para resolver el problema.

De una manera Usa la longitud, el ancho y la altura.

Puedes usar una fórmula para hallar el volumen de un prisma rectangular.

> $Volumen = longitud \times ancho \times altura$
>
> $V = l \times a \times h$

PASO 1 Identifica la longitud, el ancho y la altura del prisma rectangular.

longitud = _____ pulg

ancho = _____ pulg

altura = _____ pulg

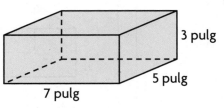

Charla matemática PRÁCTICAS Y PROCESOS MATEMÁTICOS ②

Relaciona símbolos y palabras ¿Cómo puedes usar la propiedad asociativa para agrupar la parte de la fórmula que representa el área?

_____

PASO 2 Multiplica la longitud por el ancho.

_____ × _____ = _____

_____

PASO 3 Multiplica el producto de la longitud y el ancho por la altura.

35 × _____ = _____

Entonces, el volumen de la caja de DVD de Mike es _____ pulgadas cúbicas.

Has aprendido una fórmula para hallar el volumen de un prisma rectangular.
También puedes usar otra fórmula.

> *Volumen = área de la Base × altura*
>
> $V = B \times h$
>
> B = área de la figura de la base
>
> h = altura del cuerpo geométrico

🔑 De otra manera Usa el área de la figura de la base y la altura.

La familia de Emilio tiene un kit para armar castillos de arena. El kit trae moldes de varios cuerpos geométricos que se pueden usar para hacer los castillos. Uno de los moldes es un prisma rectangular como el que está a la derecha. ¿Cuánta arena se necesita para llenar el molde?

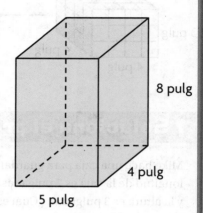

8 pulg

4 pulg

5 pulg

$V = \underline{\hspace{1cm}} \quad B \quad \times \ h$

$V = (\underline{\hspace{1cm}} \times \underline{\hspace{1cm}}) \times \underline{\hspace{1cm}}$

$V = \underline{\hspace{1cm}} \times \underline{\hspace{1cm}}$

$V = \underline{\hspace{1cm}}$ pulg cúb.

Reemplaza B con una expresión para el área de la figura de la base. Reemplaza h con la altura del cuerpo geométrico.

Multiplica.

Entonces, se necesitan _____ pulgadas cúbicas de arena para llenar el molde con forma de prisma rectangular.

¡Inténtalo!

Ⓐ Halla el volumen.

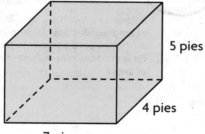

5 pies

4 pies

7 pies

$V = \quad l \quad \times \quad a \quad \times h$

$V = \underline{\hspace{1cm}} \times \underline{\hspace{1cm}} \times \underline{\hspace{1cm}}$

$V = \underline{\hspace{1cm}} \times \underline{\hspace{1cm}}$

$V = \underline{\hspace{1cm}}$ pies cúb.

Ⓑ Halla la medida desconocida.

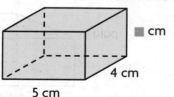

■ cm

4 cm

5 cm

$V = 60$ cm cúb.

$V = l \times a \times h$

$60 = \underline{\hspace{1cm}} \times \underline{\hspace{1cm}} \times$ ■

$60 = \underline{\hspace{1cm}} \times$ ■

Piensa: Si llenara este prisma con cubos de 1 centímetro, cada capa tendría 20 cubos. ¿Cuántas capas de 20 cubos equivalen a 60?

Entonces, la medida desconocida es _____ cm.

Nombre _____

Halla el volumen.

1.

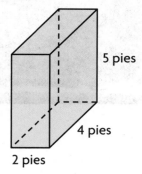

5 pies

4 pies

2 pies

V = _____

2.

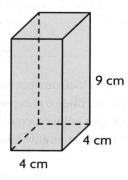

9 cm

4 cm

4 cm

V = _____

Por tu cuenta

Halla el volumen.

3.

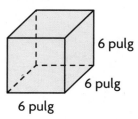

6 pulg

6 pulg

6 pulg

V = _____

4.

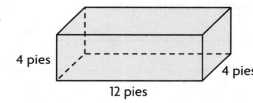

4 pies

12 pies

4 pies

V = _____

5. **MÁS AL DETALLE** Cheryl tiene una caja con forma de prisma rectangular. La altura de la caja es el doble de su longitud, la longitud es de 3 veces su anchura y mide 6 pulgadas de ancho. ¿Cuál es el volumen de la caja?

_____

PRÁCTICAS Y PROCESOS MATEMÁTICOS ② Usa el razonamiento **Álgebra** Halla la medida desconocida.

6.

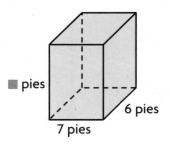

■ pies

6 pies

7 pies

V = 420 pies cúb.   ■ = _____ pies

7.

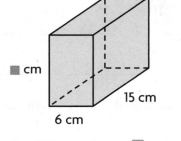

■ cm

15 cm

6 cm

V = 900 cm cúb.   ■ = _____ cm

Resolución de problemas • Aplicaciones

8. El restaurante Jade tiene una pecera grande en exposición en la entrada. La base de la pecera mide 5 pies por 2 pies. La altura de la pecera es 4 pies. ¿Cuántos pies cúbicos de agua se necesitan para llenar completamente la pecera?

_____

9. **MÁS AL DETALLE** El restaurante Perla colocó una pecera más grande en su entrada. La base de su pecera mide 6 pies por 3 pies y la altura es 4 pies. ¿Cuánta más agua, en pies cúbicos, contiene la pecera del restaurante Perla que la pecera del restaurante Jade?

_____

10. **PIENSA MÁS** Eddie usó un pequeño envase de alimento para peces para medir su pecera. El envase tiene un área de base de 6 pulgadas cuadradas y una altura de 4 pulgadas. Eddie halló que el volumen de la pecera es 3,456 pulgadas cúbicas. ¿Cuántos envases de alimento para peces entrarían en la pecera? Explica tu respuesta.

_____

_____

_____

11. **PIENSA MÁS** Manuel guarda sus CDs en una caja como la que se muestra a continuación.

Usa los números y símbolos de las fichas para escribir una fórmula que represente el volumen de la caja. Los símbolos se pueden usar más de una vez o ninguna.

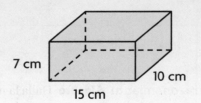

| V | 7 | 10 | 15 | = | + | × | − | ÷ |

_____

¿Cuál es el volumen de la caja? _____ centímetros cúbicos

Aplicar fórmulas de volumen

Objetivo de aprendizaje Usarás fórmulas para hallar el volumen de prismas rectangulares y para hallar medidas desconocidas cuando tienes el volumen.

Halla el volumen.

1.

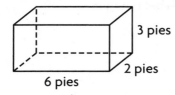

3 pies
2 pies
6 pies

$V = \underline{\quad l \quad} \times \underline{\quad a \quad} \times \underline{\quad h \quad}$

$V = \underline{\quad 6 \quad} \times \underline{\quad 2 \quad} \times \underline{\quad 3 \quad}$

$V = \underline{\quad 36 \text{ pies}^3 \quad}$

2.

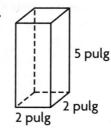

5 pulg
2 pulg
2 pulg

$V = \underline{\hspace{3cm}}$

3.

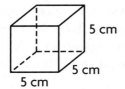

5 cm
5 cm
5 cm

$V = \underline{\hspace{3cm}}$

4.

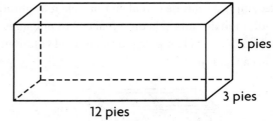

5 pies
3 pies
12 pies

$V = \underline{\hspace{3cm}}$

Resolución de problemas

5. Una empresa constructora cava un hoyo para hacer una piscina. El hoyo tendrá 12 yardas de longitud, 7 yardas de ancho y 3 yardas de profundidad. ¿Cuántas yardas cúbicas de tierra deberá quitar la empresa?

6. Amy alquila un depósito que mide 15 pies de longitud, 5 pies de ancho y 8 pies de altura. ¿Cuál es el volumen del depósito?

_____

_____

7. **ESCRIBE** *Matemáticas* Explica cómo hallarías la altura de un prisma rectangular si sabes que el volumen es 60 centímetros cúbicos y que el área de la base es 10 centímetros cuadrados.

_____

_____

Repaso de la lección

1. Sayeed compra una jaula para su cachorro. La jaula mide 20 pulgadas de longitud, 13 pulgadas de ancho y 16 pulgadas de altura. ¿Cuál es el volumen de la jaula?

2. Brittany tiene una caja de regalos con forma de cubo. Cada lado de la caja mide 15 centímetros. ¿Cuál es el volumen de la caja de regalos?

Repaso en espiral

3. Max empaca cajas de cereal en una caja más grande. El volumen de cada caja de cereal es 175 pulgadas cúbicas. ¿Cuál es la mejor estimación del volumen de la caja grande?

4. En la clase de salud, los estudiantes anotan el peso de los emparedados que almuerzan. En el siguiente diagrama de puntos, se muestra el peso de los emparedados. ¿Cuál es el peso promedio de un emparedado?

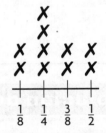

Peso de los emparedados (en libras)

5. Cloe tiene 20 cubos unitarios. ¿Cuántos prismas rectangulares diferentes puede formar con los cubos?

6. Darnell fue al cine con sus amigos. La película comenzó a las 2:35 p. m. y duró 1 hora y 45 minutos. ¿A qué hora terminó la película?

PRACTICA MÁS CON EL
Entrenador personal
en matemáticas

Nombre _____

Resolución de problemas •
Comparar volúmenes

Objetivo de aprendizaje Usarás la estrategia *hacer una tabla* para comparar prismas rectangulares diferentes con el mismo volumen usando una fórmula para hallar todos los prismas posibles con un volumen dado.

Pregunta esencial: ¿Cómo puedes usar la estrategia *hacer una tabla* para comparar prismas rectangulares diferentes que tengan el mismo volumen?

Soluciona el problema

Adam tiene 50 cubos de una pulgada. Todas las aristas de los cubos miden 1 pulgada. Adam se pregunta cuántos prismas rectangulares con bases de diferente tamaño puede formar si apila todos los cubos de una pulgada.

Usa el organizador gráfico de abajo como ayuda para resolver el problema.

Lee el problema	Resuelve el problema

¿Qué debo hallar?

Debo hallar el número de _____

con _____ de diferente tamaño que tienen un

volumen de _____ .

¿Qué información debo usar?

Puedo usar la fórmula _____

_____ y los factores de _____ .

¿Cómo usaré la información?

Usaré la fórmula y los factores de 50 para completar

una _____ en la que se muestren todas las

combinaciones posibles de dimensiones con un volumen

de _____ sin repetir las

dimensiones de las bases.

Completa la tabla.

Base (pulg cuad.)	Altura (pulg)	Volumen (pulg cúb.)
(1 × 1)	50	(1 × 1) × 50 = 50
(1 × 2)	25	(1 × 2) × 25 = 50
(1 × 5)	10	(1 × 5) × 10 = 50
(1 × 10)	5	(1 × 10) × 5 = 50
(1 × 25)	2	(1 × 25) × 2 = 50
(1 × 50)	1	(1 × 50) × 1 = 50

1. **PRÁCTICAS Y PROCESOS MATEMÁTICOS ①** **Evalúa** ¿Qué más debes hacer para resolver el problema? _____

_____

2. ¿Cuántos prismas rectangulares diferentes puede formar Adam con

cincuenta cubos de una pulgada? _____ .

Haz otro problema

La Sra. Wilton quiere colocar una maceta rectangular en la ventana del frente. Quiere que la maceta contenga exactamente 16 pies cúbicos de tierra. ¿Cuántas macetas diferentes, con dimensiones en números enteros y diferentes tamaños de bases, contendrán 16 pies cúbicos de tierra?

Usa el organizador gráfico de abajo como ayuda para resolver el problema.

Lee el problema	Resuelve el problema
¿Qué debo hallar?	
¿Qué información debo usar?	
¿Cómo usaré la información?	

Charla matemática

3. ¿Cuántas macetas con bases de diferente tamaño y dimensiones en números enteros contendrán exactamente 16 pies cúbicos de tierra?

_____

© Houghton Mifflin Harcourt Publishing Company

Nombre _____

Comparte y muestra

Soluciona el problema
√ Usa el tablero de matemáticas de Resolución de problemas.

√ Subraya los datos importantes.

√ Elige una estrategia que conozcas.

1. Una empresa hace adoquines de diferentes tamaños. Cada adoquín tiene un volumen de 360 pulgadas cúbicas y una altura de 3 pulgadas. Los adoquines tienen diferentes longitudes y anchos. Ninguno de los adoquines tiene una longitud o ancho de 1 o 2 pulgadas. ¿Cuántos adoquines, cada uno con una base de diferente tamaño, tienen un volumen de 360 pulgadas cúbicas?

Primero, piensa qué se te pide que resuelvas en el problema y qué información tienes.

A continuación, usa la información del problema para hacer una tabla.

Por último, usa la tabla para resolver el problema.

_____

_____

_____

ESCRIBE ‣ *Matemáticas*
Muestra tu trabajo

2. ¿Qué pasaría si los adoquines de 360 pulgadas cúbicas tuvieran un grosor de 4 pulgadas y cualquier longitud y ancho que sean números enteros? ¿Cuántos adoquines diferentes se podrían hacer? Supón que el precio de un adoquín de ese tamaño es $2.5, más $0.18 cada 4 pulgadas cúbicas de adoquín. ¿Cuánto costaría el adoquín?

_____

_____

_____

3. Una empresa hace piscinas inflables que vienen en cuatro tamaños de prismas rectangulares. La longitud de cada piscina es el doble del ancho y el doble de la profundidad. La profundidad de cada piscina es un número entero de 2 a 5 pies. Si las piscinas se llenan hasta el borde, ¿cuál es el volumen de cada piscina?

_____

_____

_____

Por tu cuenta

4. **MÁS AL DETALLE** Hay dos peceras en venta y Ray quiere comprar la más grande. Una pecera tiene una base de 20 pulgadas por 20 pulgadas y una altura de 18 pulgadas. La otra pecera tiene una base de 40 pulgadas por 12 pulgadas y una altura de 12 pulgadas. ¿Qué pecera tiene mayor volumen? ¿Cuánto mayor es su volumen?

_____

_____

ESCRIBE ▸ *Matemáticas*
Muestra tu trabajo

5. **PIENSA MÁS** El Sr. Rodríguez trabaja en una tienda. Quiere ubicar 12 juguetes en una vitrina con forma de prisma rectangular. Los juguetes están guardados en cajas que tienen forma de cubo. ¿Cuántos prismas rectangulares con bases de diferentes tamaños puede construir con las cajas?

_____

6. **PRÁCTICAS Y PROCESOS MATEMÁTICOS 6** Marilyn tiene 4,000 cubos de 1 pulgada. Quiere guardarlos en un envase. El envase mide 1 pie de altura y su base 1 pie por 2 pies. ¿Entrarán todos los cubos en el envase? **Explica** tu respuesta.

_____

_____

_____

7. **PIENSA MÁS** La piscina inflable de Dakota tiene un volumen de 8,640 pulgadas cúbicas. ¿Cuáles pueden ser las dimensiones de la piscina inflable. Marca todas las opciones que correspondan.

- Ⓐ 24 pulg por 30 pulg por 12 pulg
- Ⓑ 27 pulg por 32 pulg por 10 pulg
- Ⓒ 28 pulg por 31 pulg por 13 pulg
- Ⓓ 30 pulg por 37 pulg por 18 pulg

Nombre _____

Resolución de problemas •
Comparar volúmenes

Haz una tabla como ayuda para resolver los problemas.

1. Anita quiere hacer el molde de una vela. Quiere que la vela tenga forma de prisma rectangular, con un volumen de exactamente 28 centímetros cúbicos. Quiere que los lados sean números enteros en centímetros. ¿Cuántos moldes diferentes puede hacer?

    10 moldes

2. Anita decide que quiere que los moldes tengan una base cuadrada. ¿Cuántos de los moldes posibles puede usar?

3. Raymond quiere hacer una caja que tenga un volumen de 360 pulgadas cúbicas. Quiere que la altura sea 10 pulgadas y que las otras dos dimensiones sean números enteros en pulgadas. ¿Cuántas cajas de diferentes tamaños puede hacer?

4. Jeff colocó una caja pequeña de 12 pulgadas de largo, 8 pulgadas de ancho y 4 pulgadas de altura dentro de una caja de 20 pulgadas de largo, 15 pulgadas de ancho y 9 pulgadas de altura. ¿Cuánto espacio queda en la caja más grande?

5. La Sra. Nelson tiene una maceta rectangular que mide 5 pies de largo y 2 pies de altura. Quiere que el ancho no sea más de 5 pies. Si el ancho es un número entero, ¿cuáles son los volúmenes posibles de la maceta?

6. **ESCRIBE** ▸*Matemáticas* Usa dibujos de prismas rectangulares para definir, en tus propias palabras, perímetro, área y volumen. Usa lápices de colores para resaltar a qué se refiere cada término.

Repaso de la lección

1. Para guardar su colección de fotos, Corey compró un recipiente con forma de prisma rectangular. Si las dimensiones del recipiente son 6 pulg por 8 pulg por 10 pulg, ¿cuál es su volumen?

2. Aleka tiene una caja de recuerdos con un volumen de 576 pulgadas cúbicas. La longitud de la caja es 12 pulgadas y el ancho es 8 pulgadas. ¿Cuál es la altura de la caja?

Repaso en espiral

3. Una película dura 2 horas y 28 minutos. Comienza a las 7:50 p. m. ¿A qué hora terminará la película?

4. ¿Cuántas caras rectangulares tiene una pirámide pentagonal?

5. Un acuario tiene forma de prisma rectangular. Mide 24 pulgadas de longitud, 12 pulgadas de ancho y 14 pulgadas de altura. ¿Cuánta agua puede contener el acuario?

6. ¿Cuál es el volumen del prisma rectangular que se muestra?

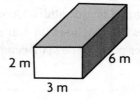

2 m 6 m 3 m

PRACTICA MÁS CON EL
Entrenador personal
en matemáticas

Nombre _____

Hallar el volumen de figuras compuestas

Pregunta esencial ¿Cómo puedes hallar el volumen de prismas rectangulares que están combinados?

Objetivo de aprendizaje Usarás la suma y resta para hallar el volumen de prismas rectangulares que están combinados.

Soluciona el problema (En el mundo)

La figura que está a la derecha es una figura compuesta. Está formada por dos prismas rectangulares combinados. ¿Cómo puedes hallar el volumen de la figura?

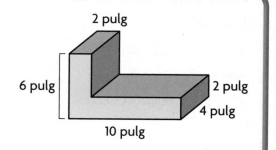

De una manera Usa la suma.

PASO 1 Separa el cuerpo geométrico en dos prismas rectangulares.

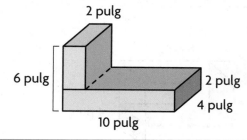

PASO 2 Halla la longitud, el ancho y la altura de cada prisma.

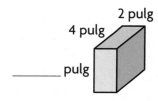

Piensa: La altura total de ambos prismas es 6 pulgadas. Resta las alturas dadas para hallar la altura desconocida. 6 − 2 = 4

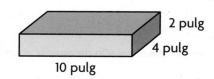

PASO 3 Halla el volumen de cada prisma.

$V = l \times a \times h$

$V =$ _____ $\times$ _____ $\times$ _____

$V =$ _____ pulg^3

$V = l \times a \times h$

$V =$ _____ $\times$ _____ $\times$ _____

$V =$ _____ pulg^3

PASO 4 Suma el volumen de los prismas rectangulares.

_____ + _____ = _____

Entonces, el volumen de la figura compuesta es _____ pulgadas cúbicas.

• **PRÁCTICAS Y PROCESOS MATEMÁTICOS 3** **Compara estrategias** ¿De qué otra manera podrías separar la figura compuesta en dos prismas rectangulares?

_____

_____

De otra manera Usa la resta.

Puedes restar el volumen de los prismas que habría en los espacios vacíos del mayor volumen posible para hallar el volumen de una figura compuesta.

PASO 1

Halla el mayor volumen posible.

longitud = _____ pulg

ancho = _____ pulg

altura = _____ pulg

V = _____ pulgadas cúbicas

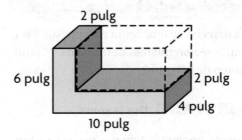

PASO 2

Halla el volumen del prisma del espacio vacío.

longitud = _____ pulg   Piensa: 10 − 2 = 8

ancho = _____ pulg

altura = _____ pulg   Piensa: 6 − 2 = 4

V = 8 × 4 × 4 = _____ pulgadas cúbicas

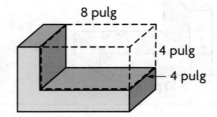

PASO 3

Resta el volumen del espacio vacío del mayor volumen posible.

_____ − _____ = _____ pulgadas cúbicas

Entonces, el volumen de la figura compuesta es _____ pulgadas cúbicas.

¡Inténtalo!

Halla el volumen de la figura compuesta que se forma al combinar más de dos prismas rectangulares.

V = _____ × _____ × _____ = _____ pies cúb.

V = _____ × _____ × _____ = _____ pies cúb.

V = _____ × _____ × _____ = _____ pies cúb.

Volumen total = _____ + _____ + _____ = _____ pies cúbicos

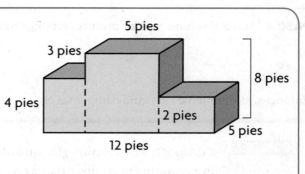

Nombre _____

Comparte y muestra **MATH BOARD**

Halla el volumen de la figura compuesta.

1.

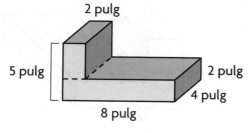

2 pulg
5 pulg
2 pulg
4 pulg
8 pulg

$V =$ _____

2.

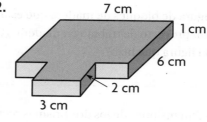

7 cm
1 cm
6 cm
2 cm
3 cm

$V =$ _____

Por tu cuenta

Halla el volumen de la figura compuesta.

3.

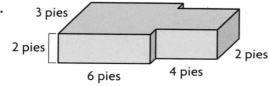

3 pies
2 pies
2 pies
6 pies
4 pies

$V =$ _____

4.

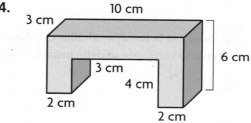

10 cm
3 cm
3 cm
6 cm
4 cm
2 cm
2 cm

$V =$ _____

5. **MÁS AL DETALLE** La clase del Sr. Williams construyó esta plataforma para un evento de la escuela. También construyeron un modelo de la plataforma en el cual 1 pie estaba representado por 2 pulgadas. ¿Cuál es el volumen de la plataforma? ¿Cuál es el volumen del modelo?

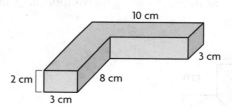

3 pies
2 pies
2 pies
4 pies
9 pies

6. **PIENSA MÁS** Patty sumó los valores de las expresiones $2 \times 3 \times 11$ y $2 \times 3 \times 10$ para hallar el volumen de la figura compuesta. Describe su error. ¿Cuál es el volumen correcto de la figura compuesta?

10 cm
3 cm
2 cm
8 cm
3 cm

_____

_____

_____

© Houghton Mifflin Harcourt Publishing Company

Capítulo 11 • Lección 11 701

Resolución de problemas • Aplicaciones

Usa la figura compuesta que está a la derecha para resolver los problemas 7 a 9.

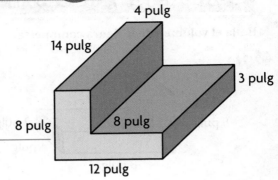

4 pulg
14 pulg
3 pulg
8 pulg   8 pulg
12 pulg

7. Jordan hizo la figura de bloques de madera que está a la derecha como parte de un proyecto de trabajo en madera. ¿Cuánto espacio ocupa la figura que hizo?

_____

8. ¿Cuáles son las dimensiones de los dos prismas rectangulares que usaste para hallar el volumen de la figura? ¿Qué otros prismas rectangulares podrías haber usado?

_____

_____

_____

_____

9. PRÁCTICAS Y PROCESOS MATEMÁTICOS **6** Si se usa la resta para hallar el volumen, ¿cuál es el volumen del espacio vacío que se debe restar? **Explica.**

_____

_____

10. ‖ESCRIBE ▸*Matemáticas* Explica cómo puedes hallar el volumen de figuras compuestas que se forman al combinar prismas rectangulares.

_____

_____

Entrenador personal en matemáticas

11. PIENSA MÁS ➕ Se muestra una figura compuesta. ¿Cuál es el volumen de la figura compuesta?

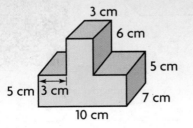

3 cm
6 cm
5 cm
5 cm 3 cm
7 cm
10 cm

Volumen = _____ centímetros cúbicos

Hallar el volumen de figuras compuestas

Objetivo de aprendizaje Usarás la suma y resta para hallar el volumen de prismas rectangulares que están combinados.

Halla el volumen de la figura compuesta.

1.

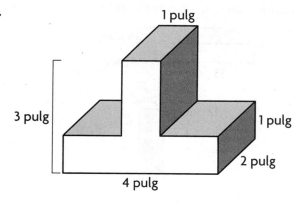

1 pulg

3 pulg

1 pulg

2 pulg

4 pulg

$V =$ _____

2.

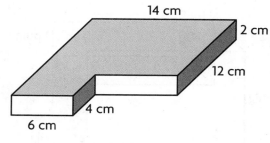

14 cm

2 cm

12 cm

4 cm

6 cm

$V =$ _____

3.

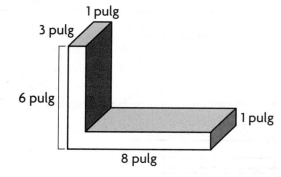

1 pulg

3 pulg

6 pulg

1 pulg

8 pulg

$V =$ _____

4.

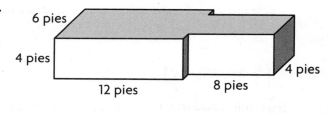

6 pies

4 pies

4 pies

12 pies

8 pies

$V =$ _____

Resolución de problemas · En el mundo

5. Como parte de la clase de manualidades, Jules hizo la siguiente figura con pedazos de madera. ¿Cuánto espacio ocupa la figura que hizo?

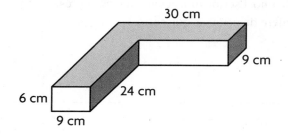

30 cm

9 cm

6 cm

24 cm

9 cm

_____

6. ¿Cuál es el volumen de la siguiente figura compuesta?

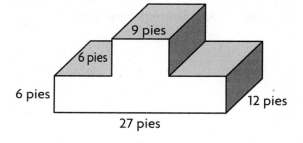

9 pies

6 pies

6 pies

12 pies

27 pies

_____

Repaso de la lección

1. ¿Qué expresión representa el volumen de la figura compuesta?

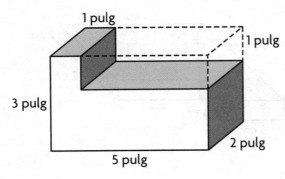

1 pulg

1 pulg

3 pulg

2 pulg

5 pulg

2. Supón que tomas el prisma pequeño y lo colocas encima del prisma más grande. ¿Cuál será el volumen de la figura compuesta?

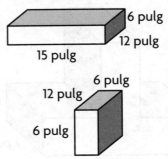

6 pulg

12 pulg

15 pulg

6 pulg

12 pulg

6 pulg

6 pulg

Repaso en espiral

3. Jesse quiere construir un cofre de madera con un volumen de 8,100 pulgadas cúbicas. La longitud será 30 pulgadas y el ancho será 15 pulgadas. ¿Cuál será la altura del cofre de Jesse?

4. ¿Cuál es el volumen del prisma rectangular?

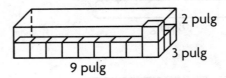

2 pulg

3 pulg

9 pulg

5. La receta de Adrián para hacer salsa de arándanos requiere $1\frac{3}{4}$ tazas de azúcar. Quiere usar $\frac{1}{2}$ de esa cantidad. ¿Cuánta azúcar debería usar?

6. Joanna tiene un cartón que mide 6 pies de longitud. Lo corta en pedazos que miden $\frac{1}{4}$ pie de longitud cada uno. Escribe una ecuación para representar el número de pedazos que cortó.

PRACTICA MÁS CON EL
Entrenador personal
en matemáticas

✓ Repaso y prueba del Capítulo 11

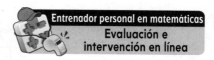

Entrenador personal en matemáticas
Evaluación e
intervención en línea

1. Fran dibujó un triángulo sin lados congruentes y 1 ángulo recto. ¿Qué término describe el triángulo con precisión? Marca todas las opciones que correspondan.

(A) isósceles **(C)** agudo

(B) escaleno **(D)** recto

2. José guarda sus tarjetas de béisbol en una caja como la que se muestra a continuación.

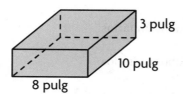

3 pulg

10 pulg

8 pulg

Usa los números y los símbolos de las fichas para escribir una fórmula que represente el volumen de la caja. Los símbolos se pueden utilizar más de una vez o ninguna vez.

| V | 3 | 8 | 10 | = | + | × | − | ÷ |

_____

¿Cuál es el volumen de la caja? _____ pulgadas cúbicas

CEDA EL
PASO

3. El Sr. Delgado ve esta señal mientras está manejando. Elige los valores y términos que describan correctamente la figura que vio el Sr. Delgado para completar los enunciados 3a y 3b.

3a. La figura tiene | 3 / 4 / 5 | lados y | 0 / 2 / 3 | ángulos.

3b. Todos los lados son congruentes, entonces la figura | no es un polígono / es un polígono regular / no es un polígono regular. |

4. ¿Cuál es el volumen de la figura compuesta?

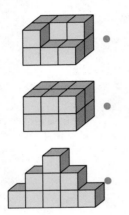

3 pies   1 pie
1 pie
2 pies
3 pies   2 pies   1 pie
6 pies

_____ pies cúbicos

5. Empareja la figura con la cantidad de cubos unitarios que se necesitaría para construir cada figura. No se utilizarán todas las cantidades de cubos unitarios.

•   ● 8 cubos unitarios

● 9 cubos unitarios

•   ●10 cubos unitarios

●11 cubos unitarios

●12 cubos unitarios

•   ●16 cubos unitarios

6. Chuck está confeccionando un póster sobre poliedros para su clase de matemáticas. Dibujará figuras y las organizará en diferentes secciones.

Parte A

Chuck quiere dibujar figuras tridimensionales cuyas caras laterales sean rectángulos. Chuck dice que puede dibujar prismas y pirámides. ¿Estás de acuerdo? Explica tu respuesta.

Parte B

Chuck dice que puede dibujar un cilindro en su póster de poliedros porque tiene un par de bases que son congruentes. ¿Tiene razón? Explica tu razonamiento.

7. Javier dibujó la siguiente figura. Elige los valores y los términos que describan la figura que Javier dibujó para completar los enunciados 7a y 7b.

7a. La figura tiene
| 6 |
| 7 |
| 8 |
 lados y
| 6 |
| 8 |
| 12 |
 ángulos.

7b. La figura es un
| octágono regular |
| heptágono regular |
| cuadrilátero regular |
 .

8. Victoria utilizó cubos de 1 pulgada para construir el prisma rectangular que se muestra a continuación. Halla el volumen del prisma rectangular que construyó Victoria.

_____ pulgadas cúbicas

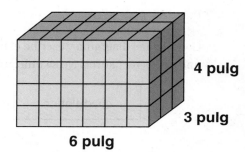

4 pulg

3 pulg

6 pulg

9. Nathan dibujó un triángulo escaleno obtusángulo. Elige Sí o No en los enunciados 9a a 9c para indicar si la figura que se muestra podría ser el triángulo que Nathan dibujó.

9a.   ○ Sí   ○ No

9b.   ○ Sí   ○ No

9c.   ○ Sí   ○ No

10. Un contenedor lleva 20 cajas de zapatos. Una caja de zapatos mide 6 pulgadas por 4 pulgadas por 12 pulgadas. Elige Verdadero o Falso para cada uno de los enunciados 10a a 10c.

10a. Cada caja de zapatos tiene un volumen de 22 pulgadas cúbicas. ○ Verdadero   ○ Falso

10b. Cada contenedor tiene un volumen aproximado de 440 pulgadas cúbicas. ○ Verdadero   ○ Falso

10c. Si el contenedor puede llevar 27 cajas de zapatos, el volumen del contenedor sería aproximadamente 7,776 pulgadas cúbicas. ○ Verdadero   ○ Falso

11. *MÁS AL DETALLE* Mario elabora un diagrama que muestra las relaciones entre los diferentes tipos de cuadriláteros. En el diagrama, también se puede describir a cada cuadrilátero de un nivel inferior con los cuadriláteros del nivel superior.

Parte A

Completa el diagrama y escribe el nombre de una figura de las fichas en cada uno de los recuadros. No se utilizarán todas las figuras.

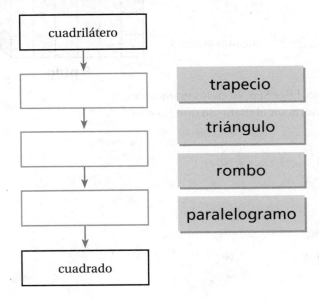

cuadrilátero

trapecio

triángulo

rombo

paralelogramo

cuadrado

Parte B

Mario señala que un rombo *a veces* es un cuadrado, pero un cuadrado *siempre* es un rombo. ¿Es correcto? Explica tu respuesta.

12. Escribe en el recuadro la letra que describa correctamente la figura tridimensional.

A   B C 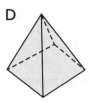 D

Prisma		Pirámide

13. Mark guardó cubos de 1 pulgada en una caja con un volumen de 120 pulgadas cúbicas. ¿Cuántas capas de cubos de 1 pulgada guardó Mark?

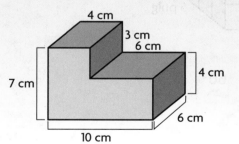

_____ capas

14. PIENSA MÁS ✚ Se muestra una figura compuesta. ¿Cuál es el volumen de la figura compuesta?

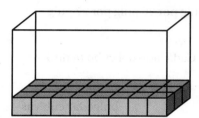

4 cm
3 cm
6 cm
7 cm
4 cm
6 cm
10 cm

Volumen = _____ centímetros cúbicos

15. Escribe el nombre de un cuadrilátero de las fichas para completar los enunciados 15a a 15c. Usa cada cuadrilátero una vez.

15a. Un [   ] siempre es un paralelogramo.

15b. Un [   ] siempre es un rombo.

15c. Un [   ] a veces es un paralelogramo.

cuadrado

trapecio

rectángulo

16. La pecera de Megan tiene un volumen de 4,320 pulgadas cúbicas. ¿Cuáles pueden ser las dimensiones de la pecera? Marca todas las respuestas que correspondan.

(A) 16 pulg por 16 pulg por 18 pulg

(C) 12 pulg por 15 pulg por 24 pulg

(B) 14 pulg por 18 pulg por 20 pulg

(D) 8 pulg por 20 pulg por 27 pulg

17. Ken guarda clips en una caja que tiene forma de cubo. Cada lado del cubo tiene 3 pulgadas. ¿Cuál es el volumen de la caja?

_____ pulgadas cúbicas

18. Mónica utilizó cubos de 1 pulgada para hacer el prisma rectangular que se muestra a la derecha. Escribe el valor de las fichas en los enunciados 18a a 18d. Se puede usar cada valor más de una vez, o ninguna.

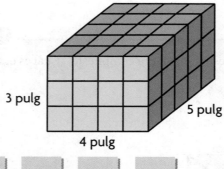

3 pulg

5 pulg

4 pulg

| 1 | 3 | 4 | 5 | 12 | 15 | 20 | 60 |

18a. Cada cubo tiene un volumen de _____ pulgada(s) cúbica(s).

18b. Cada capa del prisma está compuesta por _____ cubos.

18c. Hay _____ capas de cubos.

18d. El volumen del prisma es _____ pulgadas cúbicas.

El sistema Sol - Tierra - Luna

Usar con *Fusión*
páginas 436 a 439.

Desarrollar vocabulario

1. Define los siguientes términos en tus propias palabras.

Rotar: _____

_____

_____

Orbitar: _____

_____

_____

Gravedad: _____

_____

_____

Desarrollar conceptos

2. ¿Qué puedes deducir sobre la atracción gravitacional del Sol sobre Venus?

_____

_____

_____

Práctica matemática – Calcular la circunferencia

3. La Tierra tarda 24 horas en completar una rotación. Gira a una velocidad promedio de 1,670 km/hora. Calcula la circunferencia de la Tierra en el ecuador, según su velocidad de rotación. Muestra tu trabajo en el siguiente espacio. (pista: distancia = tasa × tiempo)

Sobre la Tierra	
Tiempo de 1 rotación	24 horas
Velocidad promedio de rotación	1,670 km/hora
Circunferencia de la Tierra	

_____

_____

_____

Resumen

4. ¿De qué manera la gravedad hace que la Tierra gire alrededor de Sol y la Luna gire alrededor de la Tierra?

_____

_____

_____

Nombre _____

Maravillosa agua

Usar con *Fusión*
páginas 376 y 377.

Desarrollar vocabulario

1. Define el siguiente término en tus propias palabras.

Paisajismo árido: _____

_____

_____

Desarrollar conceptos

2. ¿Cómo el conocer el significado de la palabra *árido* te ayuda a inferir la definición de *paisajismo árido?*

_____

_____

_____

3. Anota en un diario los recursos naturales que usas en una semana.

¿Qué recurso natural usaste más? ¿Qué recurso natural usaste menos?

_____

_____

_____

4. Observa tu consumo de agua durante la semana. ¿Cómo pueden conservar agua tú y tu familia?

_____

_____

_____

Práctica matemática

5. Objetos como las regaderas de chorro reducido, los inodoros de baja descarga y las lavadoras de ropa de carga frontal ayudan a reducir el consumo de agua. Usa los datos para completar la tabla y descubre cuánta agua se puede ahorrar.

	Tradicional (consumo de agua en gal)	Ahorro de agua (consumo de agua en gal)	Ahorro de agua en un día	Ahorro de agua en una semana
Regadera (calcula 2 baños diarios)	70 galones por ducha (duchas de 10 min)	25 galones por ducha (duchas de 10 min)		
Inodoro (calcula 10 descargas diarias)	5 gal por descarga	2 gal por descarga		
Lavadora de ropa (calcula 1 carga diaria)	40 gal por carga completa			140 gal

Según la información en la tabla, si una familia ha ahorrado 1,170 galones de agua usando la regadera, ¿durante cuántos días usó la regadera? Muestra tus cálculos.

_____

_____

_____

Resumen

6. Dibuja un organizador gráfico de idea principal y detalles sobre la lectura "Maravillosa agua". Usa el organizador gráfico para anotar la idea principal y tres detalles de apoyo de la lectura.

El Sol y el mar

Usar con *Fusión*
páginas 394 y 395.

Desarrollar vocabulario

1. Define el siguiente término en tus propias palabras.

Atmósfera: _____

_____

_____

2. ¿Por qué crees que los nombres de todos los sistemas de la Tierra contienen el sufijo *sfera*?

_____

_____

_____

Práctica matemática

La tabla muestra información sobre Dallas, Texas, que está tierra adentro y Houston, Texas, que está cerca de la costa. Usa los datos para contestar las siguientes preguntas.

Mes	Dallas		Houston	
	Máxima promedio (°C)	Mínima promedio (°C)	Máxima promedio (°C)	Mínima promedio (°C)
Enero	12	0.4	16.4	6.1
Junio	32.7	21.1	32.2	22.6
Noviembre	19.3	7.4	22.4	11.6

3. Analiza los datos. ¿Qué patrón observas?

_____

_____

4. Explica por qué ocurre este patrón.

_____

_____

_____

5. ¿Cuál es la diferencia entre la máxima promedio y la mínima promedio de Dallas en enero?

_____

_____

_____

6. ¿Cuál es la diferencia entre la máxima promedio y la mínima promedio de Houston en noviembre?

_____

_____

_____

Resumen

7. Compara y contrasta cómo los océanos y la tierra absorben la energía del Sol.

_____

_____

_____

_____

Las redes alimenticias

Usar con *Fusión*
páginas 492 a 495.

Desarrollar vocabulario

1. Define el siguiente término en tus propias palabras.

Red alimenticia: _____

_____

_____

_____

Desarrollar conceptos

2. ¿Cuál es la relación entre organismos, cadenas alimenticias y redes alimenticias?

_____

_____

_____

_____

3. ¿Qué representan las flechas en la red alimenticia?

_____

_____

_____

_____

Práctica matemática

En cada nivel de una pirámide de energía, el 90% de la energía recibida del nivel inferior se consume en procesos vitales. Solo el 10% queda libre para transmitirla hacia arriba.

4. Si el césped tiene 100 unidades de energía, ¿cuánta se puede trasmitir a los saltamontes?

_____

_____

5. ¿Por qué las serpientes solo reciben 1 unidad de energía?

_____

_____

6. Extra ¿Cuánta energía queda disponible para las lechuzas que se comen las serpientes? Muestra tu trabajo.

_____

_____

Resumen

7. ¿Por qué hay menos organismos al final de una cadena alimenticia que al principio?

_____

_____

_____

Los seres vivos cambian

Usar con *Fusión*
páginas 540 y 541.

Desarrollar conceptos

1. ¿Por qué la variación es beneficiosa en una población?

_____

_____

_____

2. ¿Crees que se pueden ver todas las variaciones que presentan los organismos individuales? Explica por qué.

_____

_____

_____

Práctica matemática

Las serpientes del maíz adultas no solo varían en color sino también en longitud. La tabla muestra las longitudes de varias serpientes del maíz adultas. Estudia los datos y luego contesta las preguntas.

Longitud de la serpiente del maíz	
Serpiente 1	3.5 m
Serpiente 2	5.5 m
Serpiente 3	4.6 m
Serpiente 4	5.1 m
Serpiente 5	4.8 m
Serpiente 6	3.9 m
Serpiente 7	5.3 m

3. La mediana es el número del medio de un conjunto de datos cuando los números se colocan en orden numérico. Halla la mediana del conjunto de datos.

_____

_____

_____

4. La media es el promedio de un conjunto de datos. Calcula la media del conjunto de datos. Muestra tu trabajo.

_____

_____

_____

Resumen

5. Describe cómo las diferencias en los organismos individuales pueden producir cambios en una población.

_____

_____

_____

_____

_____

_____

_____

Recursos en movimiento

Usar con *Fusión*
páginas 358 y 359.

Desarrollar vocabulario

1. Define los siguientes términos en tus propias palabras.

Importación: _____

_____

_____

Exportación: _____

_____

_____

Práctica matemática

La gráfica muestra la cantidad de petróleo que se produce en diferentes partes del mundo.
Cada sección muestra la producción en una región.

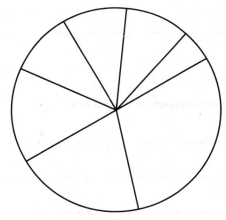

Rotula cada sección con la región y el porcentaje correctos: Oriente Medio: 30%,
América del Norte: 20%, Eurasia (antigua Unión Soviética): 15%,
América Central y del Sur: 10%, Asia y Oceanía: 10%, África: 10%, Europa: 5%

Convierte los porcentajes de la gráfica a decimales y fracciones.

Región	Porcentaje de la producción mundial de petróleo (%)	Porcentaje convertido a decimal	Porcentaje convertido a fracción
Oriente Medio	30		
América del Norte	20		
Eurasia	15		
América Central y del Sur	10		
Asia y Oceanía	10		
África	10		
Europa	5		

2. ¿Qué fracción del petróleo mundial se produce en Eurasia y África?

_____

3. ¿Cuál es la diferencia fraccionaria entre el petróleo producido en África y en Europa?

_____

Resumen

4. Escribe un resumen sobre cómo se mueven los recursos de un lugar a otro.

_____

_____

_____

¿Cómo sabemos?

Usar con *Fusión*
páginas 562 y 563.

Desarrollar vocabulario

1. Define los siguientes términos en tus propias palabras.

Características dominantes: _____

_____

_____

Características recesivas: _____

_____

_____

Desarrollar conceptos de ciencia

2. Dibuja un cuadro de Punnett para plantas de arvejas: un padre con un factor para flores moradas y otro para flores blancas; y el otro padre con dos factores para flores moradas.

3. ¿Qué color de flores tendrá cada planta de arveja padre? ¿De qué tamaño es la posibilidad de que todas las flores tengan flores moradas?

_____

4. Haz un cuadro adicional para una de estas descendencias como un padre con una planta padre de flores blancas.

Práctica matemática – Interpretar una tabla

5. En los ratones, el color negro del pelaje es dominante. El ratón negro tiene un factor dominante y un factor recesivo. Este ratón color marrón tiene dos factores recesivos. Completa el cuadro de Punnett para predecir el color del pelaje de su cría.

	B	b
b		
b		

6. ¿Qué fracción de las crías de ratón podría tener pelaje negro?

_____

7. ¿Qué fracción de las crías de ratón podría tener pelaje marrón?

_____

Resumen

8. Vuelve a plantear las definiciones de características dominantes y recesivas en tus propias palabras. ¿Por qué las personas de una misma familia pueden tener color de ojos y de cabello distintos?

_____

_____

_____

_____

_____

Nombre _____

Conoce a los científicos

Usar con *Fusión*
páginas 12 y 13.

Desarrollar vocabulario

1. Define el siguiente término en tus propias palabras.

Año luz: _____

_____

_____

Práctica matemática

La Tierra y Marte giran alrededor del Sol. Cada vez que la Tierra da una vuelta completa alrededor del Sol, Marte realiza cerca de $\frac{1}{2}$ de su vuelta.

2. ¿Cuántas vueltas da la Tierra alrededor del Sol en el tiempo que le toma a Marte dar una vuelta?

_____

3. Haz un dibujo de las órbitas de la Tierra y Marte como se muestra. Marca una X donde estará Marte cuando la Tierra complete cinco vueltas alrededor del Sol.

4. ¿Cuántas vuelas habrá dado la Tierra alrededor del Sol en 8 años marcianos?

_____

Desarrollar conceptos

5. ¿Qué pistas te ayudan a determinar el orden de los hechos?

_____

_____

_____

6. ¿Qué crees que sucederá a continuación en la secuencia?

_____

_____

_____

7. Observa la fotografía de las mariposas. ¿Cuáles son algunas semejanzas y diferencias entre las mariposas fotografiadas?

_____

_____

_____

Resumen

8. Identifica la idea principal de esta lectura. Enumera los tipos de científicos descritos en la lectura.

_____

_____

_____

¡Empuja (o jala) más fuerte!

Usar con *Fusión*
páginas 156 y 157.

Desarrollar vocabulario

1. Define los siguientes términos en tus propias palabras.

Acelerar: _____

_____

_____

Fuerza: _____

_____

_____

Movimiento: _____

_____

_____

Desarrollar conceptos

2. Si la gravedad jala hacia abajo la pieza de metal que hace sonar la campana con una fuerza de 10 N, ¿cuánta fuerza se necesita para lograr que la pieza de metal se eleve?

_____

_____

_____

Práctica matemática

3. Usa la tecnología y los siguientes datos para construir una gráfica que muestre la relación entre la fuerza aplicada a un cuerpo y su aceleración.

Fuerza (N)	Aceleración (m/seg^2)
1	0.5
2	1.0
5	2.5
8	4.0
10	5.0

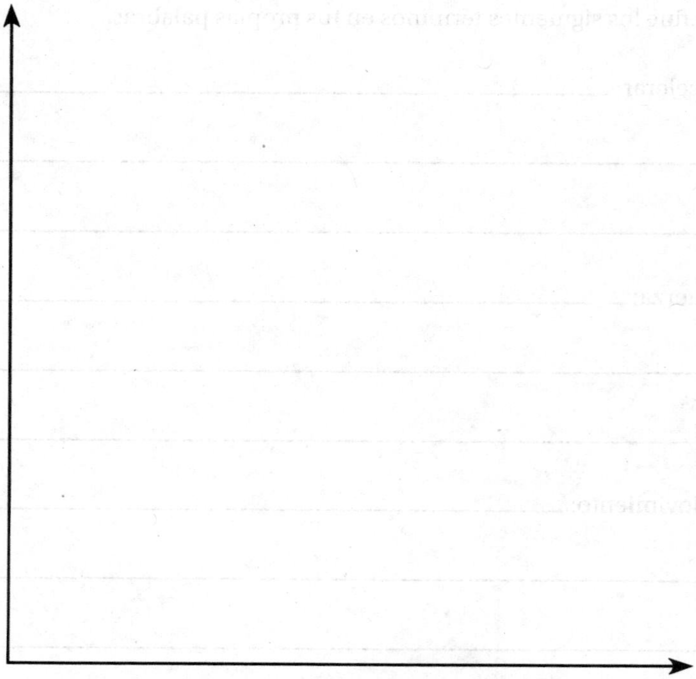

4. Examina y evalúa la gráfica. Dile a alguien cómo un aumento en la fuerza aplicada afecta la aceleración de un cuerpo.

_____

_____

_____

Resumen

5. Resume la relación entre la fuerza empleada para mover un cuerpo y la aceleración del mismo.

_____

_____

_____

Nombre _____

Cómo se satisfacen las necesidades de las personas

Usar con *Fusión*
páginas 86 y 87.

Desarrollar conceptos

1. ¿Por qué los ingenieros de principios del siglo XIX no inventaron los mensajes de texto?

_____

_____

_____

_____

_____

2. ¿Qué tecnología debió existir antes de poder inventar los mensajes de texto?

_____

_____

_____

_____

_____

3. ¿Cuál es la diferencia entre la forma en que se conectaban los primeros teléfonos con la forma en que se conectan los teléfonos inteligentes actuales?

_____

_____

_____

_____

_____

Práctica matemática

4. Usa la siguiente gráfica para contestar la pregunta.

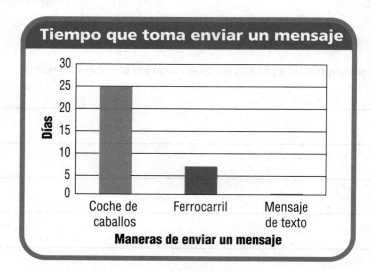

Tiempo que toma enviar un mensaje

Días

30
25
20
15
10
5
0

Coche de caballos | Ferrocarril | Mensaje de texto

Maneras de enviar un mensaje

Supongamos que envías dos mensajes de texto por minuto. ¿Cuántos mensajes de texto podrías enviar en el tiempo que le tomaba a un coche de caballos (o diligencia) transportar una carta desde Saint Louis a San Francisco en 1858?

_____

_____

_____

_____

Resumen

5. Vuelve a plantear los puntos principales de estas dos páginas enmarcando tus comentarios en términos de tecnología y dispositivos cambiantes.

_____

_____

_____

La luz se desvía

Usar con *Fusión*
páginas 282 y 283.

Desarrollar vocabulario

1. Define los siguientes términos en tus propias palabras.

Refracción: _____

_____

Prisma: _____

_____

Difracción: _____

_____

Desarrollar conceptos

2. ¿Qué tiene que ver un prisma con la refracción?

_____

_____

_____

3. ¿En qué se parecen y en qué se diferencian la difracción y la refracción?

_____

_____

_____

Práctica matemática

Ángulo de refracción	
Ángulo al cual se refracta la luz a medida que entra en el material transparente.	
Ángulo al cual se refracta la luz a medida que sale del material transparente.	

4. Explica cómo usaste un transportador para calcular el ángulo de la luz al entrar en el material transparente.

_____

_____

_____

5. Explica cómo usaste un transportador para calcular el ángulo de la luz al salir del material transparente.

_____

_____

_____

Resumen

6. Resume la idea principal de esta lectura.

_____

_____

_____

Glosario

A

altura height Longitud de una línea perpendicular desde la base hasta la parte superior de una figura bidimensional o tridimensional
Ejemplo:

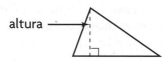

ángulo angle Figura formada por dos segmentos o semirrectas que tienen un extremo común
Ejemplo:

ángulo agudo acute angle Ángulo que mide menos que un ángulo recto (menos de 90° y más de 0°)
Ejemplo:

Origen de la palabra

La palabra *agudo* proviene de la palabra latina *acutus*, que significa "punzante" o "en punta". La misma raíz se puede hallar en la palabra *aguja* (un objeto punzante). Un ángulo agudo es un ángulo en punta.

ángulo llano straight angle Ángulo que mide 180°
Ejemplo:

ángulo obtuso obtuse angle Ángulo que mide más de 90° y menos de 180°
Ejemplo:

ángulo recto right angle Ángulo que forma una esquina cuadrada y mide 90°
Ejemplo:

área area Medida de la cantidad de cuadrados de una unidad que se necesitan para cubrir una superficie

arista edge Segmento que se forma donde se encuentran dos caras de un cuerpo geométrico
Ejemplo:

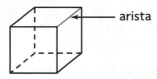

B

balanza de platillos pan balance Instrumento que se usa para pesar objetos y para comparar su peso

base (aritmética) base Número que se usa como factor repetido
Ejemplo: $8^3 = 8 \times 8 \times 8$. La base es 8.

base (geometría) base En dos dimensiones, un lado de un triángulo o paralelogramo que se usa para hallar el área; en tres dimensiones, una figura plana, generalmente un círculo o un polígono, por la que se mide o se nombra una figura tridimensional
Ejemplos:

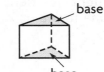

bidimensional two-dimensional Que tiene medidas en dos direcciones, por ejemplo, longitud y ancho

capacidad capacity Cantidad que puede contener un recipiente cuando se llena

cara face Polígono que es una superficie plana de un cuerpo geométrico
Ejemplo:

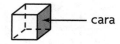

cara lateral lateral face Cualquier superficie de un poliedro que no sea la base

Celsius (˚C) Celsius (˚C) Escala del sistema métrico que se usa para medir la temperatura

centésimo hundredth Una de 100 partes iguales
Ejemplos: 0.56, $\frac{56}{100}$, cincuenta y seis centésimos

centímetro (cm) centimeter (cm) Unidad del sistema métrico que se usa para medir la longitud o la distancia;
0.01 metros = 1 centímetro

cilindro cylinder Cuerpo geométrico que tiene dos bases paralelas que son círculos congruentes
Ejemplo:

clave key Parte de un mapa o de una gráfica que explica los símbolos

cociente quotient Número que resulta de una división
Ejemplo: 8 ÷ 4 = 2. El cociente es 2.

cociente parcial partial quotient Método de división en el que los múltiplos del divisor se restan del dividendo y después se suman los cocientes

congruente congruent Que tiene el mismo tamaño y la misma forma

cono cone Cuerpo geométrico que tiene una base circular plana y un vértice
Ejemplo:

contar salteado skip count Patrón de contar hacia adelante o hacia atrás
Ejemplo: 5, 10, 15, 20, 25, 30,...

coordenada x x-coordinate Primer número de un par ordenado que indica la distancia desde la cual hay que moverse hacia la derecha o la izquierda desde (0, 0)

coordenada y y-coordinate Segundo número de un par ordenado que indica la distancia desde la cual hay que moverse hacia arriba o hacia abajo desde (0, 0)

cuadrado square Polígono que tiene cuatro lados congruentes y cuatro ángulos rectos

cuadrado de una unidad unit square Cuadrado con una longitud lateral de 1 unidad, que se utiliza para medir área.

cuadrícula grid Cuadrados divididos en partes iguales y con el mismo espacio entre sí en una figura o superficie plana

cuadrícula de coordenadas coordinate grid Cuadrícula formada por una línea horizontal llamada eje *x* y una línea vertical llamada eje *y*
Ejemplo:

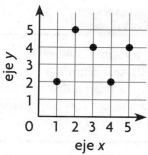

cuadrilátero quadrilateral Polígono que tiene cuatro lados y cuatro ángulos
Ejemplo:

cuadrilátero general general quadrilateral
Ver *cuadrilátero*

cuarto (ct) quart (qt) Unidad del sistema usual
que se usa para medir la capacidad;
2 pintas = 1 cuarto

cubo cube Figura tridimensional que tiene seis
caras cuadradas congruentes
Ejemplo:

cubo unitario unit cube Cubo cuya longitud,
ancho y altura es de 1 unidad

cucharada (cda) tablespoon (tbsp) Unidad
del sistema usual que se usa para medir la
capacidad; 3 cucharaditas = 1 cucharada

cucharadita (cdta) teaspoon (tsp) Unidad
del sistema usual que se usa para medir la
capacidad; 1 cucharada = 3 cucharaditas

cuerpo geométrico solid figure Ver *figura
tridimensional*

datos data Información recopilada sobre
personas o cosas, generalmente para sacar
conclusiones sobre ellas

decágono decagon Polígono que tiene
diez lados y diez ángulos
Ejemplos:

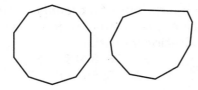

decámetro (dam) dekameter (dam) Unidad
del sistema métrico que se usa para medir la
longitud o la distancia;
10 metros = 1 decámetro

decímetro (dm) decimeter (dm) Unidad del
sistema métrico que se usa para medir la
longitud o la distancia;
10 decímetros = 1 metro

décimo tenth Una de diez partes iguales
Ejemplo: 0.7 = siete décimos

denominador denominator Número que está
debajo de la barra de una fracción y que indica
cuántas partes iguales hay en el entero o en el
grupo
Ejemplo: $\frac{3}{4}$ ← denominador

denominador común common denominator
Múltiplo común de dos o más denominadores
Ejemplo: Algunos denominadores comunes
de $\frac{1}{4}$ y $\frac{5}{6}$ son 12, 24 y 36.

desigualdad inequality Enunciado matemático
que contiene el símbolo $<$, $>$, $\leq$, $\geq$ o $\neq$

diagonal diagonal Segmento que une dos vértices
no adyacentes de un polígono
Ejemplo:

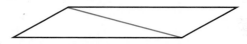

diagrama de puntos line plot Gráfica que
muestra la frecuencia de los datos en una recta
numérica
Ejemplo:

Millas recorridas

diagrama de Venn Venn diagram Diagrama que
muestra las relaciones entre conjuntos
de cosas
Ejemplo:

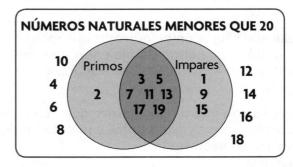

diferencia difference Resultado de una resta

dígito digit Cualquiera de los diez símbolos 0,
1, 2, 3, 4, 5, 6, 7, 8, 9 que se usan para escribir
números

dimensión dimension Medida en una dirección

dividendo dividend Número que se divide en una división
Ejemplo: 36 ÷ 6; 6)‾36 El dividendo es 36.

dividir divide Separar en grupos iguales; operación inversa de la multiplicación

división division Proceso de repartir una cantidad de objetos para hallar cuántos grupos iguales se pueden formar o cuántos objetos habrá en cada grupo; operación inversa de la multiplicación

divisor divisor Número entre el cual se divide el dividendo
Ejemplo: 15 ÷ 3; 3)‾15 El divisor es 3.

ecuación equation Enunciado numérico o algebraico que muestra que dos cantidades son iguales

eje *x* *x*-axis Recta numérica horizontal de un plano de coordenadas

eje *y* *y*-axis Recta numérica vertical de un plano de coordenadas

eneágono nonagon Polígono que tiene nueve lados y nueve ángulos

entero whole Todas las partes de una figura o de un grupo

equilibrar balance Igualar un peso o un número

equivalente equivalent Que tiene el mismo valor

escala scale Sucesión de números que están ubicados a una distancia fija entre sí en una gráfica que ayudan a rotular esa gráfica

esfera sphere Cuerpo geométrico que tiene una superficie curva cuyos puntos equidistan todos de otro llamado centro
Ejemplo:

estimación (s) estimate *(noun)* Número cercano a una cantidad exacta

estimar (v) estimate *(verb)* Hallar un número cercano a una cantidad exacta

evaluar evaluate Hallar el valor de una expresión numérica o algebraica

exponente exponent Número que muestra cuántas veces se usa la base como factor
Ejemplo: $10^3 = 10 \times 10 \times 10$.
3 es el exponente.

expresión expression Frase matemática o parte de un enunciado numérico que combina números, signos de operaciones y a veces variables, pero que no tiene un signo de la igualdad

expresión algebraica algebraic expression Expresión que incluye al menos una variable
Ejemplos: $x + 5$, $3a - 4$

expresión numérica numerical expression Frase matemática en la que solamente se usan números y signos de operaciones

extremo endpoint Punto que se encuentra en el límite final de un segmento o en el límite inicial de una semirrecta

factor factor Número que se multiplica por otro para obtener un producto

factor común common factor Número que es un factor de dos o más números

Fahrenheit (°F) Fahrenheit (°F) Escala del sistema usual que se usa para medir la temperatura

familia de operaciones fact family Conjunto de ecuaciones relacionadas de suma y resta o multiplicación y división
Ejemplos: $7 \times 8 = 56$; $8 \times 7 = 56$;
$56 \div 7 = 8$; $56 \div 8 = 7$

figura abierta open figure Figura que no comienza y termina en el mismo punto

figura bidimensional two-dimensional figure Figura que está sobre un plano y que tiene longitud y ancho

figura cerrada closed figure Figura que comienza en un punto y termina en el mismo punto

figura plana plane figure Ver *figura bidimensional*

figura tridimensional three-dimensional figure
Figura que tiene longitud, ancho y altura
Ejemplo:

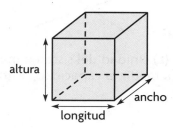

forma desarrollada expanded form Manera de
escribir los números de forma que muestren el
valor de cada uno de los dígitos
Ejemplos: $832 = 8 \times 100 + 3 \times 10 + 2 \times 1$
$3.25 = (3 \times 1) + (2 \times \frac{1}{10}) + (5 \times \frac{1}{100})$

forma escrita word form Manera de escribir
los números usando palabras
Ejemplo: 4,829 = cuatro mil ochocientos
veintinueve

forma normal standard form Manera de escribir
los números con los dígitos del 0 al 9 de forma
que cada dígito ocupe un valor posicional
Ejemplo: 456 ← forma normal

fórmula formula Conjunto de símbolos que
expresa una regla matemática
Ejemplo: $A = b \{ h$

fracción fraction Número que nombra una
parte de un entero o una parte de un grupo

fracción mayor que 1 fraction greater than 1
Fracción cuyo numerador es mayor que
su denominador
Ejemplo:

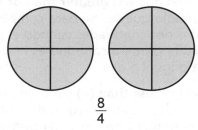

$\frac{8}{4}$

fracción unitaria unit fraction Fracción que
tiene un número 1 como numerador

fracciones equivalentes equivalent fractions
Fracciones que nombran la misma cantidad
o la misma parte
Ejemplo: $\frac{3}{4} = \frac{6}{8}$

G

galón (gal) gallon (gal) Unidad del sistema
usual que se usa para medir la capacidad;
4 cuartos = 1 galón

grado (°) degree (°) Una unidad que se usa para
medir la temperatura y los ángulos

grado Celsius (°C) degree Celsius (°C) Unidad
del sistema métrico que se usa para medir la
temperatura

grado Fahrenheit (°F) degree Fahrenheit (°F)
Unidad del sistema usual que se usa para medir
la temperatura

gráfica con dibujos picture graph Gráfica que
muestra datos numerables con símbolos o
dibujos
Ejemplo:

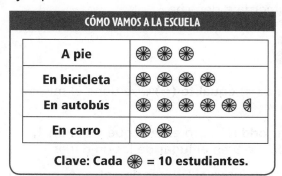

gráfica de barras bar graph Gráfica que muestra
datos numerables en barras horizontales o
verticales
Ejemplo:

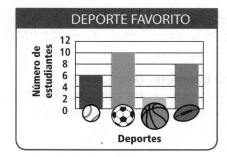

gráfica lineal line graph Gráfica en la
que se usan segmentos para mostrar cómo
cambian los datos en el transcurso del tiempo

gramo (g) gram (g) Unidad del sistema métrico
que se usa para medir la masa;
1,000 gramos = 1 kilogramo

heptágono heptagon Polígono que tiene siete
lados y siete ángulos
Ejemplo:

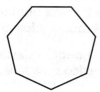

hexágono hexagon Polígono que tiene seis
lados y seis ángulos
Ejemplos:

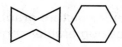

horizontal horizontal Que se extiende de
izquierda a derecha

igual a (=) equal to (=) Que tiene el mismo
valor

impar odd Número entero que tiene un 1,
3, 5, 7 o 9 en el lugar de las unidades

intervalo interval Diferencia entre un número
y el siguiente en la escala de una gráfica

kilogramo (kg) kilogram (kg) Unidad del sistema
métrico que se usa para medir la masa; 1,000
gramos = 1 kilogramo

kilómetro (km) kilometer (km) Unidad del
sistema métrico que se usa para medir
la longitud o la distancia; 1,000 metros =
1 kilómetro

libra (lb) pound (lb) Unidad del sistema usual
que se usa para medir el peso;
1 libra = 16 onzas

líneas secantes intersecting lines Rectas que se
cruzan o se cortan en un punto
Ejemplo:

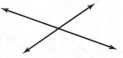

litro (l) liter (L) Unidad del sistema métrico que
se usa para medir la capacidad; 1 litro = 1,000
mililitros

masa mass Cantidad de materia que hay en
un objeto

matriz array Conjunto de objetos agrupados
en hileras y columnas
Ejemplo:

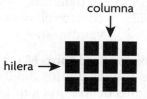

máximo común divisor greatest common factor
Factor mayor que dos o más números tienen
en común
Ejemplo: 6 es el máximo común divisor de
18 y 30.

mayor que (>) greater than (>) Símbolo que
se usa para comparar dos números o dos
cantidades cuando el número o la cantidad
mayor se da primero
Ejemplo: 6 > 4

**mayor o igual que (≥) greater than or equal
to (≥)** Símbolo que se usa para comparar dos
números o dos cantidades cuando el primer
número o la primera cantidad es mayor que la
segunda o igual a ella

menor que (<) less than (<) Símbolo que se usa
para comparar dos números o dos cantidades
cuando el número menor se da primero
Ejemplo: 4 < 6

**menor o igual que (≤) less than or equal
to (≤)** Símbolo que se usa para comparar dos
números o dos cantidades cuando el primer
número o la primera cantidad es menor que la
segunda o igual a ella

metro (m) meter (m) Unidad del sistema métrico que se usa para medir la longitud o la distancia; 1 metro = 100 centímetros

milésimo thousandth Una de 1,000 partes iguales
Ejemplo: 0.006 = seis milésimos

miligramo (mg) milligram (mg) Unidad del sistema métrico que se usa para medir la masa; 1,000 miligramos = 1 gramo

mililitro (ml) milliliter (mL) Unidad del sistema métrico que se usa para medir la capacidad; 1,000 mililitros = 1 litro

milímetro (mm) millimeter (mm) Unidad del sistema métrico que se usa para medir la longitud o la distancia; 1,000 milímetros = 1 metro

milla (mi) mile (mi) Unidad del sistema usual que se usa para medir la longitud o la distancia; 5,280 pies = 1 milla

millón million Mil millares; se escribe así: 1,000,000.

mínima expresión simplest form Una fracción está en su mínima expresión cuando el numerador y el denominador solamente tienen al número 1 como factor común.

mínimo común denominador least common denominator Mínimo común múltiplo de dos o más denominadores
Ejemplo: El mínimo común denominador de $\frac{1}{4}$ y $\frac{5}{6}$ es 12.

mínimo común múltiplo least common multiple El menor número que es múltiplo común de dos o más números

multiplicación multiplication Proceso de hallar la cantidad total de objetos formados en grupos del mismo tamaño o la cantidad total de objetos que hay en una determinada cantidad de grupos; operación inversa de la división

multiplicar multiply Combinar grupos iguales para hallar cuántos hay en total; operación inversa de la división

múltiplo multiple El producto de dos números naturales es un múltiplo de cada uno de esos números.

múltiplo común common multiple Número que es múltiplo de dos o más números

no igual a (≠) not equal to (≠) Símbolo que indica que una cantidad no es igual a otra

numerador numerator Número que está arriba de la barra en una fracción y que indica cuántas partes iguales de un entero o de un grupo se consideran
Ejemplo: $\frac{3}{4}$ ← numerador

número compuesto composite number Número que tiene más de dos factores
Ejemplo: 6 es un número compuesto, porque sus factores son 1, 2, 3 y 6.

número decimal decimal Número que tiene uno o más dígitos a la derecha del punto decimal

números decimales equivalentes equivalent decimals Números decimales que indican la misma cantidad
Ejemplo: 0.4 = 0.40 = 0.400

número mixto mixed number Número formado por un número entero y una fracción
Ejemplo: $1\frac{5}{8}$

número entero whole number Uno de los números 0, 1, 2, 3, 4,... El conjunto de números enteros es infinito.

número natural counting number Número entero que se puede usar para contar un conjunto de objetos (1, 2, 3, 4...)

número primo prime number Número que tiene exactamente dos factores: 1 y el número mismo
Ejemplos: 2, 3, 5, 7, 11, 13, 17 y 19 son números primos. 1 no es un número primo.

números compatibles compatible numbers Números con los que es fácil hacer cálculos mentales

octágono octagon Polígono que tiene ocho lados y ocho ángulos
Ejemplos:

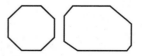

onza (oz) ounce (oz) Unidad del sistema usual que se usa para medir el peso; 16 onzas = 1 libra

onza fluida (oz fl) fluid ounce (fl oz) Unidad del sistema usual que se usa para medir la capacidad líquida
1 taza = 8 onzas fluidas

operaciones inversas inverse operations Operaciones opuestas u operaciones que se cancelan entre sí, como la suma y la resta o la multiplicación y la división

operaciones relacionadas related facts Conjunto de enunciados numéricos relacionados de suma y resta o multiplicación y división
Ejemplos: 4 × 7 = 28   28 ÷ 4 = 7
7 × 4 = 28   28 ÷ 7 = 4

orden de las operaciones order of operations Conjunto especial de reglas que indican el orden en el que se deben realizar las operaciones en una expresión

origen origin Punto donde se intersecan los dos ejes de un plano de coordenadas; (0, 0)

par even Número entero que tiene un 0, 2, 4, 6 u 8 en el lugar de las unidades

par ordenado ordered pair Par de números que se usan para ubicar un punto en una cuadrícula; el primer número indica la posición izquierda-derecha y el segundo número indica la posición arriba-abajo.

paralelogramo parallelogram Cuadrilátero cuyos lados opuestos son paralelos y tienen la misma longitud, es decir, son congruentes
Ejemplo:

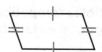

paréntesis parentheses Símbolos que se usan para mostrar cuál de las operaciones de una expresión se debe hacer primero

patrón pattern Conjunto ordenado de números u objetos en el que el orden ayuda a predecir el siguiente número u objeto
Ejemplos: 2, 4, 6, 8, 10

pentágono pentagon Polígono que tiene cinco lados y cinco ángulos
Ejemplos:

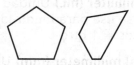

perímetro perimeter Distancia del contorno de una figura plana y cerrada

período period Cada uno de los grupos de tres dígitos de un número de varios dígitos; los grupos están separados por comas
Ejemplo: 85,643,900 tiene tres períodos.

peso weight Cuán pesado es un objeto

pie (ft) foot (ft) Unidad del sistema usual que se usa para medir la longitud o la distancia; 1 pie = 12 pulgadas

pinta (pt) pint (pt) Unidad del sistema usual que se usa para medir la capacidad; 2 tazas = 1 pinta

pirámide pyramid Cuerpo geométrico que tiene una base poligonal y otras caras triangulares que tienen un vértice en común
Ejemplo:

Origen de la palabra

Las fogatas suelen tener forma de pirámide: tienen una base ancha y una punta arriba. Quizá de esta imagen provenga la palabra *pirámide*. En griego, *fuego* se decía *pura*; esta palabra pudo haberse combinado con *pimar*, palabra egipcia que significa pirámide.

pirámide cuadrada square pyramid Cuerpo geométrico que tiene una base cuadrada y cuatro caras triangulares que tienen un vértice en común
Ejemplo:

pirámide pentagonal pentagonal pyramid Pirámide que tiene una base pentagonal y cinco caras triangulares

pirámide rectangular rectangular pyramid Pirámide que tiene una base rectangular y cuatro caras triangulares

pirámide triangular triangular pyramid Pirámide que tiene una base triangular y tres caras triangulares

plano plane Superficie plana que se extiende infinitamente en todas las direcciones
Ejemplo:

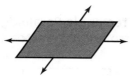

poliedro polyhedron Cuerpo geométrico cuyas caras son polígonos
Ejemplos:

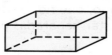

polígono polygon Figura plana y cerrada formada por tres o más segmentos
Ejemplos:

Polígonos   No son polígonos

polígono regular regular polygon Polígono cuyos lados y ángulos son todos congruentes

prisma prism Cuerpo geométrico que tiene dos bases congruentes poligonales y otras caras que son todas rectangulares
Ejemplos:

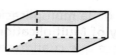

prisma rectangular   prisma triangular

prisma decagonal decagonal prism Figura tridimensional que tiene dos bases decagonales y diez caras rectangulares

prisma hexagonal hexagonal prism Figura tridimensional que tiene dos bases hexagonales y seis caras rectangulares

prisma octagonal octagonal prism Figura tridimensional que tiene dos bases octagonales y ocho caras rectangulares

prisma pentagonal pentagonal prism Figura tridimensional que tiene dos bases pentagonales y cinco caras rectangulares

prisma rectangular rectangular prism Figura tridimensional que tiene seis caras rectangulares
Ejemplo:

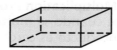

prisma triangular triangular prism Cuerpo geométrico que tiene dos bases triangulares y tres caras rectangulares

producto product Resultado de una multiplicación

producto parcial partial product Método de multiplicación en el que se multiplican por separado las unidades, las decenas, las centenas, etc. y después se suman los productos

propiedad asociativa de la multiplicación Associative Property of Multiplication Propiedad que establece que cambiar el modo en que se agrupan los factores no cambia el producto
Ejemplo: $(2 \times 3) \times 4 = 2 \times (3 \times 4)$

propiedad asociativa de la suma Associative Property of Addition Propiedad que establece que cambiar el modo en que se agrupan los sumandos no cambia la suma
Ejemplo: (5 + 8) + 4 = 5 + (8 + 4)

propiedad conmutativa de la multiplicación Commutative Property of Multiplication Propiedad que establece que cuando se cambia el orden de dos factores, el producto es el mismo
Ejemplo: $4 \times 5 = 5 \times 4$

propiedad conmutativa de la suma Commutative Property of Addition Propiedad que establece que cuando se cambia el orden de dos sumandos, la suma (o total) es la misma
Ejemplo: 4 + 5 + 5 = 4

propiedad de identidad de la multiplicación Identity Property of Multiplication Propiedad que establece que el producto de cualquier número por 1 es ese número

propiedad de identidad de la suma Identity Property of Addition Propiedad que establece que cuando se suma cero a un número, el resultado es ese número

propiedad del cero de la multiplicación Zero Property of Multiplication Propiedad que establece que cuando se multiplica un número por cero, el producto es cero

propiedad distributiva Distributive Property Propiedad que establece que multiplicar una suma por un número es lo mismo que multiplicar cada sumando por el número y después sumar los productos
Ejemplo: $3 \times (4 + 2) \times (3 \times 4) + (3 \times 2)$
$$3 \times 6 = 12 + 6$$
$$18 = 18$$

pulgada (in) inch (in.) Unidad del sistema usual que se usa para medir la longitud o la distancia; 12 pulgadas = 1 pie

punto point Posición o ubicación exacta en el espacio

punto de referencia benchmark Número conocido que se usa como parámetro

punto decimal decimal point Símbolo que se usa para separar dólares de centavos y para separar las unidades de los décimos en un número decimal

rango range Diferencia entre el número mayor y el número menor de un conjunto de datos

reagrupar regroup Intercambiar cantidades de valores equivalentes para volver a escribir un número
Ejemplo: 5 + 8 = 13 unidades o 1 decena y 3 unidades

recta line Trayectoria recta que se extiende infinitamente en direcciones opuestas
Ejemplo:

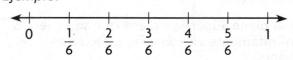

recta numérica number line Recta donde se pueden ubicar números
Ejemplo:

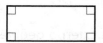

rectángulo rectangle Paralelogramo que tiene cuatro ángulos rectos
Ejemplo:

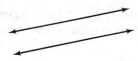

rectas paralelas parallel lines Rectas que están en el mismo plano, que no se cortan nunca y que siempre están separadas por la misma distancia
Ejemplo:

rectas perpendiculares perpendicular lines Dos rectas que se intersecan y forman cuatro ángulos rectos
Ejemplo:

redondear round Reemplazar un número por otro más simple que tenga aproximadamente el mismo tamaño que el número original
Ejemplo: 114.6 redondeado a la decena más próxima es 110 y a la unidad más próxima es 115.

residuo remainder Cantidad que sobra cuando un número no se puede dividir en partes iguales

resta subtraction Proceso de hallar cuántos objetos sobran cuando se quita un número de objetos de un grupo; proceso de hallar la diferencia cuando se comparan dos grupos; operación inversa de la suma

rombo rhombus Paralelogramo que tiene cuatro lados congruentes o iguales
Ejemplo:

Origen de la palabra

La palabra *rombo* es casi idéntica a la palabra original en griego, *rhombos*, que significaba "trompo" o "rueda mágica". Al ver un rombo, que es un paralelogramo equilátero, es fácil imaginar su relación con un trompo.

 S

secuencia sequence Lista ordenada de números

segmento line segment Parte de una recta que incluye dos puntos, llamados extremos, y todos los puntos entre ellos
Ejemplo:

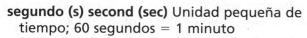

segundo (s) second (sec) Unidad pequeña de tiempo; 60 segundos = 1 minuto

semirrecta ray Parte de una recta que tiene un extremo y continúa infinitamente en una dirección
Ejemplo:

simetría axial line symmetry Una figura tiene simetría axial si se puede dividir en dos partes por una línea y esas dos partes coinciden exactamente.

sistema decimal decimal system Sistema de cálculo basado en el número 10

sobrestimar overestimate Hacer una estimación mayor que la respuesta exacta

solución solution Valor que hace que una ecuación sea verdadera cuando reemplaza a la variable

subestimar underestimate Hacer una estimación menor que la respuesta exacta

suma addition Proceso de hallar la cantidad total de objetos cuando se unen dos o más grupos de objetos; operación inversa de la resta

suma o total sum Resultado de una suma

sumando addend Número que se suma a otro en una operación de suma

 T

tabla de conteo tally table Tabla en la que se usan marcas de conteo para registrar datos

taza (tz) cup (c) Unidad del sistema usual que se usa para medir la capacidad; 8 onzas = 1 taza

término term Número de una secuencia

tiempo transcurrido elapsed time Tiempo que pasa entre el comienzo de una actividad y el final

tonelada (t) ton (T) Unidad del sistema usual que se usa para medir el peso; 2,000 libras = 1 tonelada

transportador protractor Herramienta que se usa para medir o dibujar ángulos

trapecio trapezoid Cuadrilátero que tiene exactamente un par de lados paralelos
Ejemplos:

triángulo triangle Polígono que tiene tres lados y tres ángulos
Ejemplos:

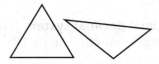

triángulo acutángulo acute triangle Triángulo que tiene tres ángulos agudos

triángulo equilátero equilateral triangle Triángulo que tiene tres lados congruentes
Ejemplo:

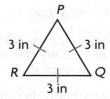

triángulo escaleno scalene triangle Triángulo cuyos lados no son congruentes
Ejemplo:

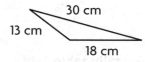

triángulo isósceles isosceles triangle Triángulo que tiene dos lados congruentes
Ejemplo:

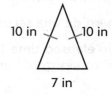

triángulo obtusángulo obtuse triangle Triángulo que tiene un ángulo obtuso

triángulo rectángulo right triangle Triángulo que tiene un ángulo recto
Ejemplo:

tridimensional three-dimensional Que tiene medidas en tres direcciones: longitud, ancho y altura

unidad cuadrada square unit Unidad que se usa para medir el área en pies cuadrados (pies²), metros cuadrados (m²), etc.

unidad cúbica cubic unit Unidad que se usa para medir el volumen en pies cúbicos (pie³), metros cúbicos (m³), etc.

unidad lineal linear unit Medida de la longitud, el ancho, la altura o la distancia

valor posicional place value Valor de cada uno de los dígitos de un número, según el lugar que ocupa el dígito

variable variable Letra o símbolo que representa un número o varios números desconocidos

vertical vertical Que se extiende de arriba a abajo

vértice vertex Punto en el que se encuentran dos o más semirrectas; punto de intersección de dos lados de un polígono; punto de intersección de tres (o más) aristas de un cuerpo geométrico; punto superior de un cono
Ejemplos:

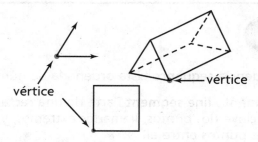

Origen de la palabra

La palabra *vértice* proviene de la palabra en latín *vertere*, que significa "girar" y está relacionada con "lo más alto". Se puede girar una figura alrededor de un punto o *vértice*.

volumen volume Medida del espacio que ocupa un cuerpo geométrico

volumen líquido liquid volume Cantidad de
líquido que hay en un recipiente

yarda (yd) yard (yd) Unidad del sistema
usual que se usa para medir la longitud o la
distancia; 3 pies = 1 yarda

Índice

© Houghton Mifflin Harcourt

© Houghton Mifflin Harcourt

Tabla de medidas

SISTEMA MÉTRICO	SISTEMA USUAL
Longitud	
1 centímetro (cm) = 10 milímetros (mm) 1 metro (m) = 1,000 milímetros 1 metro = 100 centímetros 1 metro = 10 decímetros (dm) 1 kilómetro (km) = 1,000 metros	1 pie (pie) = 12 pulgadas (pulg) 1 yarda (yd) = 3 pies o 36 pulgadas 1 milla (mi) = 1,760 yardas o 5,280 pies
Capacidad	
1 litro (l) = 1,000 mililitros (ml) 1 taza métrica = 250 mililitros 1 litro = 4 tazas métricas 1 kilolitro (kl) = 1,000 litros	1 taza (tz) = 8 onzas fluidas (oz fl) 1 pinta (pt) = 2 tazas 1 cuarto (ct) = 2 pintas o 4 tazas 1 galón (gal) = 4 cuartos
Masa/Peso	
1 gramo (g) = 1,000 miligramos (mg) 1 gramo = 100 centigramos (cg) 1 kilogramo (kg) = 1,000 gramos	1 libra (lb) = 16 onzas (oz) 1 tonelada (t) = 2,000 libras

TIEMPO

1 minuto (min) = 60 segundos (s)

media hora = 30 minutos

1 hora (h) = 60 minutos

1 día = 24 horas

1 semana (sem.) = 7 días

1 año (a.) = 12 meses (mes.) o
aproximadamente 52 semanas

1 año = 365 días

1 año bisiesto = 366 días

1 década = 10 años

1 siglo = 100 años

1 milenio = 1,000 años

SIGNOS

$=$	es igual a	$\overleftrightarrow{AB}$	recta AB
$\neq$	no es igual a	$\overrightarrow{AB}$	semirrecta AB
$>$	es mayor que	$\overline{AB}$	segmento AB
$<$	es menor que	$\angle ABC$	ángulo ABC o ángulo B
$(2, 3)$	par ordenado (x, y)	$\triangle ABC$	triángulo ABC
$\perp$	es perpendicular a	$^\circ$	grado
$\parallel$	es paralelo a	$^\circ C$	grados Celsius
		$^\circ F$	grados Fahrenheit

FÓRMULAS

Perímetro		**Área**	
Polígono	$P =$ suma de la longitud de los lados	Rectángulo	$A = b \times h$ o $A = bh$
Rectángulo	$P = (2 \times l) + (2 \times a)$ o $P = 2l + 2a$		
Cuadrado	$P = 4 \times L$ o $P = 4L$		

Volumen

Prisma rectangular $\qquad V = B \times h$ o $V = l \times a \times h$

$B =$ área de la figura de la base, $h =$ altura del prisma